国家重点研发计划课题（2017YFC1502601）资助

长江中下游堤防险情典型案例剖析

CHANGJIANG ZHONGXIAYOU DIFANG XIANQING DIANXING ANLI POUXI

司富安　马贵生　李会中　等编著

中国地质大学出版社
ZHONGGUO DIZHI DAXUE CHUBANSHE

图书在版编目(CIP)数据

长江中下游堤防险情典型案例剖析/司富安等编著. —武汉:中国地质大学出版社,2022.12
ISBN 978-7-5625-5381-6

Ⅰ.①长… Ⅱ.①司… Ⅲ.①长江流域-堤防-水利-工程-研究 Ⅳ.①TV882.2 ②P642.427.5

中国版本图书馆 CIP 数据核字(2022)第 233221 号

长江中下游堤防险情典型案例剖析		司富安 马贵生 李会中 等编著	
责任编辑:周 豪	选题策划:周 豪		责任校对:徐蕾蕾
出版发行:中国地质大学出版社(武汉市洪山区鲁磨路388号)			邮政编码:430074
电 话:(027)67883511	传 真:(027)67883580		E-mail:cbb@cug.edu.cn
经 销:全国新华书店			http://cugp.cug.edu.cn
开本:787毫米×1 092毫米 1/16		字数:624千字	印张:24.5
版次:2022年12月第1版			印次:2022年12月第1次印刷
印刷:武汉中远印务有限公司			
ISBN 978-7-5625-5381-6			定价:128.00元

如有印装质量问题请与印刷厂联系调换

前　言

长江中下游现有堤防长度近3万km,其中干流堤防3900km,支流及圩垸堤防26 100km,主要分布在长江干流、洞庭湖区、鄱阳湖区、汉江中下游及其他支流等。据考证,距今2500余年楚国纪南城,位于现湖北省荆州市,城址距长江5km左右,所筑城墙具有防御洪水的作用,可能是长江中下游最早的堤防。为了抵御长江洪水,历史上各个朝代都进行过堤防建设,特别是新中国成立以来,国家高度重视长江中下游防洪问题,新中国成立初期主要开展了长江堤防堵口复堤、荆江分洪工程等蓄洪垦殖工程建设,并在成功战胜1954年全流域性大洪水之后,开展了大规模干支流堤防修复。1980年长江中下游防洪座谈会后,加强了荆江大堤、南线大堤、武汉市堤、无为大堤、黄广大堤、同马大堤,及洞庭湖、鄱阳湖重点堤垸等重要堤防建设。1998年百年难遇的特大洪水后,遵照党中央、国务院"封山植树、退耕还林;平垸行洪、退田还湖;以工代赈、移民建镇;加固干堤、疏浚河湖"的战略部署,完成了长江中下游干流堤防及汉江遥堤、赣抚大堤的全线达标建设。经过70多年的不懈努力,长江中下游堤防历经多次修复、加固,基本形成了以堤防为基础,三峡水库为骨干,其他干支流水库、蓄滞洪区、河道整治工程、平垸行洪、退田还湖等相配合的防洪工程体系。

长江中下游特殊、复杂的地形地质条件及历史上修建堤防时就近取土、填筑质量差、清基不彻底、白蚁鼠獾破坏等原因,致使汛期堤防险情不断,在防汛抢险、除险加固勘察设计过程中积累了极为丰富的险情案例资料。2018年1月至2021年6月,我们在国家重点研发计划项目"堤防险情演化机制与隐患快速探测及应急抢险技术装备"(项目编号:2017YFC1502600)之课题一"堤防工程分类、信息构建与信息化管理技术研究"(课题编号:2017YFC1502601)研究过程中,为了研究险情发生机理和确定险情主控因子,收集了长江、黄河、松花江、淮河、珠江(北江)等流域共3664个险情案例资料。本书是从上述长江中下游堤防险情案例中挑选出140个代表性强、资料完整的案例,并对每一个险情案例从形成原因、抢险措施、治理方法等方面进行了简要剖析,按照险情类型分章节编写而成。

全书共分5章,由堤防课题组主要成员分工编写完成。其中,第一章长江中下游堤防综述,由罗飞、赵鑫和李坤编写;第二章堤身险情,由万永良、郝喜明、韩旭和张航编写;第三章堤基险情,由李坤、赵鑫和罗飞编写;第四章崩岸险情,由白伟、王胜波和刘培培编写;第五章穿堤建筑物险情,由郝喜明、韩旭、许琦和梁梁编写。司富安、马贵生、李会中对全书进行修改和定稿。

本书重点阐述了险情案例的概况、地形地质条件、形成原因、抢险应急措施、除险加固要点等,希望本书的出版能为从事堤防管理、勘察设计及相关科研工作者提供有益帮助和参考。由于部分险情案例资料查找困难,且年代久远,编著者虽然尽了最大努力,但仍存在对每一个险情案例的介绍详简有别、文图中高程系统不统一等问题,实为遗憾。本书编写过程中引用了长江中下游堤防勘察设计单位、管理机构、研究机构及科研工作者的成果,在此一并表示感谢!

由于编著者水平所限,书中难免会有不足之处,敬请读者批评指正。

编著者
2022 年 10 月

目 录

1 长江中下游堤防综述 (1)
  1.1 长江中下游河势概述 (1)
  1.2 长江中下游地质环境概述 (8)
  1.3 长江中下游堤防工程概述 (13)

2 堤身险情 (68)
  2.1 堤身险情综述 (68)
  2.2 堤身漏水洞险情 (68)
  2.3 堤身管涌险情 (81)
  2.4 堤身散浸险情 (93)
  2.5 堤身裂缝和脱坡险情 (117)
  2.6 溃口险情 (136)

3 堤基险情 (147)
  3.1 堤基险情综述 (147)
  3.2 堤基管涌险情 (147)
  3.3 堤基散浸险情 (194)
  3.4 堤基跌窝、漏洞险情 (232)

4 崩岸险情 (245)
  4.1 崩岸险情综述 (245)
  4.2 窝 崩 (246)
  4.3 条 崩 (283)
  4.4 口袋型窝崩 (318)
  4.5 滑 坡 (332)

5 穿堤建筑物险情 ……………………………………………………（343）

5.1 穿堤建筑物险情综述 ……………………………………………（343）
5.2 接触冲刷险情 ……………………………………………………（343）
5.3 闸基管涌险情 ……………………………………………………（354）
5.4 闸基沉降险情 ……………………………………………………（366）

主要参考文献 …………………………………………………………（380）

1 长江中下游堤防综述

1.1 长江中下游河势概述

长江发源于青藏高原唐古拉山脉主峰格拉丹东雪山西南侧,自江源至入海口干流全长 6300 余千米,自西向东依次流过青海、四川、西藏、云南、重庆、湖北、湖南、江西、安徽、江苏、上海 11 个省(自治区、直辖市),两岸支流涉及甘肃、陕西、贵州、广西、广东、河南、浙江、福建 8 个省(自治区)。长江流域面积约 180 万 km^2,约占中国国土面积的 18.8%;多年平均年径流量 9600 亿 m^3,约占全国河流径流总量的 37%。

长江流域整体地势西高东低,跨越中国地势的三级阶梯,上游属第一、二级阶梯,中下游属第三级阶梯。第一级阶梯由青海南部和四川西部高原、横断山区和陇南川滇山地组成,一般高程在 3500~5000m 之间;第二级阶梯为云贵高原、秦巴山地、四川盆地和鄂黔山地,一般高程在 500~2000m 之间;第三级阶梯由淮阳山地、江南丘陵和长江中下游平原组成,一般高程在 500m 以下。

宜昌以上为长江上游、宜昌以下为长江中下游。长江中下游河道长 1893km,流经湖北、湖南、江西、安徽、江苏、上海 6 个省(直辖市),面积约 80 万 km^2。其中宜昌至湖口为中游河段,湖口至长江入海口为下游河段。

1.1.1 长江中游

长江中游河段流经湖北、湖南和江西 3 个省,干流长约 955km,河流比降 0.03‰,流域面积 68 万 km^2。沿程接纳清江、沮漳河、洞庭湖、汉江等水系的来水,水量大增。长江干流河道按照河型及地理环境可划分为宜昌至枝城段、枝城至城陵矶(荆江)段、城陵矶至武汉段、武汉至湖口段 4 段。

(1)宜昌至枝城段长约 61km,是长江在南津关出三峡后,由山区性河流进入冲积平原性河流的过渡段。长江流向为自西北向东南,上段为顺直微弯河道,下段为弯曲分汊河道。

该段江面展宽,江中的江心洲葛洲坝、西坝等将长江水流分为三股,兴建葛洲坝水利枢纽时挖除了葛洲坝。出葛洲坝后胭脂坝再次把长江分成两流,主流在左汊,清江在宜都市南岸汇入,江中有潜洲——南阳碛,河道弯曲成 90°,直至枝城。两岸受低山丘陵和阶地控制,局部有基岩出露,主要由白垩纪—新近纪碎屑岩组成,边滩不发育,间断分布,多为溪口边滩和凸岸边滩,主要由砾卵石和中细砂组成,河床组成较粗,河岸抗冲刷性较强,河道横向冲刷受到抑制,河势稳定性较好。

三峡水库蓄水后,河床变形以纵向冲刷下切为主,胭脂坝、白洋镇附近最大冲深分别为 6.1m、7.0m;洲滩面积萎缩,如胭脂坝、南阳碛,洲体面积均缩小了 $0.5km^2$;随着深槽冲刷发展,河床组成明显粗化。该段长江河势及堤防位置见图 1.1.1。

1.水系;2.洲滩;3.桥梁;4.水文站;5.深泓线;6.县(市)界;7.堤防

图 1.1.1 宜昌至枝城段长江河势及堤防位置示意图

(2)枝城至城陵矶段长约 347km,俗称荆江。长江出枝城后流向由东南转成东北,在陈二口,江中形成百里洲,南岸有松滋口分流长江水入洞庭湖;至杨家垱又向东南流,在太平口又有虎渡河分流入洞庭湖,在沙市附近有沮漳河汇入;自此长江转向南流经公安县,至藕池口再由藕池河分流入洞庭湖。以藕池口为界,以上为上荆江,以下为下荆江。

上荆江段长172km，河道内弯道较多，江心洲发育，属于微弯分汊型河道。上荆江段北岸为荆江大堤，堤外滩地狭窄或无滩，深泓逼岸，堤防及防洪形势险要。该段河道演变主要表现在顺直过渡段主流有一定的摆动，成型的淤积体在冲淤间往复变化，部分分汊段主汊、支汊呈周期性交替变化。

下荆江段长175km，为典型的蜿蜒型河道，两岸抗冲刷性差，历史上河道迂回曲折，横向摆幅较大，达20~40km，自然裁弯和切滩撇弯现象较为频繁。荆江段历史上有松滋口、太平口、藕池口、调弦口四口分流入洞庭湖，1958年调弦口堵塞后，仅剩余三口。长江于城陵矶接纳洞庭湖水系的来水，流量大增。

枝城至城陵矶段经过多年整治，现状总体河势得到初步控制，但局部河势变化仍很强烈，三峡大坝蓄水后河床总体以下切为主，上荆江段陈家湾附近深泓最大冲深6.6m，下荆江段在荆江门附近最大冲深达21m。河床在冲深的同时，局部河段河势继续调整，特别是在一些稳定性较差的分汊河段，如上荆江的沙市河段太平口心滩、三八滩、金成洲段，以及弯道段，如下荆江的石首河湾、监利河湾和江河汇流段。该段河势及堤防位置见图1.1.2。

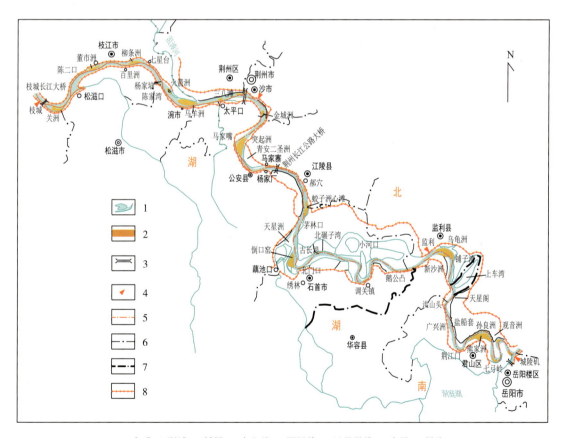

1.水系；2.洲滩；3.桥梁；4.水文站；5.深泓线；6.区县界线；7.省界；8.堤防

图1.1.2 枝城至城陵矶段长江河势及堤防位置示意图

(3)城陵矶至武汉段长275km,为宽窄相间的藕节状分汊河道。该河段上接荆江和洞庭湖水系,流经岳阳、嘉鱼及武汉等地,南岸于赤壁古战场附近的陆溪口有陆水注入,至潘家湾有淦河注入;北岸内荆河于新滩镇汇入,东荆河于新滩镇西北注入,长江最长支流——汉江出汉口龙王庙与长江交汇,府澴河于天兴洲处汇入长江。

河段内河道宽窄相间,洲滩众多,按河道平面形态特征,可划分为微弯单一型、弯曲型和分汊型3种。本河段两岸绝大部分为冲积平原,在江南部分有少量Ⅰ级、Ⅱ级阶地,左岸有白螺矶、杨林矶、螺山、龟山等节点,右岸有城陵矶、道仁矶、龙头山、军山、蛇山等节点,这些节点对河势变化和河床调整起着控制作用。根据河段地理位置、河道特性以及控制节点等因素,习惯上将该河段自上而下划分为螺山、界牌、新堤、陆溪口、龙口、白沙洲、武桥、天兴洲等8个河段,其中新堤、陆溪口、白沙洲、天兴洲为分汊河段。河道两岸有节点控制平面形态,河势总体较稳定,河道演变主要特点是顺直段深泓摆动较大,少数分汊段分流交替变化,江心低滩和边滩冲淤频繁。

三峡工程运营后,该河段总体河势稳定,但部分弯道段主泓横向摆动大,凹岸河岸崩塌,分汊河段冲淤变化大,主泓摆动不定,深槽上提、下移,洲滩分割、合并,滩槽冲淤交替等,具有一定的周期性。其中白螺矶、簰洲及武汉等河段河床调整以纵向冲深为主,但陆溪口河段河床调整横向展宽与纵向冲深同时发展,崩岸段则主要分布在新淤洲及燕子窝等局部区域,2006—2016年该河段多年平均崩退速率为5.5m/a。该段河势及堤防位置见图1.1.3。

(4)武汉至湖口段长约272km,河道较为顺直,在武汉市区东北处有滠水汇入,长江流至阳逻折向东南,过黄州至鄂州樊口,接纳梁子湖水系,左岸接纳倒水、举水、巴河,在兰溪镇有浠水注入,流经蕲春又有蕲水注入,至阳新富池口接纳富水,过武穴市后转向东,经九江市达湖口。

此河段宽窄相间,窄处一般是一岸或两岸由山丘或矶头控制,宽处多形成分汊河道。分汊河道有两种类型:一类是上游一岸由山丘或矶头控制,另一岸为冲积平原,河道向平原一岸充分发展,形成鹅头状,如罗湖洲、新洲等处;另一类是宽段上游两岸均由山丘或矶头控制,河道出卡口后,未能充分发展,形成微弯的分汊河段,河道宽而浅,如戴家洲、人民洲等。两岸除冲积平原外,尚有较多丘陵和控制河势的基岩矶头,如左岸的谌家矶、阳逻、回龙矶,右岸的青山、白浒山、赵家矶、黄柏山、寡妇矶等。受两岸丘陵和矶头控制,单一河道平面形态、主流走向、滩槽格局基本稳定;汊道段主汊、分汊地位较为稳定,主汊地位进一步巩固,少数汊道分流态势仍处于调整之中。近年来实施河道治理和航道整治工程后,河段内洲滩逐渐趋于稳定。该段河势及堤防位置见图1.1.4。

1.1.2 长江下游

湖口至长江入海口为长江下游河段,流经江西、安徽、江苏、上海四省(市),于崇明岛东注入东海,长约938km,平均比降0.007‰,流域面积12万km²。沿程有皖河、巢湖、青弋江、水阳江、太湖、黄浦江等水系汇入。按照河型及地理环境可划分为湖口至大通段、大通至江阴段、江阴以下3段,其中安徽大通以下为感潮河段。

1 长江中下游堤防综述

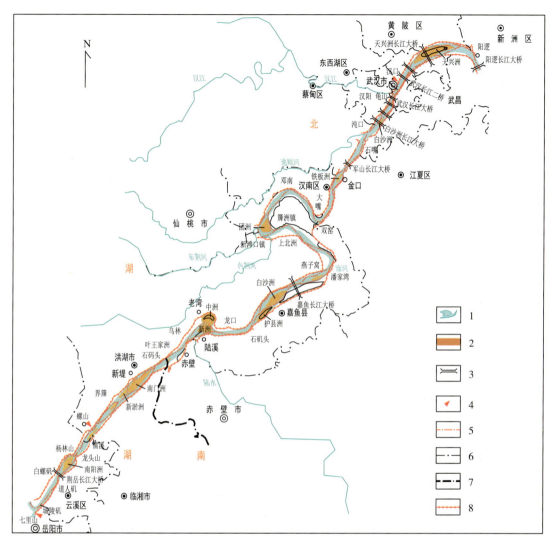

1.水系；2.洲滩；3.桥梁；4.水文站；5.深泓线；6.区县界线；7.省界；8.堤防

图 1.1.3　城陵矶至武汉段长江河势及堤防位置示意图

（1）湖口至大通段长约 228km，出湖口左岸纳龙感湖，在安庆尚有皖河汇入，下游有枞阳江汇入；右岸主要有青弋江在芜湖汇入。受断裂控制，河道流向东北，主流多偏于南岸，两岸地形明显不对称，南岸地质条件好于北岸。该河段总体为分汊型河段，河道平面形态相对稳定，河道内江心洲十分发育，主汊地位较为明显，主汊内衍生二级汊道，滩槽冲淤变化较大，影响主支汊分流格局，如安庆段峨眉洲与潜洲之间的新中汊的冲淤变化造成汊道分流比发生较大调整。迎流顶冲段和江心洲崩岸时有发生，河道内深槽普遍刷深、展宽下移，部分河段近岸河床冲刷明显，岸坡稳定性较差。该段河势及堤防位置见图 1.1.5。

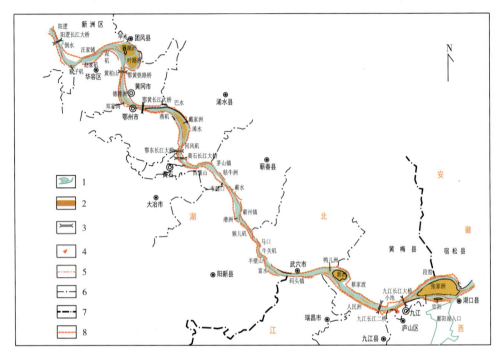

1.水系;2.洲滩;3.桥梁;4.水文站;5.深泓线;6.区县界线;7.省界;8.堤防

图 1.1.4　武汉至湖口段长江河势及堤防位置示意图

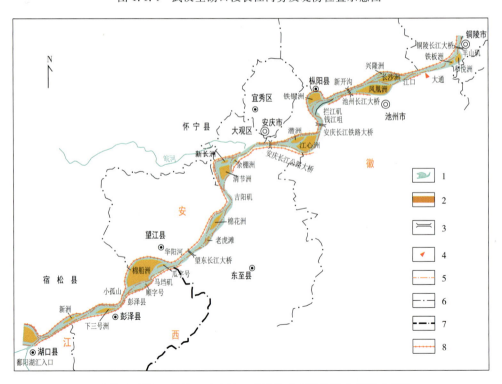

1.水系;2.洲滩;3.桥梁;4.水文站;5.深泓线;6.区县界线;7.省界;8.堤防

图 1.1.5　湖口至大通段长江河势及堤防位置示意图

(2)大通至江阴段长431km,南岸靠近宁镇山脉和下蜀黄土阶地,北岸主要为平原,河漫滩较宽,最宽可达25km。在南京与扬州之间有滁河汇入,京杭大运河横贯南北,在扬州、镇江附近与长江干流相交,淮河在北岸三江营入江。此段为江心洲发育、汊道众多的藕节状分汊型河道,窄段一般一岸或两岸由山矶节点控制,河槽相对较为稳定;放宽分汊段一般为双汊或三汊,少数有四汊、五汊,滩槽冲淤演变较为剧烈,主汊、支汊分流比也随之调整,少数主汊、支汊发生易位。通过河道治理和航道整治工程的实施,河段内宽窄相间的汊道平面形态较为稳定,大部分主槽相对稳定或呈缓慢平移,汊道分流比变化不大,部分汊道因冲淤变化引起分流小幅调整,洲头前沿心滩或小江心洲不稳,导致汊道分流格局大幅度调整。滩洲冲淤、迁移、切割或合并,导致江心洲并洲并岸、纵向平移,双汊道单向冲淤,边滩切割形成心滩或小江心洲等。局部近岸贴流冲刷下切段崩岸时有发生,2017年11月8日扬中市指南村附近江岸发生崩岸,最大进深190m,崩岸线长540m,坍失江堤440m。该段长江河势及堤防位置见图1.1.6。

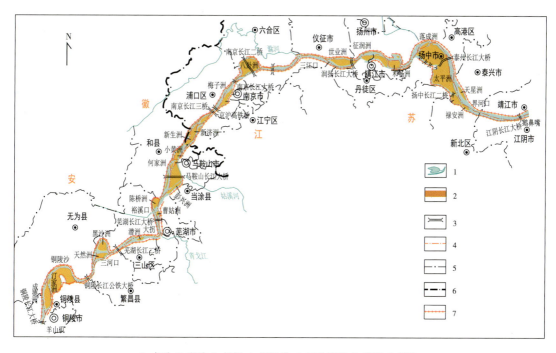

1.水系;2.洲滩;3.桥梁;4.深泓线;5.区县界线;6.省界;7.堤防

图1.1.6 大通至江阴段长江河势及堤防位置示意图

(3)江阴以下段长279km,以徐六泾为界,以上为澄通河段,以下为长江口河段。

澄通河段由福姜沙汊道、如皋沙群汊道、通州沙汊道组成。该段河道为弯曲多分汊型河道,河道宽阔,河槽内大小心滩密布,汊道交织,河床稳定性较差。

长江口河段呈喇叭形,徐六泾河宽约5.7km,入海口门启东咀至南汇咀扩展为宽约90km。徐六泾以下的崇明岛将长江分为南、北两支,南支吴淞口以外由长兴岛和横沙岛又分为南、北两港,南港在横沙岛尾右侧被九段沙再分为南、北两槽,形成长江口三级分汊、四汉入海的格局。长江口河段汇入的支流较多,但除黄浦江河长超过 100km 以外,其他都很短小,南岸还有太湖、阳澄湖和淀山湖等通江湖泊。长江口为陆海双相潮汐河口,径流量大,潮流亦强,在径流和潮流两股强劲动力相互作用下,河道分汊,主流摆动,滩槽变化频繁,演变过程复杂,具有河宽缩窄、河口外伸、主流南偏等主要特征。该段长江河势及堤防位置见图 1.1.7。

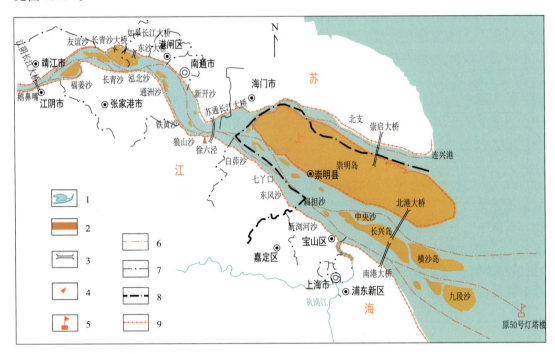

1. 水系;2. 洲滩;3. 桥梁;4. 水文站;5. 灯塔;6. 深泓线;7. 区县界线;8. 省界;9. 堤防

图 1.1.7 江阴至入海口段长江河势及堤防位置示意图

1.2 长江中下游地质环境概述

1.2.1 长江中下游大地构造

长江中下游大部分地区在扬子准地台内,北部为秦岭褶皱系的大别-淮阳隆起,南部为华南褶皱系。根据大地构造分区,长江中下游地区分属扬子准地台的江汉断陷、下扬子台褶带、修水-钱塘轴缘坳陷、苏北断陷和江南台隆 5 个次级构造区。

1.2.1.1 江汉断陷

江汉断陷位于宜昌以东的两湖平原地区,是上叠在上扬子台褶带、下扬子台褶带、大巴山台缘褶皱带和江南台隆等不同构造单元之上的陆相坳陷盆地,发育于晚白垩世。新近纪以来,坳陷中心由汉水坳陷转至洞庭湖坳陷,现今洞庭湖坳陷下沉幅度最大,湖泊发育。

江汉盆地具间歇性凹陷的特点。早更新世下陷强烈,并在末期沿断裂产生坳陷;中更新世沉积幅度减小;晚更新世湖泊进一步涌塞,云梦泽分离解体,湖泊的沼泽化普遍发生;全新世,鄂西山地继续抬升,河流下切,大量陆源物质被带入到坳陷区沉积,河床摆动,侵蚀与沉积作用交织进行,湖泊水面进一步缩小,孤立的残湖也趋于衰亡。总体来说,江汉盆地的新构造运动表现为山地与平原的和缓隆起以及沉降较快的断块运动,局部产生掀斜和拗陷。

洞庭盆地在中新世后仍以上升为主,并掀斜、拗陷,缺失上新世地层。早更新世早期,盆地南、北两侧发生断陷,形成独立封闭的盆地和一系列断陷性凸起和凹陷:太阳山凸起、明山-赤山凸起和澧县凹陷、临澧凹陷、汉寿-南县凹陷、沅江-湘阴凹陷等。中更新世晚期,随着构造沉降的发生,湖盆范围进一步扩大。中更新世,已有的彼此独立的小湖盆相互贯通,形成浩瀚的洞庭湖,湖面面积达到最大,盆地内,南、西部地势较高,北部最低。晚更新世末期,遭受隆升与侵蚀,湖盆面积急剧萎缩,西部太阳山凸起、南部赤山凸起和北部明山凸起伸向湖盆中心。全新世早期,湖盆继续隆起,上升为河网化平原区,盆地东北及其他部分地区接受泥沙碎屑沉积,湘江断裂的活动形成高差20~30m的东部陡岸,断裂西部沉积全新世泥沙。全新世晚期,由于长江水的南侵和地壳沉降,洞庭湖盆再次扩大,形成长江四口(松滋、太平、藕池、调弦)分流入湖的局面。

1.2.1.2 下扬子台褶带

下扬子台褶带位于长江中下游平原区,是一个古生代—三叠纪的沉积坳陷带,中生代以来经受印支期、燕山期等构造作用影响,形成结构复杂的地台盖层褶皱带。从晚白垩世至古近纪,下扬子台褶带发育了一系列北东—近东西向的拉张断陷盆地,这些盆地的南—南东侧断陷沉降,北—北西侧超覆抬升。

苏皖沿江平原区早更新世地壳活动继承了新近纪特点,大别山、皖南山区上升,长江流域仍发育在中山—高山之中,沉积物很少,基本上属于上升剥蚀区;中更新世大别山继续上升,沿江地带发育两级河流阶地;晚更新世地壳活动相对缓和,升降幅度不大,冲积、残坡积物质发育,形成长江Ⅲ级阶地和Ⅱ级阶地。全新世早期地壳以上升为主,Ⅰ级阶地广泛分布,全新世晚期长江以下沉为主,以前的各级阶地均被河床相沉积物覆盖。

第四纪以来,长江三角洲区地质构造活动具有间歇性升降,但总体以沉降为主的特点。其沉积环境主要为海陆交互相,第四系沉积物的组成及厚度不仅受到新构造运动的影响,同时也受到第四纪气候的影响。气候较为频繁的冷暖变化,导致多次较大规模的海侵与海退发生,影响着沉积环境的变化。

1.2.1.3 修水-钱塘轴缘坳陷

修水-钱塘轴缘坳陷包括崇阳—通山以南、修水流域、皖南、浙西和赣东北一带,属于元古宙形成的江南台隆的轴缘坳陷。自震旦纪至志留纪,沉积了近万米的以碎屑岩为主的地层。晚古生代至中三叠世,坳陷范围向北迁移,沉积了以碳酸盐岩为主的地层。印支运动和燕山运动对本带影响很大,主要表现为盖层褶皱、断裂和岩浆活动。

1.2.1.4 苏北断陷

苏北断陷位于长江口与苏北地区，是晚白垩世开始发育的陆相断陷盆地，第四纪升降运动频繁，形成海陆交互相冲积平原。

1.2.1.5 江南台隆

江南台隆是扬子准地台东南边缘长期活动的隆起带，由于元古宙变质基底没有经过强烈褶皱，硬化程度低，与华南褶皱系具有明显的过渡性，后期经历了印支、燕山、喜马拉雅运动的多次改造。

鄱阳盆地具有变质和褶皱双层基底，下部为中元古界双桥山群变质岩基底，上部为震旦纪—侏罗纪沉积岩褶皱基底。早白垩世为盆地演化的开始时间，最早出现在中部花草尖—周家源—打鼓顶一线，而后以此为轴线分别向北西、南东方向逐渐扩大与迁移；早白垩世晚期，赣江断裂左旋走滑，控制着盆地的发育，这一时期盆地仅限于南昌以东，最大沉积厚度可达 1000m。晚白垩世，盆地广泛发育于赣中—赣北，沉积了周家店组和南雄组，但在长山隆起和南鄱阳坳陷部分地区，遭受了不同程度的剥蚀作用，沉积中心有自东向西迁移之势。古新世，沉积盆地明显受控于赣江断裂，并以盐湖沉积为主。晚白垩世—古近纪早期，在一些近北东向老断层的联合控制下，鄱阳盆地普遍发生伸展断陷，到古近纪，盆地以坳陷为主。更新世，鄱阳湖地区曾发生多次侵蚀切割与湖侵沉积的交替，沉积物保存不连续，也不完整。全新世，鄱阳湖积水成湖，形成了特有的沉积模式，即冲积扇-扇三角洲沉积、河流沉积和三角洲沉积。

1.2.2 长江中下游地貌特征

长江中下游分为3个地貌区，即北部的大别山低山丘陵区、南部的江南低山丘陵区和中部的长江中下游平原区。

1.2.2.1 大别山低山丘陵区

大别山低山丘陵区位于长江中下游北部，包括桐柏山、大别山、大洪山和江淮丘陵，面积 64 080km^2，地势由北向南逐渐降低。

桐柏山位于湖北省与河南省的交界处，山脉东西向绵延 120 余千米，最高峰高程 1140m，以低山丘陵地貌为主，高程多为 400~800m。

大别山位于河南、湖北、安徽三省交界处，是长江与淮河的分水岭，以低山丘陵为主，中山面积约占大别山区面积的 15%，山间谷地宽广开阔，并有河漫滩和阶地平原；山地多深谷陡坡，高程 1000m 以上的山峰有 8 座，其中最高峰白马尖高程为 1777m。

大洪山位于湖北省中北部，居江汉平原与南阳盆地之间，主峰高达 1055m，周围均为 500m 左右的低山丘陵。

江淮丘陵是大别山余脉，高程多在 100~300m 之间，主要为波状起伏的丘陵和河谷平原。

1.2.2.2 江南低山丘陵区

江南低山丘陵区位于长江中下游南部，东起武夷山，西至武陵山，南达南岭，面积 306 500km^2，主要特点是山地、丘陵、盆地、平原相间分布。盆地内岗丘起伏，高程多在200m以下，相对高差小于100m。该区分布有天目山、黄山、九华山、怀玉山、武功山、幕阜山、雪峰山等，海拔大于1300m，最高2158m（武夷山主峰黄岗山）。平原分布在河流两岸，一般有3级阶地，相对高差数十米。丘陵又分为皖南丘陵、赣东丘陵、湘中丘陵、湘西丘陵等。

1.2.2.3 长江中下游平原区

从宜昌至长江口，长江中下游平原区沿长江呈狭长条带状分布，面积205 560km^2，镇江以上为冲湖积平原，主要有江汉-洞庭平原、鄱阳湖平原；镇江以下为长江三角洲平原。宜昌地面高程50m，往东逐渐降低，至长江口低至2m。

1.2.3 长江中下游第四系沉积物特点

长江中下游第四纪沉积主要发生在江汉平原、洞庭湖、鄱阳湖以及三角洲平原，各地区沉积物特点既有相互联系，又有各自的独特性。

1.2.3.1 江汉平原

在江汉平原沉积的中心地带，第四系的最大厚度达280m，向周缘地区厚度减薄。根据沉积物成因、物源差异，并结合新构造运动、地貌等特征，将江汉平原分为3个区，分别为西缘露头区、沉积中心区和东缘露头区，各区第四纪地层划分见表1.2.1。

表1.2.1 江汉平原第四纪地层划分（据杨青雄等，2016）

地质时代	西缘露头区		沉积中心区		东缘露头区	
	地层	厚度/m	地层	厚度/m	地层	厚度/m
全新世	孙家河组（Qhs）	20	郭河组（Qhg）	20	走马岭组（Qhz）	20
晚更新世	古老背组（Qp$_3$g）		沙湖组（Qp$_3$s）	20～50	下蜀组（Qp$_3$x）	
中更新世	善溪窑组（Qp$_2$s）		江汉组（Qp$_2$j）	50～80	王家店组（Qp$_2$w）	
早更新世	云池组（Qp$_1$y）	21～27	东荆河组（Qp$_1$d）	80～150	阳逻组（Qp$_1$y）	45

下更新统云池组，上部为棕黄色砂夹砾石和淤泥质粉砂层，中下部为砾石层，为洪冲积成因；阳逻组上部为棕红色砾石、砂、含砾黏土、粉质黏土、黏土，下部为浅灰色砾石、砂与粉质黏土层，为冲洪积成因；东荆河组上段上部为冲积成因的灰绿色、黄灰色粗粒土，下部为湖积兼冲积的黏土夹砂层，下段为冲积的灰色粗粒土。

中更新统善溪窑组为红色网纹状黏土、褐红色砂质黏土，为冲积成因；王家店组为含红土碎石层、网纹红土、结核红土、含砾红土、棕红色黏土、含红土砾石，为残坡积与冲洪积成因；江汉组为灰色砂砾石、砂和薄层粉质黏土，为湖沼相沉积。

上更新统古老背组上部为褐黄色和褐红色黏性土，下部为黄褐色和灰黄色砾石层，为冲积成因；下蜀组为青灰色、灰黄色砂砾石层、砂层、黏性土、淤泥质土，为冲洪积、冲湖积成因；沙湖组为砂砾石层、砂层和黏土质砂或砂质黏土层，为冲积或冲湖积成因。

全新统孙家河组为黄色、灰黄色黏性土和砂壤土层，为冲湖积、湖积成因；走马岭组为灰色、灰褐色黏性土层、砂层、砾石层和淤泥质土，为冲洪积、冲积和湖积成因；郭河组为褐黄色、灰色粉质黏土、粉土、淤泥质土粉细砂层，为冲湖积成因。

1.2.3.2 洞庭湖

前文已述及，由于构造运动的差异，洞庭湖区分为太阳山凸起、明山-赤山凸起和澧县、临澧、汉寿-南县、沅江-湘阴等5个湖盆，凸起与湖盆（凹陷）的沉积物具有不同的特征，地层分组见表1.2.2。

表1.2.2 洞庭湖第四纪地层划分（据柏道远等，2010）

时代	凸起区			凹陷区		
	地层	代号	厚度/m	地层	代号	厚度/m
全新世	冲积	Qh^{al}	3～10	冲积、湖积	Qh^{al}、Qh^{l}	5～40
晚更新世	白水江组	Qp_3bs	12	坡头组	Qp_3p	5～15
中更新世	马王堆组	Qp_2mw	10	洞庭湖组	Qp_2d	40～100
	白沙井组	Qp_2b	15～30			
	新开铺组	Qp_2x	20～30			
早更新世	汨罗组	Qp_1m	20～30	汨罗组	Qp_1m	20～55
				华田组	Qp_1ht	30～80

洞庭湖区第四系厚度变化较大，薄者数十米，厚者100～200m，最厚可达300m。

下更新统华田组以杂色黏土为主，夹砂砾、砂层；凸起区汨罗组由下部砂砾石和上部粉砂质黏土、黏土组成；凹陷区汨罗组为灰色、灰绿色、灰黄色、土黄色砂层，夹砂质黏土和黏土，局部有少量砂砾石，均为冲积成因。

中更新统马王堆组、白沙井组和新开铺组具二元结构，上部为粉砂质黏土、黏土，下部为砂砾石，为冲积成因；洞庭湖组以砂砾石为主，夹有砂、黏土层，为冲积成因。

上更新统白水江组上部为粉砂质黏土、黏土，下部为砂砾石，具二元结构，为冲积成因；坡头组主要为土黄色、褐黄色、灰黄色、浅黄色黏土，为冲湖积成因。

全新统主要为深灰色、灰褐色、灰绿色、棕黄色、黄褐色黏土，另有少量粉砂和粉砂质黏土，为冲湖积成因。

1 长江中下游堤防综述

1.2.3.3 鄱阳湖

鄱阳盆地具有"两凹夹一隆"的构造格局,即北鄱阳凹陷、长山隆起、南鄱阳凹陷。第四系沉积厚度一般为15~25m,最厚可达40m。

北鄱阳凹陷第四系由更新统和全新统组成。更新统为灰白色卵石,磨圆度较好,自下而上颗粒变细;全新统为黑褐色淤泥质土,厚15~20m。

南鄱阳凹陷区主要是赣江三角洲沉积,更新统为灰白色、浅黄色砾石和砂,夹青灰色、黄褐色薄层黏土;全新统为卵石、砂和淤泥,厚21m。

1.2.3.4 三角洲平原

长江三角洲第四系厚度变化较大。在西部,厚度一般小于20m,往东厚度逐渐加大,到沿海一带,厚度可达400m,最大厚度在崇明岛(480m)。

下更新统海门组为含砾中粗砂、细砂、砂壤土,厚13~106m,为冲积、冲湖积成因。中更新统启东组为青灰色、灰绿色粉质黏土、细砂、中砂、粗砂、含砾中粗砂,组成韵律,厚度变化大,具有西薄东厚、南北薄中间厚的特点,为冲积、冲湖积成因,间夹有海相沉积层。上更新统昆山组为一套以灰色、清灰色、灰白色、灰黄色、黄色粉质黏土、粉砂、细砂、中砂为主的韵律层,厚度自西向东增大,为冲积、冲湖积成因;滆湖组以浅黄色、灰黄色、灰绿色、深灰色粉质黏土为主,夹有灰色、深灰色粉砂、细砂、含砾中粗砂,厚度自西向东增大,以冲积、冲湖积为主,夹有海相沉积层。全新统如东组主要为灰黄色、青灰色、灰黑色砂壤土、粉砂、细砂,夹多层淤泥质土,具有中间厚,东、西两侧薄的分布特点,为冲湖积、海积成因。

1.3 长江中下游堤防工程概述

1.3.1 长江中下游历史洪灾与堤防险情

长江中下游干流承泄了上游干流及中下游支流的巨大洪水,虽有比较宽、深的河道宣泄洪水,但安全泄洪能力仍远小于洪水来量,且长江中下游以平原为主,地面高程普遍低于当地洪水水位几米至十几米,因而是长江流域水灾害最集中、最严重、最频繁的地区。

据资料记载,自公元前185年至2020年,长江共发洪水225次,平均10年一次大洪水。其中水量较大的年份有1153年、1227年、1560年、1788年、1849年、1860年、1870年、1905年、1931年、1935年、1949年、1954年、1981年、1991年、1996年、1998年、2010年和2020年等。

1788年宜昌洪峰流量达86 000m³/s,荆江大堤沙市以上溃决22处,荆州城被淹,大量人口死亡。19世纪中叶,连续发生1860年(清咸丰十年)和1870年(清同治九年)两次特大洪水,枝城洪峰流量均为110 000m³/s左右,洪水冲开南岸堤防,先后形成了藕池河、松滋河,两湖平原一片汪洋,受淹面积达 3 万多平方千米,损失惨重。1954 年洪峰流量是近百年来最大的,由于 1949 年后政府组织有关部门及时加高加固了堤防,兴建了荆江分洪工程,又采取了一系列临时分洪措施,中下游平原分洪溃口水量达 1023 亿 m^3,虽然保住了主要堤防,但洪灾损失仍很大。1998 年汛期,长江流域发生了特大暴雨,由于暴雨强度大、持续时间长,洪峰流量大,长江流域遭受溃垸、山洪等洪灾,受灾地区之广、灾情之重是近年来所罕见的。近代历史上几次大洪水对长江中下游平原区造成的损失见表 1.3.1。

表 1.3.1 长江中下游平原区洪水损失一览表

损失类别	损失量				
	1931 年	1935 年	1949 年	1954 年	1998 年
受灾田地/亩	5 090.00	2 264.00	2 721.00	4 755.00	358.60
受灾人口/万人	2 850.00	1 003.00	810.00	1 888.00	231.60
淹死人口/万人	14.54	14.20	0.57	3.30	0.15
损毁房间/万间	179.60	40.60	45.20	427.60	212.90

注:1 亩 $\approx 666.67 m^2$。

长江中下游堤防大多是修筑在第四纪冲积平原上,表层不透水层很薄,一般为 1~3m,厚者 8~10m;下部为深厚的砂层、砂砾石层,透水性强,高洪水位时堤内常出现散浸、管涌、流土、滑坡等险情。长江堤防是沿江人民千百年来在与洪水斗争的过程中逐渐修成的,堤身质量差、土质复杂,加之修堤取土或挖渠道,破坏表层防渗层,有的堤内是溃口的渊塘,有的是堤下古河道,有的是堤身被白蚁、鼠、獾等动物破坏,形成空洞,这些都是威胁堤防安全的险工隐患。据不完全统计,1995 年、1996 年及 1998 年洪水时,长江中下游堤防分别出现险情 2626 次、5735 次、9259 次,其中堤基管涌分别达 214 次、199 次和 2017 次(表 1.3.2)。

表 1.3.2 长江中下游干流堤防险情统计表　　　　　　　　　　　　　单位:次

省名	1995 年		1996 年		1998 年	
	险情总数	堤基管涌	险情总数	堤基管涌	险情总数	堤基管涌
湖北	876	135	5271	162	3133	641
湖南	1485	5	279	5	1324	335
江西	104	24	73	20	4162	781
安徽	161	50	112	12	640	260
合计	2626	214	5735	199	9259	2017

1.3.2　长江中下游堤防总体情况

长江中下游堤防是历史上千圩万垸随着经济的发展,逐步联系发展起来的,是长江流域最古老、最基本的防洪设施。沿江滨湖围堤垦殖的过程,也就是长江中下游堤防形成的过程。

长江堤防建设有着悠久的历史。据考证,距今 2500 余年楚国纪南城,位于湖北省荆州市,城址距长江 5km 左右,所筑城墙具有防御洪水的作用。荆江大堤创修于东晋永和年间,唐、宋以后,随着全国经济重心的南移,特别是南宋以后,长江中下游人口剧增,导致围堤垦殖进程加速,促使了长江中下游堤防的迅速形成和发展。明、清时期,长江中下游堤防进一步发展。长江中下游堤防修筑情况见表 1.3.3。

表 1.3.3 长江中下游部分堤防修筑年代表

序号	堤段名称	修筑时间
1	荆江大堤	东晋永和年间(公元 345—357 年)
2	下百里洲江堤	始建于明崇祯十七年(公元 1644 年)
3	松滋江堤	长江干堤段始建于东晋时期,距今 1600 余年,原称老皇堤。其他堤段在民垸基础上经多次历年加高培厚而成
4	荆南长江大堤	始建于晋、唐间,经宋、元、明、清、民国等时期多次加培续建,至 1949 年前形成连续的江堤
5	南线大堤	1952 年在安乡河北堤及 20 余座垸堤的基础上连接修筑而成
6	荆南四河堤防	始建于明、清年间,经历年加高培厚而成
7	咸宁长江干堤	始建于宋代政和元年(公元 1111 年)
8	武昌江堤	始建于明代中期民垸,清代联堤并垸连成一线
9	汉南-白庙长江干堤	始建于 1885 年,至 1926 年的 41 年间,修筑小堤垸 12 个。1949 年后,经多年加高培厚,逐渐形成现在的规模
10	汉口江堤	始建于明崇祯八年(公元 1635 年),清代光绪年间修建后湖长堤
11	汉江遥堤	最早修筑于南宋淳熙十二年(公元 1185 年)
12	黄冈长江干堤	始筑于明代洪武十一年(1378 年),至清朝同治年间基本形成雏形
13	黄广大堤	始建于明永乐二年(1404 年),成堤约于明代万历四年(公元 1576 年)
14	粑铺大堤	始修于明代中叶(公元 1500 年左右),完善于明末清初(公元 1600—1644 年)
15	昌大堤	始建于清代同治八年(公元 1869 年)
16	黄石长江干堤	土堤始建于清代嘉庆元年至同治十三年(公元 1796—1874 年)
17	阳新长江干堤	始建于清代同治年间(公元 1870—1874 年)
18	九江长江干堤	1966 年经国务院批准兴建
19	无为大堤	明代正德年间就有百姓围圩垦殖,其后 200 余年间形成大小圩垸数十个,1765 年沿江并堤联圩形成了近代无为大堤的雏形
20	同马大堤	清代道光十八年(公元 1838 年)当地开始修建大堤,至民国五年(公元 1916 年),自上而下已依次建成同仁堤、马华堤等小堤。1949 年后联圩、并圩形成同马大堤
21	安庆市堤	始建于公元 1803 年

续表 1.3.3

序号	堤段名称	修筑时间
22	枞阳江堤	1949 年前枞阳县沿江仅有水登、水糖、水丰、水久等分散圩堤,1949 年后才联圩成垸
23	和县江堤	始建于明代初年,迄今已有 600 多年历史
24	洞庭湖堤	洞庭湖筑堤起于北宋后期,湖区围垸始于明代初年,至 1949 年前湖区堤垸达 990 个,长达 6400km
25	鄱阳湖堤	鄱阳湖滨湖各县的圩堤部分始建于唐、宋,大部分是明、清时修建

1949 年以来,在"蓄泄兼顾,以泄为主"和"上蓄下疏,标本兼治"的防洪综合治理原则指导下,采取堤防、分蓄洪工程、防洪水库、河道整治、水土保持及非工程防洪措施,长江中下游已初步形成了以三峡水库为骨干、堤防为基础,其他干支流水库、分蓄洪工程、河道整治工程及非工程防洪措施相配套的综合防洪体系。

堤防是长江防洪的基础设施,长江中下游由干堤和支堤组成整个堤防的工程体系,现有堤防长度超过 30 000km,其分布见表 1.3.4。长江中下游堤防工程规划范围包括长江干流、洞庭湖区、鄱阳湖区、汉江中下游及其他支流堤防等。其中,长江干流堤防长度为 3904km,洞庭湖区堤防长度为 2342km,鄱阳湖区堤防长度为 1397km,汉江下游堤防长度为 727km。

表 1.3.4 长江中下游堤防分布表   单位:km

省(直辖市)	堤防总长度	长江干流堤防	支流及圩垸堤防
湖北	7302	1540	5762
湖南	6011	142	5869
江西	4883	123	4760
安徽	4783	738	4045
江苏	1945	961	984
上海	2610	400	2210
浙江	1891	0	1891
河南	583	0	583
合计	30 008	3904	26 104

根据堤防保护对象的重要性及失事后的影响程度,将长江中下游堤防分为不同的级别:1 级堤防包括荆江大堤、南线大堤、无为大堤以及沿江重点防洪城市堤防,分布见图 1.3.1;2 级堤防包括松滋江堤、荆南长江干堤、洪湖监利江堤、岳阳长江干堤、四邑公堤、粑铺大堤、黄广大堤、九江长江干堤、同马大堤、广济圩江堤、枞阳江堤、和县江堤、江苏长江干堤及沿江阳新、池州、铜陵等地的堤防等;3 级堤防包括下百里洲江堤、嘉鱼江堤、芜湖繁昌江堤等。长江中下游干流堤防等级及保护范围见表 1.3.5。洞庭湖、鄱阳湖重点垸堤防等级为 2 级,蓄洪垸堤防等级为 3 级,汉江下游干流堤防等级为 2 级。

1 长江中下游堤防综述

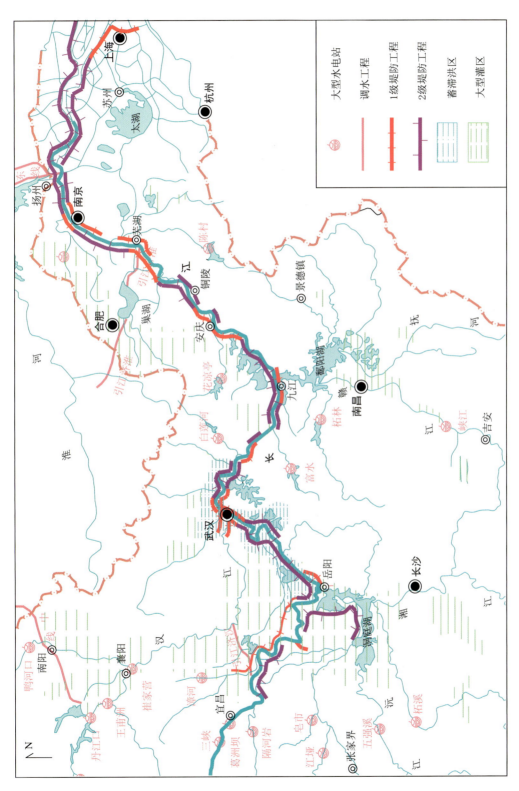

图 1.3.1 长江中下游堤防分布示意图

表 1.3.5　长江中下游干堤基本情况

序号	堤防名称	所在县(市)	位置	堤长/km	堤防等级	保护面积/km²	保护耕地/万亩
1	松滋江堤	湖北松滋市	松滋老城-涴市隔堤	51.20	2级	2000	250
2	下百里洲江堤	湖北枝江市	熊家窑-龙洲隔堤	37.37	3级	240.23	16.86
3	荆江大堤	荆州市监利市	荆州市枣林岗-监利城南	182.35	1级	8800	1100
4	南线大堤	湖北公安县	虎渡河拦河坝-藕池安全区上塔脑	22.00	1级	2112	264
5	荆南长江干堤	湖北江陵县、公安县、石首市、松滋市	涴市-石首市五马口	189.32	2级	2564	173.79
6	洪湖监利江干堤	湖北洪湖市、监利市	监利城南-洪湖市湖家湾	230.00	2级	2782.8	132.8
7	岳阳长江干堤	湖南岳阳市、临湘市	华容县五马口-穆湖铺	81.03	2级	2096	134.5
			城陵矶-陆城人矶	9.59	1级		
			陆城人矶-黄盖湖农场铁山咀	51.43	2级		
8	汉南长江干堤	湖北仙桃市	新沟-沙帽	43.72	2级	4534	265.4
9	咸宁长江干堤	湖北嘉鱼县、咸宁市、赤壁市	四邑公堤	40.22	2级	1611	179
			嘉鱼江堤	32.78	3级		
			赤壁干堤	32.79	3级		
10	武汉市江堤	湖北武汉市	市区确保堤防(包括武金堤、沿江堤、武青堤、武惠堤、拦江堤、江永堤)	195.77	1级	8236	485.56
			郊区堤防(包括四邑公堤、五里堤、武湖堤、涨渡湖堤、堵龙堤、军山堤)	153.30	2~3级		
11	黄冈长江干堤	湖北黄冈市	团风县金锣港-广济市马口	96.60	2级	1520	76.3
			北永堤、永保堤	12.00	3级		
12	耙铺大堤	湖北鄂州市	白浒镇冰鹅闸-洋澜闸	43.60	2级	1588	140

1 长江中下游堤防综述

续表 1.3.5

序号	堤防名称	所在县（市）	位置	堤长/km	堤防等级	保护面积/km²	保护耕地/万亩
13	昌大堤	湖北鄂州市、黄石市	洋澜闸－花马湖泵站	30.71	2级	231.5	20
14	黄石市堤	湖北黄石市	艾家湾－韦源河口	29.40	1级	462.1	27.8
15	阳新长江干堤	湖北阳新县、大冶市、黄石市	海口江堤	24.30	2级	2000	111.23
			富池江堤	5.70	3级		
16	黄广大堤	湖北武穴市、黄梅县	武穴市盘塘－黄梅县段窑	87.34	2级	1382	85.27
17	九江长江干堤	江西九江市、瑞昌市、湖口县、彭泽县	瑞昌码头镇－九江赛湖闸（梁公堤、赤心堤、永安堤）	32.70	2级	739.3	80.74
			九江城防堤段	20.28	1级		
			湖口－彭泽县牛矶山	20.28	3级、4级		
18	同马大堤	安徽宿松县、望江县、怀宁县	段窑－官坝头	173.40	2级	2310	142
19	安庆市堤	安徽安庆市	狮子山－王家村	18.84	1级	65.6	30.2
20	广济圩江堤	安徽安庆市、桐城市、枞阳县	王家村－幕旗山脚	24.85	2级	167.5	14.8
21	枞阳江堤	安徽枞阳县	幕旗山脚－红土庙	83.95	2级	748	82.5
22	池州江堤	安徽贵池区	秋江圩、香口圩、有庆圩、丰收圩、七里湖圩、护城圩、阜康圩、广惠圩、广丰圩、大同圩、同又圩	106.36	3级、4级	811.9	72.12
			东南湖圩江堤	2.87	2级		
23	铜陵江堤	安徽铜陵市	城区江堤	12.30	2级	235.6	17.85
			东联圩、西联圩	14.16	3级		
24	无为大堤	安徽无为市、和县	果合兴－方庄	124.00	1级	4520	427

续表 1.3.5

序号	堤防名称	所在县（市）	位置	堤长/km	堤防等级	保护面积/km²	保护耕地/万亩
25	芜湖繁昌江堤	安徽芜湖市、繁昌县	芜湖市堤（芜当江堤中芜湖市堤段）麻凤圩堤 繁昌江堤（庆大圩、芦南堤、荷花圩、高安圩、保定圩、保大圩）	21.74 14.05 33.57	1级 2级 3级	683.8	50.37
26	和县江堤	安徽和县	西梁山-驻马河口	53.42	2级	1204	110.25
27	马鞍山江堤	安徽马鞍山市、当涂县	芜当江堤中当涂县境内段 马鞍山市堤 陈焦圩	14.44 18.72 11.07	2级 2级 3级	76.4	7.3
28	南京江堤	江苏南京市江浦、江宁、六合	南京市城区长江干堤 江浦、江宁、六合等长江干堤	60.00 131.22	1级 2级	427.7	30.35
29	镇江江堤	江苏镇江市、扬中市	北岸高桥乡段、南岸大道河口-小夹江、扬中本岛环岛段	217.70	2级	1060	93
30	扬州市江堤	江苏扬州市	小河口-杨闸湾	74.15	2级	1 195.6	89
31	常州市江堤	江苏常州市、武进	小夹江-桃花港	20.25	2级	860	42.51
32	苏州市江堤	江苏张家港市、常熟市、太仓市	南沙镇-浏河闸兵合（省界）	142.81	2级	4259	332
33	无锡市江堤	江苏无锡市、江阴市	桃花港-南沙镇	39.12	2级	983	336
34	泰州市江堤	江苏泰州市	杨闸湾-靖如交界	104.00	2级	2772	357
35	南通市江堤	江苏南通市	靖如交界-启动黄阳（入海口）	172.10	2级	5573	347.6
36	上海市江堤	上海市		400.00	1级、2级		

1 长江中下游堤防综述

新中国成立以来,党和政府十分重视长江的防洪建设,对长江中下游堤防有计划地进行了加培加固,大体分为4个阶段:第一阶段是1949—1954年复堤加固,第二阶段是1954—1971年全面加培,第三阶段是1972—1998年主要堤防加固,第四阶段是1999—2004年高标准加固干堤和重要堤防隐蔽工程建设。

1998年大洪水后,根据抗洪抢险中所暴露出来的问题,党中央明确要求长江"建设高标准堤防"。为此,水利部长江水利委员会进行了专门的补充规划,明确提出进行重点堤防工程加固,其中加固一类(1级)堤防2633km,包括荆江大堤、同马大堤、无为大堤、九江大堤、黄广大堤、洪湖监利江堤、岳阳长江干堤等;加固二类(2级)堤防长度1009m,并对重点崩岸段进行了整治。

重点堤防工程加固除要求堤身断面达标并对堤身进行加固之外,还包括堤基加固与防渗、护岸和穿堤建筑物加固等。

防渗工程主要分布在荆南长江干堤、监利洪湖江堤、岳阳长江干堤、咸宁长江干堤、同马大堤、安庆市堤、枞阳江堤、无为大堤、和县干堤、马鞍山江堤、汉江遥堤、赣抚大堤等17处堤防。

护岸工程主要包括上述17处堤防工程和广济圩江堤、铜陵江堤、石首河段整治,下荆江河势控制(湖北段)、簰洲湾河段整治和崩岸整治,下荆江河势控制(湖南段),安庆河段崩岸整治,铜陵河段崩岸整治,马鞍山河段一期整治等27项。

穿堤建筑物加固分为除险加固、原地重建、原地改建、异地改建等几种类型,除险加固有荆江分洪南闸、新堤排水闸和樊口大闸等,原地重建有长丰闸,原地改建有富池大闸,异地改建有武湖闸、牛皮圾闸、泉港分洪闸等。

关于堤防加固设计水位,依据长江中下游防洪总体布局,干流堤防设计水位必须统筹考虑。考虑到长江中下游河道及江湖关系没有发生显著变化,设计洪水位仍依据1954年的标准,因此长江中下游4个主要控制站仍采用《长江流域综合利用规划简要报告》(1990年修订)规定的设计洪水位,即沙市45.00m、城陵矶34.40m、汉口29.73m、湖口22.50m。荆江地区以在三峡大坝建成前要达到防御枝城80 000m^3/s(约40年一遇)为要求,确定枝城设计水位51.75m。湖口以下以22.5m为控制要求,依据1998年前后的水情分析,相应的大通设计水位为17.10m。大通以下属感潮河段,河道洪水位受径流、潮流、台风、区间径流等多种因素影响,而其中江阴以上主要受径流控制,江阴以下则主要受潮流控制及台风影响。根据上述原则,长江中下游干流设计水位见表1.3.6。

关于堤顶超高,由于长江中下游不同标准、不同级别的堤防采用的是同一设计洪水位,而某一段堤防的标准与上、下游及对岸的防洪密切相关,因此长江中下游堤防堤顶超高的确定,必须从中下游整体防洪角度,参照《堤防工程设计规范》(GB 50286—2013)拟定。经综合研究确定,长江中下游干流1级堤防堤顶超高为2.0m,2级及3级堤防为1.5m,其他堤防为1.0m。

经过上述一系列的工程建设,目前长江干堤堤身高度、宽度、内外边坡达标,已形成了较为完善的堤防防洪工程体系,长江中下游堤防工程的抗洪水能力从1949年的3~5年一遇得到明显提升:长江中下游干流荆江河段防洪标准达到100年一遇,汉江中下游依靠综合措施可达到100年一遇防洪标准,其他支流一般可防御10年一遇至20年一遇洪水。

表 1.3.6 长江中下游干流堤防设计水位表(冻结吴淞高程)

序号	站名	设计水位/m	序号	站名	设计水位/m
1	枝城	51.75	11	黄石市	27.50
2	沙市	45.00	12	武穴	24.50
3	石首	40.38	13	九江	23.25
4	监利(姚圻脑)	37.28	14	湖口	22.50
5	城陵矶(莲花塘)	34.40	15	安庆	19.34
6	螺山	34.01	16	大通(梅梗)	17.10
7	龙口	32.65	17	芜湖(有/无台风)	13.40/13.50
8	新滩口	31.44	18	南京(有/无台风)	10.60/11.10
9	汉口	29.73	19	镇江(有/无台风)	8.85/9.50
10	鄂城	28.10	20	江阴(有/无台风)	7.25/8.04

1.3.3 部分主要堤防基本情况

1.3.3.1 松滋江堤

松滋江堤位于长江上荆江南岸松滋市境内,西起老城进洪闸,东至沵市横堤,全长51.66km,属2级堤防。其中,老城—胡家岗段为松滋河右岸堤防,长18.0km,东大口—灵钟寺段为采穴河右岸堤防,长9.86km,灵钟寺至沵市横堤为长江右岸堤防,长23.80km。地理位置见图1.3.2。

松滋江堤修筑年代久远,其中长江干堤段始建于东晋时期,距今1600余年,其他堤段是在民垸基础上经多次加高培厚而成。1998年以前,松滋江堤堤身质量总体较差,堤身高度不足,堤基地质结构复杂,较多堤段堤基砂层浅埋,部分堤段无外滩或为窄外滩,岸坡受迎流顶冲,深泓贴岸,汛期散浸、管涌及崩岸等险情频发。

松滋江堤堤身多夹有砂壤土及粉细砂团块,局部堤身分布有碎块石、砾石层等。据钻探成果,堤线296孔中有102孔110处见砂,32孔34处见砖瓦碎片、块石或砾石层,4孔见植物根系,1孔见螺壳,1孔见蚁穴。

松滋江堤堤基地质结构:单一砂性土结构堤长0.78km,占总堤长的1.5%;上薄黏性土下砂土、砂砾石结构堤长7.34km,占总堤长的14.4%;上厚黏性土下砂砾石结构堤长40.34km,占总堤长的78.5%;多层结构类堤长2.9km,占总堤长的5.6%。

1 长江中下游堤防综述

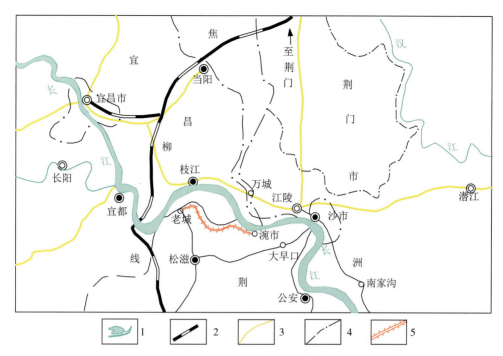

1.水系；2.铁路；3.公路；4.地区界线；5.松滋江堤

图 1.3.2　松滋江堤地理位置示意图

1998年和1999年汛期，松滋江堤发生险情78处，其中堤身险情61处，主要为散浸；堤基险情13处，主要为管涌；建筑物险情4处（表1.3.7）。险情大部分发生在长江干堤上，占险情总数的95%。老城—胡家岗段堤身散浸主要分布在桩号3+160～3+960和桩号14+940～15+240两段，为历年散浸多发段。灵钟寺—涴市段散浸多在堤内脚和压浸台出现，其中桩号713+800～714+100、桩号716+100～900、桩号726+100～600三处发生在堤内坡上。

表 1.3.7　松滋江堤1998年和1999年汛期险情统计表　　　　　　　　　　单位：处

堤段	堤身					堤基			建筑物	
	散浸	脱坡	导渗沟渗水	清水洞	蚁穴	管涌	水下异响	散浸	漏水	围堤浸溢
老城—胡家岗	1				1	3				
灵钟寺—涴市	54	1	3	1		8	1	1	3	1
合计	55	1	3	1	1	11	1	1	3	1

松滋江堤工程地质条件共分为56段。其中，工程地质条件好的（A类）1段，长1.8km，占堤防总长的3.5%；工程地质条件较好的（B类）10段，累计长度23.795km，占堤防总长的46.3%；工程地质条件较差的（C类）13段，累计长度18.775km，占堤防总长的36.0%；工程

地质条件差的(D类)4段,累计长度7.29km,占堤防总长的14.2%。

1.3.3.2 荆江大堤

荆江大堤位于湖北省荆州市荆州区、沙市区、江陵县和监利县境内,上起枣林岗(桩号810+400),下至半路堤(桩号623+886),全长186.514km,其形成至今已有2000多年的历史,是江汉平原的重要屏障,属1级堤防。堤防地理位置见图1.3.3。

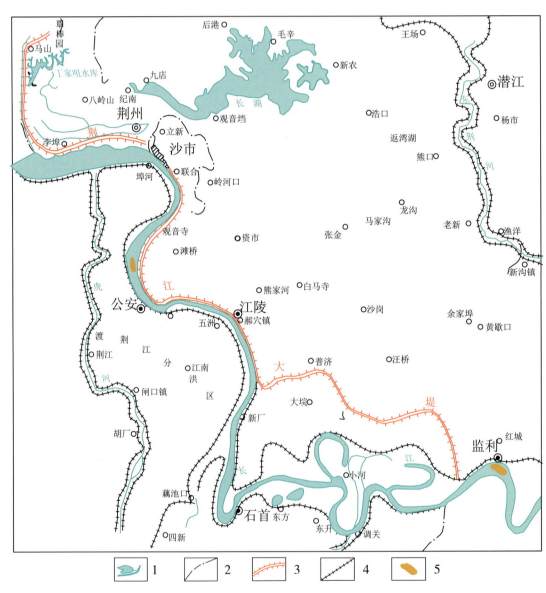

1.水系;2.地区界线;3.江堤;4.圩堤;5.洲滩

图1.3.3 荆江大堤地理位置示意图

荆江大堤地处长江中游荆江河段北岸,比南岸地面低5~7m,由于不利的地形条件,防洪形势十分严峻。荆江大堤历次溃口形成的冲刷坑(渊塘)计有88处,沿堤分布总长27.77km,占大堤总长的14.89%。其中面积大于10万m^2的有17处,最大的范家渊面积78万m^2,其次为木沉渊,面积66万m^2。深度大于10m的有3个,最深的闵家潭深15.20m,长渊深13.20m。

荆江大堤沿线还分布有一些古河道,计有15处之多,其中较大的蛟子河宽50~80m,沮漳河宽170m、獐卜河宽100m、黄林挡宽100m、鹤穴宽200m、太马河宽150m。

荆江大堤经过历年的加高培厚,逐渐由一些分散的小民垸联结而成。堤身主要为素填土,由壤土、粉质壤土、黏土、砂壤土及粉细砂等组成;杂填土多分布在城镇和人口密集的堤段,由壤土、粉质壤土夹砖瓦碎片、煤渣灰渣、碎石、卵石、生活垃圾等组成,局部夹有较大的块石。

荆江大堤堤基地质结构有3类,其中上薄黏性土的双层结构6段,累计长度16.14km,占堤防总长的8.6%;上厚黏性土的双层结构21段,累计长度71.36km,占堤防总长的38.3%;多层结构22段,累计长度99.014km,占堤防总长的53.1%。

1998年和1999年,荆江大堤分别发生险情91处和30处,主要有散浸、清水漏洞、管涌、浪坎和闸门漏水等,险情具有如下特点:

(1)堤身险情占比大,1998年和1999年堤身险情数量分别为62处和22处,占险情总数的69%。其中,散浸71处,清水漏洞13处。险情多发生在堤内坡下部及堤脚至内平台脚之间,两年发生的险情位置基本相同。

(2)堤基管涌险情,1998年20处,占险情总数的22%;1999年8处,占险情总数的26.7%。多发生在上薄黏性土的双层结构和多层结构堤基中,出险部位在距堤内脚50~900m范围内。

(3)民井引发的管涌险情有18处,占管涌险情总数的64%。其余管涌险情均发生在上覆黏性土厚度小于5m的堤段,且均发生在水田、沟渠、渊塘内。

(4)管涌险情集中在4段,桩号分别为737+300~737+800、712+700~713+500、699+000~702+500、635+400~638+200,其中最后一段为历史险情多发段。

堤基工程地质条件共分为52段,其中工程地质条件好的(A类)1段,长15.8km,占堤防总长的8.5%;工程地质条件较好的(B类)22段,累计长度52.16km,占堤防总长的21.9%;工程地质条件较差的(C类)23段,累计长度93.954km,占堤防总长的50.4%;工程地质条件差的(D类)6段,累计长度24.6km,占堤防总长的13.2%。

1.3.3.3 南线大堤

南线大堤位于荆江分洪区南端,西起南闸,东与荆南长江干堤相接,全长约22km,湖北省公安县境内,属1级堤防。西段6km为荆江分洪区堤防,堤外河流离大堤甚远;中段15.94km和东段60m,即为荆江分洪区堤防,又分别为安乡河堤防和藕池河堤防。地理位置见图1.3.4。

1952年,南线大堤在安乡河北堤及20余座垸堤的基础上连接修筑而成,后经多次培修、

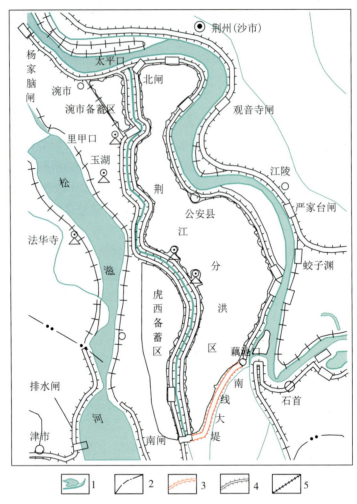

1.水系；2.地区界线；3.南线大堤；4.其他堤防；5.圩堤

图 1.3.4　南线大堤地理位置示意图

加固。堤身填土中含粉质黏土 9%、粉质壤土 75%、砂壤土 14%、粉细砂 2%。堤身填土的密实性变化大，局部土体疏松，透水性较强，特别是砂壤土及粉细砂，还有可能存在生物洞穴。

南线大堤堤基地质结构可分为 4 类，其中单一黏性土结构 3 段，累计长度 1.88km，占堤防总长的 8.6%；上砂性土的双层结构 4 段，累计长度 7.4km，占堤防总长的 33.7%；上薄黏性土的多层结构 5 段，累计长度 10.46km，占堤防总长的 47.7%；上砂性土的多层结构 1 段，长 2.2km，占堤防总长的 10%。

1954 年荆江分洪区首次蓄洪，南线大堤西段暴露出各种隐患和险情。1998 年，荆江分洪区未启用，中、东段安乡河和藕池河堤防共发生堤身和堤基险情各 8 处，其中堤身散浸 4 处、管涌 3 处、清水洞 1 处；堤基险情以管涌为主，少量地段出现散浸。

堤基工程地质条件共分为 11 段，其中工程地质条件好的（A 类）1 段，长 0.2km，占堤防总长的 0.9%;工程地质条件较好的(B类)1段,长 1.5km,占堤防总长的 6.8%;工程地质条件较差的(C类)5段,累计长度 7.24km,占堤防总长的 33.0%;工程地质条件差的(D类)4段,累计长 13km,占堤防总长的 59.3%。

1.3.3.4 荆南长江干堤

荆南长江干堤位于荆江河段南岸,上起松滋查家月堤,与松滋江堤相接;下讫石首市五马口,与岳阳长江干堤相连,全长 189.32km,跨越虎渡河、藕池河、调弦河 3 条河流,属 2 级堤防。保护面积 2564km²,耕地面积 173.78 万亩,涉及两省五县(市)。地理位置见图 1.3.5。

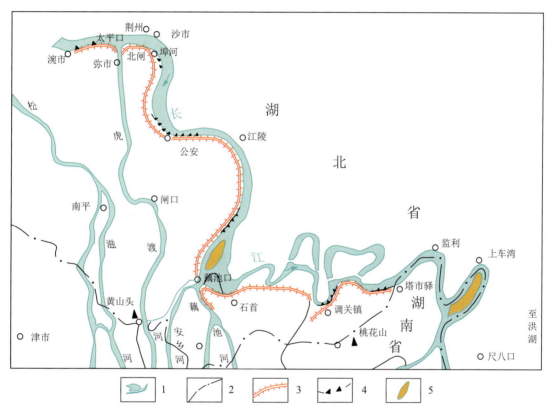

1.水系;2.地区界线;3.荆南大堤;4.护岸段;5.洲滩

图 1.3.5 荆南长江干堤地理位置示意图

荆南长江干堤始建于晋、唐年间,经宋、元、明、清、民国等历代加培续建,至 1949 年已形成较为连续的江堤,但堤身低矮单薄、隐患丛生,抗洪水能力极低。1949 年后经多次加高培厚,至 1998 年已初具规模。

荆南长江干堤处于江汉平原西部,是著名的荆江"九曲回肠"段,与荆江大堤隔江相望,河道摆动频繁。历史上多就地取土筑堤,堤身土主要为素填土,少量杂填土。素填土由粉质壤土、粉质黏土、砂壤土及粉细砂组成;杂填土主要分布于石首、公安等城镇段,多为粉质壤土夹碎砖瓦片、生活垃圾等。堤身砂性土分布较不均匀,含量为10%～41%;有些钻孔全孔均为砂性土,有些堤段存在生物洞穴。

堤基地质结构共分为9类,其中单一黏性土26段,累计长度38.693km,占堤防总长的20.5%;单一砂性土8段,累计长度9.142km,占堤防总长的4.9%;上薄黏性土的双层结构18段,累计长度25.678km,占堤防总长的13.6%;上厚黏性土的双层结构24段,累计长度28.09km,占堤防总长的14.9%;上砂性土的双层结构9段,累计长度18.437km,占堤防总长的9.8%;上薄黏性土的多层结构17段,累计长度21.377km,占堤防总长的11.3%;上厚黏性土的多层结构6段,累计长度9.065km,占堤防总长的4.8%;上砂性土的多层结构14段,累计长度17.489km,占堤防总长的9.3%;黏性土与砂互层的复杂结构8段,累计长度20.455km,占堤防总长的10.9%。

据记载,在1907—1960年的50多年间,荆南长江干堤发生溃口险情50次。1998年、1999年汛期,堤身共发生险情189处,其中散浸135处、清水漏洞33处、裂缝7处、管涌与浑水漏洞5处;堤基共发生险情47处,其中管涌与漏水洞37处、散浸7处。

堤基工程地质条件共分为108段,其中工程地质条件好的(A类)14段,累计长度22.104km,占堤防总长的11.7%;工程地质条件较好的(B类)24段,累计长度41.329km,占堤防总长的21.9%;工程地质条件较差的(C类)38段,累计长度63.157km,占堤防总长的33.5%;工程地质条件差的(D类)32段,累计长度61.837km,占堤防总长的32.9%。

1.3.3.5　岳阳长江干堤

岳阳长江干堤位于湖南省东北部的长江南岸,上起华容县五马口,与荆南长江干堤相接,下迄黄盖湖农场的铁山嘴,全长142.055km,以城陵矶洞庭湖出口为界,分上、下两段,长度分别为76.800km、65.255km,属2级堤防。岳阳长江干堤保护区面积2096km^2,直接保护着岳阳市中心城区和华容、君山、建新、楼区、云溪、临湘6个县(市、区)所属沿江堤垸,包括华容县民生大垸、君山区建设垸、建新农场垸、君山农场垸、云溪区永济垸、云溪区陆城垸、临湘市江南垸、黄盖湖农场垸。地理位置见图1.3.6。

岳阳长江干堤系经历年加培而成,堤身填土成分复杂多样,以粉质黏土、粉质壤土、砂壤土为主,个别堤段可见粉细砂。同一堤段既有黏性土体,又有砂性土体,存在土质各异、填筑不均、夯压密实程度不一等问题,且部分堤段清基不彻底,新老结合面多,还有生物洞穴破坏,防洪能力低。

岳阳长江干堤堤基地质结构分为7类,单一黏性土结构16段,累计长度16.675km,占堤防总长的11.74%;单一砂性土结构3段,累计长度4.31km,占堤防总长的3.03%;上薄黏性土的双层结构10段,累计长度31.317km,占堤防总长的22.04%;上厚黏性土的双层结构16段,累计长度48.802km,占堤防总长的34.36%;上砂性土的双层结构5段,累计长度6.941km,占堤防总长的4.89%;多层结构13段,累计长度34.010km,占堤防总长的23.94%。

据统计,1996年、1998年和1999年,堤身发生险情17处,主要有散浸、滑坡、裂缝、蚁穴,其中散浸5段,累计长度40.551km,占堤防总长的28.5%;堤顶裂缝和堤坡滑坡7段,累

1 长江中下游堤防综述

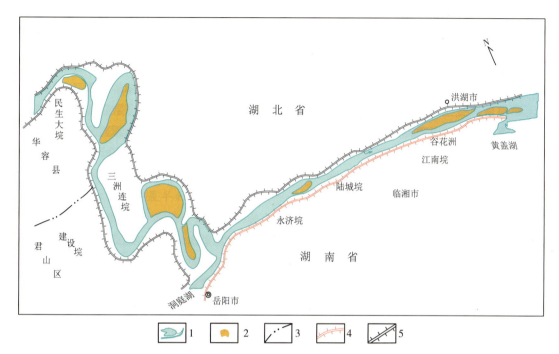

1.水系;2.洲滩;3.行政界线;4.岳阳长江干堤;5.其他堤防

图 1.3.6 岳阳长江干堤地理位置示意图

计长度 19.825km,占堤防总长的 14.0%。1998 年和 1999 年,岳阳长江干堤发生堤基险情 126 处,其中以管涌为主,共 116 处;散浸 7 处。有些险情在同一堤段重复发生。

堤基工程地质条件共分为 63 段。其中,工程地质条件好的(A 类)9 段,累计长度 4.209km,占堤防总长的 2.96%;工程地质条件较好的(B 类)17 段,累计长度 43.634km,占堤防总长的 30.7%;工程地质条件较差的(C 类)22 段,累计长度 68.787km,占堤防总长的 48.44%;工程地质条件差的(D 类)15 段,累计长度 25.425km,占堤防总长的 17.9%。

1.3.3.6 咸宁长江干堤

咸宁长江干堤位于长江右岸,自上而下由赤壁干堤、嘉鱼干堤及四邑公堤 3 个堤段组成,全长 104.582km,各堤段长度分别为 32.302km、32.101km、40.179km,属 2 级堤防。咸宁长江干堤保护着咸宁市嘉鱼县、咸安区、赤壁市和武汉市江夏区四县(市、区),以及区内的京广铁路、京珠高速公路、107 国道等重要交通干线的安全,保护区面积 1161km²。地理位置见图 1.3.7。

大堤修筑于长江 I 级阶地前缘。堤内沟渠纵横交错,湖泊星罗棋布。长江古河道自嘉鱼经渡普口、土地湖至张家墩处与现河道汇合。现陆水河入江河段是清咸丰二年(公元 1852 年)在界石处开挖的一条人工河,原陆水河古河道有两支:一支是从界石至陆溪口镇北入长江;另一支是从界石经大岩湖北至大港东北入长江。

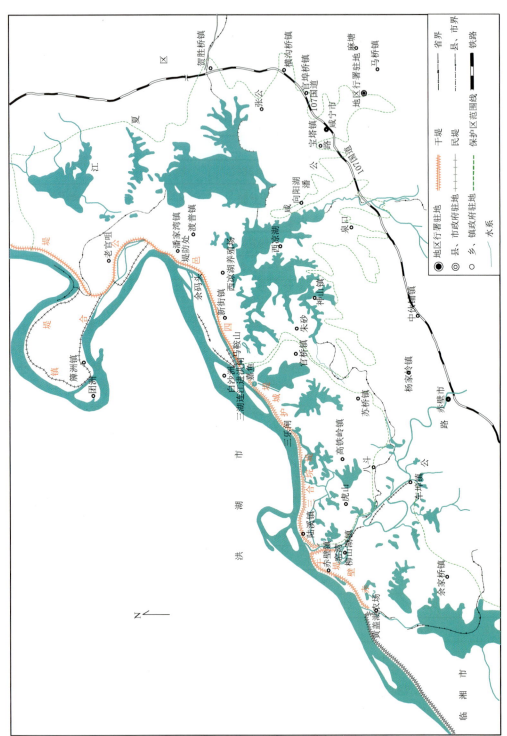

图 1.3.7 咸宁长江干堤位置示意图

堤身人工筑土为历年分段填筑，逐年加高培厚而成，堤身填筑土主要由粉质黏土、粉质壤土组成，夹粉细砂、砂壤土等不良土质和碎石、砖瓦块、煤渣及生活垃圾等杂物。在316个堤顶钻孔中，遇粉细砂、砂壤土的钻孔有162个，约占总孔数的51%；所夹粉细砂、砂壤土等厚度一般为0.4~0.5m，个别钻孔揭示厚度大于1m或全孔均为砂壤土，砂性土累计进尺占堤身土总进尺的6.8%。在乡镇附近，堤身土中夹碎石、砖块、煤渣及生活垃圾等杂物。

堤基地质结构共分为4类，其中单一黏性土结构16段，累计长度约18.9km，占堤防总长的18.1%；上薄黏性土的双层结构21段，累计长度2.6km，占堤防总长的2.5%；上厚黏性土的双层结构21段，累计长度75.8km，占堤防总长的72.5%；多层结构9段，累计长度7.3km，占堤防总长的6.9%。

1998年和1999年汛期，堤身共发生险情175处，其中散浸127处、裂缝31处、清水漏洞9处、内脱坡8处；堤基发生险情63处，其中管涌51处、清水漏洞9处、散浸3处。

堤基工程地质条件共分为68段，其中工程地质条件好的（A类）13段，累计长度13.653km，占堤防总长的13.0%；工程地质条件较好的（B类）24段，累计长度52.581km，占堤防总长的50.4%；工程地质条件较差的（C类）16段，累计长度22.453km，占堤防总长的21.5%；工程地质条件差的（D类）15段，累计长度15.744km，占堤防总长的15.1%。

1.3.3.7 武汉江堤

武汉江堤总长336.26km，其中长江干堤203.285km，汉江干堤132.975km。受长江和汉江的分隔，武汉市自然形成武昌、汉阳和汉口3个区域，各区域堤防分别形成各自独立的防洪保护圈，堤防组成与级别见图1.3.8和表1.3.8。武昌保护圈有10段堤防，累计长度102.75km；汉阳保护圈有12段堤防，累计长度90.375km；汉口保护圈有8段堤防，累计长度143.135km。

历史上，长江、汉江河道变化较大，沙洲、河道主泓、河岸滩地乃至入江口都发生过重大变迁。直到20世纪20年代初，河道才渐趋稳定，但沙洲、滩地和弯道仍变化较大，并直接影响到江河两岸的演变和发展。明末清初，长江主流经左岸荒五里和鹦鹉洲之北，而后折向右岸黄鹄矶，穿沙湖，绕青山南姆矶，经北湖、砂口而下。清代中期，主流改为沿右岸白沙洲，经鲇鱼套、黄鹄矶过青山至白浒山。清末，主流再归左岸，经沌口、鹦鹉洲，转向右岸鲇鱼套、黄鹄矶，再折向汉口，过谌家矶抵沙口而下。

唐、宋时期（618—1279年）鹦鹉洲靠近武昌岸边，宋代元祐八年（1093年）汉阳岸边涌出刘公洲，明代嘉靖末年（1566年）武昌岸又淤新洲名金沙洲。汉水改道以后，大江主流南移，古鹦鹉洲为水所冲。清代乾隆二十四年（1759年），汉阳南门外江中又淤一洲，即现今鹦鹉洲。清末，金沙洲、鹦鹉洲分别并入武昌、汉阳河岸，与陆地连为一体。下游谌家矶附近出现天兴洲。

明代以前，汉口仍是一片荒洲，与汉阳连为一体，古汉水尾闾上自沌口、墨水湖、汊口、夏口，下至天兴洲下游之沙口，有多处入口。明代成化二年（1466年），汉水自黄金口以下改道，由龟山北入江，汉阳和汉口自此分为两地。原汉水下游故道遂沦为现今的后湖、墨水湖等湖泊洼地。汉江自改道以后，下游河道日趋稳定。

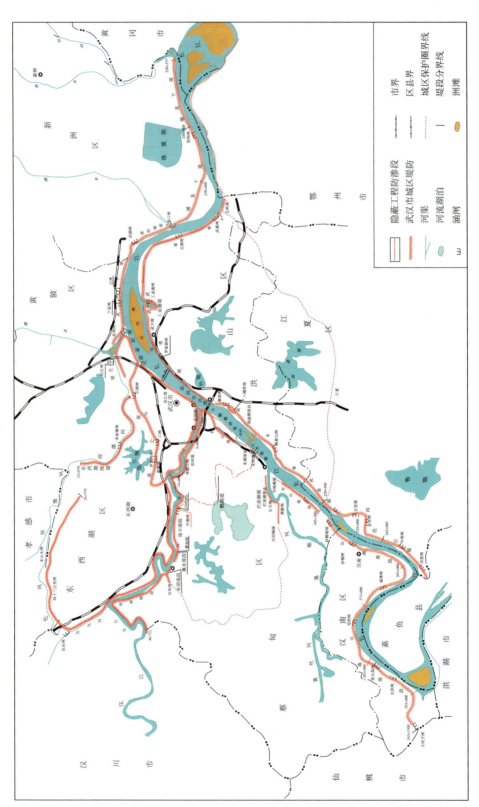

图 1.3.8 武汉江堤位置示意图

表 1.3.8　武汉江堤组成与级别

江名	岸别	堤防名称	桩号	段长/km	级别	堤防类型	保护圈
长江	右岸	四邑公堤	236+850～254+341	17.491	2	土堤	武昌保护圈
		五里堤	232+250～236+850	4.600	2	土堤	
		江夏武金堤	223+683～232+250	8.567	2	土堤、防洪墙	
		武昌武金堤	50+800～66+200	15.400	1	土堤	
		八铺街堤	0+000～4+480	4.480	1	土堤、防洪墙	
		武昌市区堤	37+980～44+780	6.800	1	土堤、防洪墙	
		武青堤	24+620～37+980	13.360	1	土堤、防洪墙	
			0+000～6+350	6.350	1	土堤	
		工业港堤	0+000～21+160	24.422	1	土堤	
		武惠堤	21+358～24+620				
		左岭堤	0+000～1+280	1.280	2	土堤、防洪墙	
	左岸	纱帽堤	347+583～349+283	1.700	2	土堤	汉阳保护圈
		军山堤	338+500～345+300	6.800	2	土堤	
		竹林湖堤	5+600～7+450	1.850	2	土堤	
		烂泥湖堤	0+000～5+600	5.600	1	土堤、防洪墙	
		江永堤	329+200～333+620	4.420	1	土堤	
		鹦鹉堤	0+000～11+420	11.420	1	土堤、防洪墙	
		汉口沿江堤	39+740～52+730	12.990	1	防洪墙、土堤+防浪墙	汉口保护圈
		谌家矶堤	0+000～4+500	4.500	2	土堤、防洪墙	
		武湖堤	0+000～18+765	18.765	3	土堤	
		柴泊湖堤	0+000～3+240	3.240	3	土堤	
		堵龙堤	238+577～267+827	29.250	3	土堤	
汉江	右岸	张湾堤	19+400～40+712	21.312	2	土堤	汉阳保护圈
		柴林湾堤	0+000～6+010	6.010	2	土堤	
		永固堤、襄永堤	15+000～19+400	4.400	2	土堤、防洪墙	
		保丰堤	8+200～14+563	6.363	2	土堤	
		汉阳沿河堤	0+000～20+500	20.500	1、2	土堤、防洪墙、土堤+防浪墙	
	左岸	东西湖堤	60+000～94+650	34.650	2	土堤、防洪墙	汉口保护圈
		汉口沿河堤	23+770～39+740	15.970	1	土堤、防洪墙	
		汉口张公堤	0+000～23+770	23.770	1	土堤	

武汉江堤主要修筑在Ⅰ级阶地和高漫滩上，有土堤、防洪墙及土堤＋防浪墙3种型式。

(1)土堤：武汉江堤大部分为土堤，长284.746km，占武汉江堤总长的84.7%。堤身多为人工素填土，主要由粉质黏土、粉质壤土等组成，部分堤段分布有砂壤土及粉细砂薄层或透镜体及碎块石等。其中军山堤、鹦鹉堤、东西湖堤及武惠堤等堤身土砂夹层多，厚度较大，且分布集中。武钢工业港堤和汉口沿江堤，堤身大多为煤渣、碎块石和建筑垃圾组成。堤身土的物质组成、堤身土密实程度及其透水性差异性较大。

(2)防洪墙：主要分布在武汉主城区，长41.484km，占武汉堤防总长的12.30%。防洪墙体为混凝土或钢筋混凝土结构，墙体顶宽0.5m，墙体高6～8m，其中地面以上3～6m，深入地面以下2～3m。墙外一般有驳岸平台(宽10～30m)和驳岸墙，墙内有戗台，宽2～4m，高1～2m。

(3)土堤＋防浪墙：设置在汉江两岸，长10.03km，约占武汉堤防总长的3.0%。混凝土防浪墙设置在土堤堤顶，墙厚0.3～0.4m，墙高0.7～2.5m，墙内一般设有戗台。

武汉江堤堤基地质结构有6类，其中单一黏性土结构9段，累计长度84.909km，占武汉堤防总长的25.35%；单一砂性土结构4段，累计长度4.59km，占武汉堤防总长的1.37%；上薄黏性土的双层结构5段，累计长度21.41km，占武汉堤防总长的6.39%；上厚黏性土的双层结构12段，累计长度158.714km，占武汉堤防总长的47.38%；上砂性土的双层结构1段，长2.07km，占武汉堤防总长的0.62%；多层结构10段，累计长度63.271km，占武汉堤防总长的18.89%。

武汉江堤历史险情533处，其中堤身险情310处，约占总险情的58.16%，主要为散浸、裂缝、浪坎、脱坡、清水洞等(表1.3.9)。堤基险情主要为管涌、散浸、清水洞，武惠堤桩号10＋000～19＋600段管涌险情较集中，出险部位多在压浸台脚，堤内水塘水沟等处，距堤内脚50～150m不等。其他堤段管涌险情较分散。各土堤段普遍发生散浸，出险部位多在压浸台附近。防洪墙散浸主要发生在内墙脚、墙体接缝处及开裂处或墙内混凝土路面接缝处。险情较多的有汉阳沿河堤、汉口沿河堤、汉口沿江堤(桩号39＋980～40＋900)及武昌市区堤。

表1.3.9 武汉江堤历史险情统计表 单位：处

堤段	堤身或防洪墙								堤基			建筑物漏水	井险	高地渗水	崩岸
	散浸	脱坡	裂缝	浪坎	清水洞	漫顶	护坡松动	管涌	塌坑	管涌	清水洞	散浸				
江夏四邑公堤	25	3								5	1		3	6		
五里堤	8															
江夏武金堤	21	1		7	1	1				1	5		4		3	
武昌武金堤	6			1						13	9		1			1
八铺街堤	10	1								3						
武昌市区堤	4				6					4	2					
武青堤			1							3			1	1		

续表 1.3.9

堤段	堤身或防洪墙									堤基			建筑物漏水	井险	高地渗水	崩岸
	散浸	脱坡	裂缝	浪坎	清水洞	漫顶	护坡松动	管涌	塌坑	管涌	清水洞	散浸				
武惠堤	22						4			36	2		1	1		
左岭堤	3									2			1			
军山堤	9	1	3	2				1		6	1		2			
竹林湖堤	4	2	2		2			2		1						
烂泥湖堤	17		12	5				2			1		3			
江永堤	10			1			1			2			1			
鹦鹉堤	11			1						2	1	9	2			
汉口沿江堤										4		21				
谌家矶堤										3		4				
武湖堤	2		2													
柴泊湖堤																1
堵龙堤										1		1				2
张公堤		1														
张湾堤	29		6	1						2	1	1	2			
保丰堤	5									2		1	2			1
汉阳沿河堤	9	2	1							10		1	1			3
东西湖堤	11		4					1		3		1	5			
汉口沿河堤	21	1								7	1		2			
合计	227	11	33	16	11	1	4	5	2	110	15	48	27	12	3	8

堤基工程地质条件共分为 169 段,其中工程地质条件好的(A 类)17 段,累计长度 35.058km,占堤防总长的 10.43%;工程地质条件较好的(B 类)61 段,累计长度 132.532km,占堤防总长的 39.41%;工程地质条件较差的(C 类)58 段,累计长度 118.936km,占堤防总长的 35.37%;工程地质条件差的(D 类)33 段,累计长度 49.734km,占堤防总长的 14.79%。

1.3.3.8 粑铺大堤

粑铺大堤位于长江中游南岸湖北省鄂州市境内,上起鄂州市白浒镇沐鹅闸,下至鄂州市城区洋澜闸,长 43.6km,由 12 段堤防组成,各堤段间为残丘相隔,均属 2 级堤防。粑铺大堤保护面积 1588km²,包括鄂州市大部分地区和武汉市、黄石市、咸宁市部分地区。地理位置见图 1.3.9。

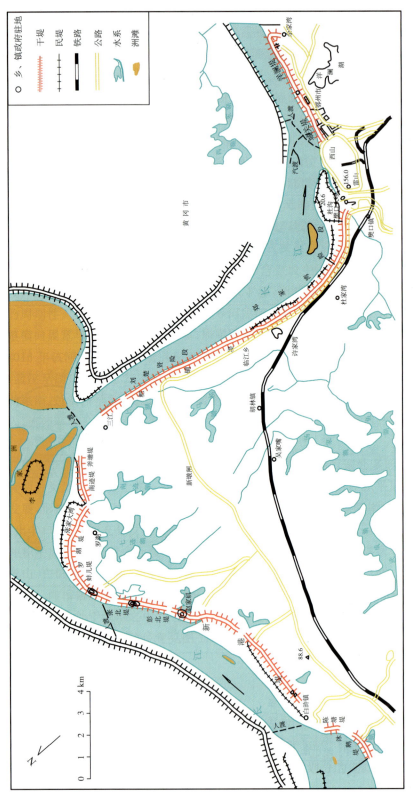

图 1.3.9 耙铺大堤地理位置示意图

粑铺大堤始修于明代中叶(1500年左右),完善于明末清初(1600—1644年)。光绪二年(1876年)郭瑞麟首筑樊口坝,切断了梁子湖与长江的通水河道,使得滨湖人民免受江水危害;光绪四年(1878年),胡炳卢、汪国源在此两次筑坝,号称保护"七县搭一州",列为朝廷皇堤,堤防岁修均由国库出资和受益州县集资解决。堤身填筑土主要为黏土、壤土,砂壤土和砂、砾质土等渗透性较强的土层占比7.8%。由于堤身组成物质和渗透性差异较大,填筑密实度变化明显,堤身质量较差。

堤基地质结构分为3类,其中单一黏性土结构20段,累计长度17.9km,占堤防总长的46.2%;双层结构2段,累计长度1.02km,占堤防总长的2.6%;多层结构5段,累计长度19.8km,占堤防总长的51.2%。

粑铺大堤历史上曾多次溃口,1998年和1999年汛期,共发生险情287处。其中,堤身险情162处,以散浸、浪坎为主;堤基发生险情125处,以管涌、清水洞为主,见表1.3.10。

表1.3.10　粑铺大堤1998年和1999年险情统计表　　　　　　　　　　　单位:处

堤段	堤身					堤基				建筑物
	散浸	脱坡	裂缝	浪坎	跌窝	管涌	清水洞	散浸	鼓包	漏水
洋澜堤	32	3	3	6	1	5	1	1		
城关堤			1							
粑铺堤	83	1		5		44	9	2	4	
斧塘堤	8					20	25			
罗湖堤				1			1	4		1
张北堤	6			1		4				
彭北堤	5									
新港堤	5						2			
沐鹅堤	1						1	1		
合计	140	4	4	13	1	73	39	8	4	1

堤基工程地质条件共分为28段,其中工程地质条件好的(A类)19段,累计长度19.92km,占堤防总长的51.4%;工程地质条件较好的(B类)1段,长度0.495km,占堤防总长的1.3%;工程地质条件较差的(C类)5段,累计长度15.018km,占堤防总长的38.8%;工程地质条件差的(D类)3段,累计长度3.287km,占堤防总长的8.5%。

1.3.3.9　黄冈长江干堤

黄冈长江干堤位于长江中游下段左岸(北岸)、湖北省黄冈市境内,上起团风县金锣港,下至武穴市马口,全长135.394km,其中人工堤长104.878km,自然堤及河口长30.516km。巴河、浠水、蕲水3条支流将干堤分割为黄州、北永、茅山、赤东4个堤段。大堤保护区总面积 1520km²，区内有 106 国道和 318 国道、沪蓉高速公路及京九铁路。地理位置见图 1.3.10。

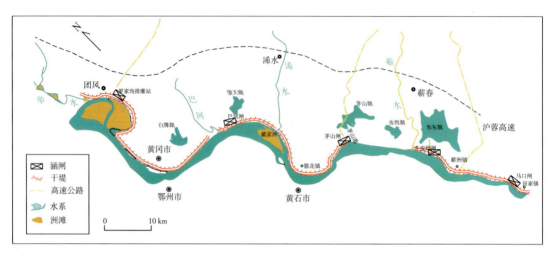

图 1.3.10　黄冈长江干堤地理位置示意图

黄冈长江干堤始筑于明代洪武十一年，经过 400 多年的修建，至清代同治年间基本形成雏形。1949 年以后，相关部门对黄冈长江干堤进行了多次加高培厚和合理并垸。堤身填土主要为粉质壤土、粉质黏土，其次为砂壤土、粉细砂以及碎石、角砾混合土等。砂壤土、粉细砂主要分布在桩号 124+000～127+000 至 154+000～159+000 一带，其他堤段零星分布。碎石、角砾混合土主要为 1998 年后加高填土，为强、弱风化基岩和残积土，赤东堤段为灰岩，茅山、北永堤段为片岩，粒径一般小于 5cm。由于堤身多为逐年加高培厚而成，新老土层结合质量差，填土密实度不够，堤身整体性较差。

堤基地质结构分为 6 类，其中单一黏性土结构 8 段，累计长度 9.589km，占堤防总长的 9.14%；上厚黏性土的双层结构 6 段，累计长度 18.721km，占堤防总长的 17.85%；上砂性土的双层结构 3 段，累计长度 4.746km，占堤防总长的 4.53%；顶部为薄层黏性土的多层结构 5 段，累计长度 9.053km，占堤防总长的 8.63%；顶部为厚层黏性土的多层结构 4 段，累计长度 10.139km，占堤防总长的 9.67%；顶部为砂土的多层结构 11 段，累计长度 52.630km，占堤防总长的 50.18%。

1998 年和 1999 年洪水期间，黄冈长江干堤共出现险情 278 处，其中堤身险情 204 处，约占险情总数的 73.38%。堤身险情主要为散浸、浪坎、脱坡、裂缝；堤基险情主要为管涌、散浸（表 1.3.11）。

堤基工程地质条件共分为 37 段，其中工程地质条件好的（A 类）6 段，累计长度 5.169km，占堤防总长的 4.93%；工程地质条件较好的（B 类）8 段，累计长度 20.525km，占堤防总长的 19.57%；工程地质条件较差的（C 类）10 段，累计长度 21.808km，占堤防总长的 20.79%；工程地质条件差的（D 类）13 段，累计长度 57.376km，占堤防总长的 54.71%。

表 1.3.11 黄冈长江干堤 1998 年和 1999 年险情统计表　　　　　　　　　单位：处

堤段	堤身					堤基		建筑物
	散浸	浪坎	脱坡	裂缝	管涌	管涌	散浸	漏水
赤东堤	36	12	5	4		22	9	1
茅山堤	25	5	3	2	1	9		
北永堤	34	1	2	4		17		
黄州堤	54	4	7	5		15		1
合计	149	22	17	15	1	63	9	2

1.3.3.10　昌大堤

昌大堤位于湖北省鄂州市境内，上与粑铺大堤相接，下与黄石市堤相连，堤线全长 30.7km，其中土堤长 23.06km，自然高地长 7.64km。起点为花马湖泵站，终点为洋澜湖闸，保护鄂州市花马湖经济开发区、5 个乡镇及黄石市黄石港经济开发区等地，面积达 231.48km²。地理位置见图 1.3.11。

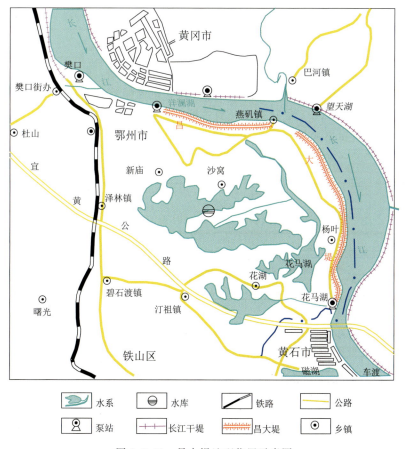

图 1.3.11　昌大堤地理位置示意图

昌大堤始建于1869—1875年,1949年前堤身矮小,质量很差,隐患甚多。1954年以后,相关部门对昌大堤普遍进行了加高培厚,使其抗洪能力有所提高,但也仅能防御常遇洪水。1998年洪水后,再次对昌大堤进行了加固,现昌大堤堤顶高程25.6~26.5m,宽6~8m,堤坡1:3。

堤身填土成分以壤土、黏土、砂壤土为主,夹少量粉细砂、杂填土。花马湖至邵开头湾段堤身填土以壤土、砂壤土为主,夹黏土、粉细砂;邵开头湾至鸭儿咀段堤身填土以壤土、黏土、砂壤土为主;鸭儿咀至燕矶段属自然山段,山丘间5个间隔堤,堤身填土以壤土、黏土为主,局部含碎石;燕矶至龙王咀段堤身填土成分为黏土、壤土夹粉砂;龙王咀至洋澜闸段堤身填土成分以壤土、砂壤土为主。

堤基主要为第四系河流冲积层、湖积层及残积层。第四系全新统冲积层一般具有二元结构,上部为黏性土夹粉砂透镜体,厚度一般为4~15m,下部为粉细砂层,厚度20~35m不等;湖积层主要为淤泥质粉质黏土层,厚度一般为9~15m,中更新统冲积层或残积层主要分布在岗地边缘区,为棕红色黏土、含铁锰质及白色高岭土,具网纹状结构,厚度4~20m,堤段间垄岗为白垩纪—新近纪砾岩、砂砾岩、粉细砂、砂岩等。

昌大堤堤基结构中,单一黏性土结构累计长度15.08km,占堤防总长的52.14%;单一淤泥质土结构长1.6km,占堤防总长的5.53%;上黏性土下砂性土的双层结构长4.95km,占堤防总长的17.2%;上砂下黏性土的双层结构长3.65km,占堤防总长的12.6%;多层结构长3.64km,占堤防总长的12.6%。

昌大堤自创修以来,经历了多次水毁与重建、加固。1954年四房湾溃口,口门宽288m,花马湖区顿成一片泽地。1962年、1964年、1968年、1969年、1973年、1980年,昌大堤发生多处险情;1983年、1996年汛期,昌大堤发生重大险情,出现溃口性险情。1998年汛期,在持续高水位的作用下,昌大段、燕矶段、茅草段共发生各类险情262处,以散浸为主,共计119处,占总险情的45.2%,管涌主要发生在昌大段和燕矶段,所有险情以昌大段最多,占40.1%,燕矶段险情次之。

堤基工程地质条件共分为14段。其中,堤基工程地质条件好的(A类)4段,累计长度10.037km,占堤防总长的34.71%;工程地质条件较好的(B类)5段,累计长度8.693km,占堤防总长的30.06%;工程地质条件较差的(C类)1段,长2.95km,占堤防总长的10.2%;工程地质条件差的(D类)4段,累计长度7.24km,占堤防总长的25.03%。

1.3.3.11 阳新长江干堤

阳新长江干堤位于长江中游南岸,上起四顾闸,下止富池口,全长30km,由富池江堤和海口江堤组成。富池江堤长5.67km;海口江堤长24.33km,由菖湖堤、海口堤和四顾堤组成,长度分别为5.458km、18.24km、0.633km。阳新长江干堤始修筑于清末,历经多次培修及加固,至今已有130多年历史。地理位置见图1.3.12。

阳新长江干堤多为就近取土填筑,各堤段堤身土组成不同。四顾堤及海口堤桩号28+000~23+800段,堤身土主要由粉质壤土组成,其中桩号23+075、24+248处堤身土由砂壤土组成;海口堤桩号23+800~21+600段堤身土主要由粉质黏土、粉质壤土组成,其中在桩

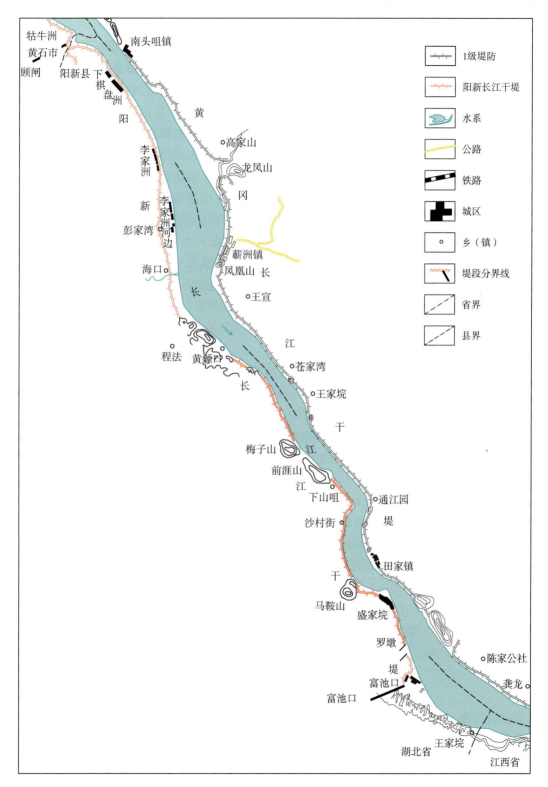

图 1.3.12　阳新长江干堤位置示意图

号 23+325 夹有砂壤土层；海口堤桩号 21+600～9+700 段，堤身由粉质壤土组成，其中在桩号 19+000、17+860、15+467 处由砂壤土组成或夹有砂壤土层；菖湖堤主要由粉质壤土组成；富池江堤主要由粉质壤土、粉质黏土组成。由于在加高培厚过程中，新老堤衔接不好，施工时堤坡草皮未清理，接合部位易产生裂缝，加培土体碾压不密实，土体松散，渗透性强，易产生渗透问题。

堤基地质结构分为 5 类，其中单一黏性土结构 6 段，累计长度 10 332m，占堤防总长的 34.3%；上薄黏性土的双层结构 2 段，累计长度 2540m，占堤防总长的 8.4%；上厚黏性土的双层结构 7 段，累计长度 8600m，占堤防总长的 28.6%；上砂下黏性土的双层结构 3 段，累计长度 2383m，占堤防总长的 7.9%；多层结构 3 段，累计长度 6260m，占堤防总长的 20.7%。

阳新长江干堤历史险情统计于表 1.3.12。其中，堤身险情主要为散浸、漏水洞，其次为脱坡、浪坎和裂缝；堤基险情主要为管涌和漏水洞。

表 1.3.12　阳新长江干堤历史险情统计表　　　　　　　　　　　单位：处

堤段	堤身					堤基		建筑物	井险
	散浸	漏水洞	脱坡	裂缝	浪坎	管涌	漏水洞	漏水	
海口堤	45	5	3	2	2	20	22	2	5
菖湖堤	9			1	2	5	17		
富池江堤	3	3	1			5		1	
合计	57	8	4	3	4	30	39	3	5

堤基工程地质条件共分为 19 段，其中工程地质条件好的（A 类）4 段，累计长度 7282m，占堤防总长的 24.2%；工程地质条件较好的（B 类）7 段，累计长度 7910m，占堤防总长的 26.3%；工程地质条件较差的（C 类）6 段，累计长度 9523m，占堤防总长的 31.6%；工程地质条件差的（D 类）2 段，累计长度 5400m，占堤防总长的 17.9%。

1.3.3.12　黄广大堤

黄广大堤上起湖北省武穴市盘塘，下迄黄梅县段窑，全长 87.34km，是湖北省重要干堤之一，为 2 级堤防，堤顶超高 1.5m，堤顶宽 8m。与安徽省境内的同马大堤共同保护华阳河流域平原圩区的防洪安全，直接保护面积为 $1382km^2$，耕地 85.27 万亩。地理位置见图 1.3.13。

黄广大堤始建于公元 1404 年，即明朝永乐二年。在近 600 年的岁月里，随着江滩淤涨，堤外民堤不断增多，形成圩中有圩、堤外有堤的复杂格局。历史上虽将干堤据河外移，但仍有部分堤段靠民堤挡水。1949 年后，在对大堤加高培厚的同时，相关部门对历史上形成的圩中有圩、堤外有堤的不合理现象逐步进行调整，直到 1955 年才形成现今的堤线。

黄广大堤所处的长江河段位于洞庭湖和鄱阳湖之间，上纳汉江、洞庭湖、川水，下受鄱阳湖出流顶托，汛期洪水来势猛、泄流慢、持续时间长。大堤长期抵御高水位，堤身失稳、堤基渗透破坏等险情极为严重，1935 年、1949 年、1954 年多处溃口，其中 1954 年溃口 18 处，淹没

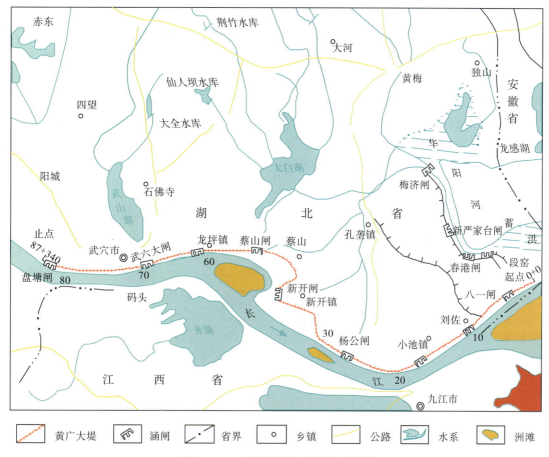

图 1.3.13 黄广大堤地理位置示意图

耕地近 80 万亩,毁房 10 余万间,死亡 300 多人。1998 年汛期,黄广大堤发生险情 400 余处,局部堤段存在严重的堤身散浸、堤后管涌、滩岸崩塌等。

黄广大堤堤高一般 6~8m,顶部宽 6~8m,堤顶高程 22.4~24.7m,堤内外分布宽 25~30m、高 1~3m 的压浸平台,大堤底宽一般 60~130m,堤内、外坡比 1:3。堤身主要为素填土,少量杂填土,素填土主要由粉质壤土、粉质黏土、黏土、壤土、砂壤土及粉细砂组成。黏性土分布较连续,砂性土多夹于黏性土中,其中砂性土所占比例小于 10% 的堤段长 1km,占比 10%~20% 的堤段长 5.95km,其余堤段砂性土占比大于 20%。

堤基多为第四纪全新世冲积堆积层,多具二元结构,上部为壤土、黏土、淤泥质壤土、砂壤土等夹粉细砂和淤泥质黏土,厚度 6.5~26.5m;下部为粉砂、细砂、中砂夹薄层壤土、砂壤土。上龚—盘塘堤段,上部为黏土、壤土夹粉砂、砂壤土,厚度 0~9m,下部为黏土、壤土。

黄广大堤工程地质条件好(A 类)堤段长 0.88km,占堤防总长的 0.1%;工程地质条件较好(B 类)堤段长 17.89km,占堤防总长的 20.5%;工程地质条件较差(C 类)堤段长 30.62km,占堤防总长的 35.1%;工程地质条件差(D 类)堤段长 37.95km,占堤防总长的 43.5%。

1.3.3.13 九江长江干堤

九江长江干堤位于长江南岸,上起瑞昌市码头镇,下至彭泽县帽子山,自上而下依次为梁公堤、赤心堤、永安堤、八赛隔堤、市区堤、济益公堤、东升堤、建设堤、天灯堤、牛脚芜堤、黄茅堤、永和堤、长棉堤、砂州堤、红光堤、棉州堤、芙蓉堤、朝阳厂堤、马湖堤、辰字堤、大坂跃进堤、马当堤、杨柳船行堤等23段堤防,总长123.697 2km。大堤保护江西省九江市所辖的瑞昌市、九江县、浔阳区、庐山区、湖口县和彭泽县等,耕地面积80.7万亩,区内有京九铁路、武九铁路等铁路线6条,105国道、昌九高速公路等重要公路7条。

九江长江干堤始建于1966年,堤身填筑土主要由粉质黏土、粉质壤土组成,夹粉细砂、砂壤土和碎石、砖瓦块、煤渣及生活垃圾等,梁公堤、永安堤、济益公堤、东升堤等堤段白蚁洞穴较多。在457个堤顶钻孔中,144个钻孔见有粉细砂、砂壤土,约占总孔数的31%。所夹粉细砂、砂壤土厚度一般0.4~0.5m,局部厚度大于1m或全部由砂壤土组成。堤身土中夹碎石、砖块、煤渣及生活垃圾等的钻孔37个,约占堤顶钻孔总数的8%,多见于乡镇附近堤段中。

堤基地质结构共分为5类,其中黏性土单一结构类11段,累计长度16.3km,占堤防总长的13.5%;砂性土单一结构类2段,累计长度3.53km,占堤防总长的2.9%;上薄黏性土的双层结构类7段,累计长度6.485km,占堤防总长的5.4%;上厚黏性土的双层结构类30段,累计长度82.796km,占堤防总长的68.4%;多层结构类12段,累计长度11.889km,占堤防总长的9.8%。

1998年、1999年,九江长江干堤共发生险情162处,其中堤身险情66处,主要为散浸和脱坡,占总险情数的41%;堤基险情75处,主要为管涌和漏水洞,占总险情数的46%;溃口险情8处,多是由洪水漫顶造成的。九江长江干堤1998年和1999年险情统计见表1.3.13。堤防地理位置见图1.3.14。

表1.3.13 九江长江干堤1998年和1999年险情统计表 单位:处

堤段	堤身			堤基		建筑物	生物洞穴	溃口
	散浸	脱坡	漏水洞	管涌	漏水洞			
梁公堤	1		2	4	7		1	
赤心堤	8	1		9	5			
永安堤	4	4		6	2	1	1	
市区堤	13	1		4		4		1
济益公堤	1	1		4			1	
东升堤		7		4				
建设堤		1		2				
天灯堤		1		1	1			1
牛角芜	1			2				1
黄茅堤	3	1			2			

续表 1.3.13

堤段	堤身			堤基		建筑物	生物洞穴	溃口
	散浸	脱坡	漏水洞	管涌	漏水洞			
永和堤	1							1
长棉堤	1			3				1
砂洲红光堤		2		3				1
棉洲堤	1			1				1
芙蓉堤	4			10	1			
马湖堤	2			1	1			
辰字堤			1	1				
大坂跃进堤		2		1	1		1	
杨柳船行堤	1	1		1			2	
合计	41	22	3	56	19	7	6	8

堤基工程地质条件共分为 74 段，其中工程地质条件好的（A类）堤段共 12 段，累计长度 8.8km，占堤防总长的 7.3%；工程地质条件较好的（B类）堤段共 26 段，累计长度 59.5km，占堤防总长的 49.2%；工程地质条件较差的（C类）堤段共 13 段，累计长度 16.4km，占堤防总长的 13.6%；工程地质条件差的（D类）堤段共 23 段，累计长度 36.2km，占堤防总长的 29.9%。

1.3.3.14 同马大堤

同马大堤位于安徽省安庆市境内的长江中下游左岸，上接湖北省黄广大堤，下至怀宁县官坝头，全长 173.4km，其中长江干堤长 138km，皖河堤长 35.4km，属 2 级堤防。保护范围包括安庆市的宿松、望江、怀宁、太湖四县，复兴、华阳、徐桥 3 个县级镇和华阳河、九城畈、皖河 3 个省属农场，总面积 2310km^2，其中湖泊沟河面积 831km^2，耕地面积 946.7km^2。地理位置见图 1.3.15。

同马大堤始修于清代道光十八年（1838 年），到民国五年（1917 年），自上而下依此建成同仁堤、马华堤等。1949 年以后，连圩、并圩形成同马大堤雏形。1954 年特大洪水时，多处发生漫溢性决口。1956—1958 年，堤线延伸至怀宁县官坝头，于 1963 年形成现今的同马大堤。

同马大堤局部堤段堤身填土中夹有砖瓦碎片、生物洞穴，有些堤段为砂性土。根据 304 段钻孔注水试验成果统计，中、强透水的试段占试段总数的 31.6%。室内试验测得，堤身土干密度小于 1.5g/cm^3 的试样占试样总数的 39%，抗剪强度小于 14kN/m^3 的试样占试样总数的 13%。以上数据表明堤身土物质组成、填筑密实度和堤身土的透水性不均一，存在较多安全隐患。

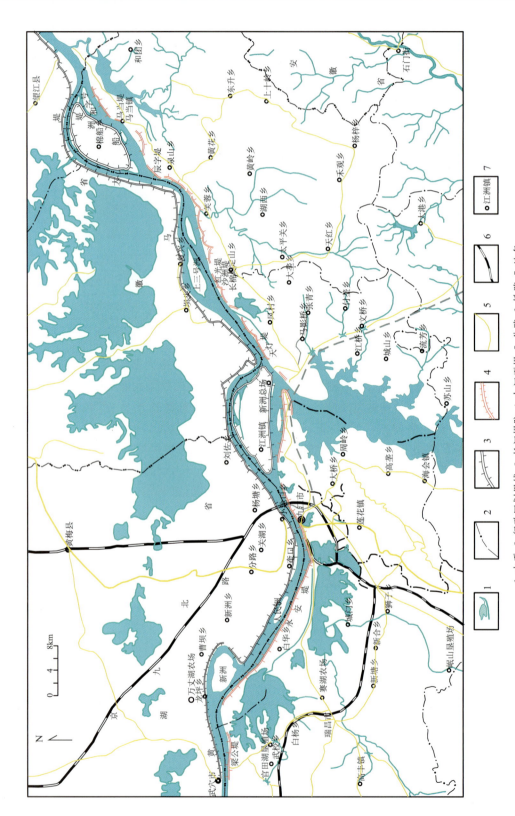

1. 水系；2. 行政区划界线；3. 长江堤防；4. 九江干堤；5. 公路；6. 铁路；7. 地名

图 1.3.14　九江长江干堤地理位置示意图

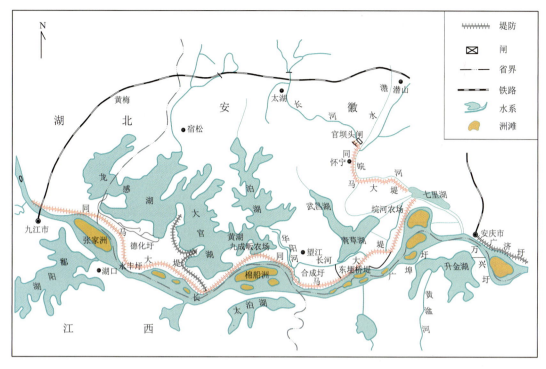

图 1.3.15 同马大堤地理位置示意图

同马大堤堤基地质结构分为6类,其中单一黏性土1段,长2.5km,占堤防总长的1.44%;单一砂性土9段,累计长度8.69km,占堤防总长的5.01%;上薄黏性土的双层结构26段,累计长度22.19km,占堤防总长的12.90%;上厚黏性土的双层结构60段,累计长度89.09km,占堤防总长的51.38%;上砂性土的双层结构1段,长0.35km,占堤防总长的0.2%;多层结构51段,累计长度50.58km,占堤防总长的29.17%。

据统计,1998年和1999年,同马大堤出现险情294处,堤身险情129处,约占总险情的44%,主要为散浸、浪坎;堤基险情148处,约占总险情的50%,主要为管涌、漏水洞、鼓包(表1.3.14)。

表1.3.14 同马大堤1998年和1999年险情统计表 单位:处

年份	堤身						堤基				建筑物	井险	溃口
	散浸	浪坎	跌窝	漏水洞	裂缝	脱坡	管涌	漏水洞	鼓包	散浸			
1998年	71	13	4	3	1	2	75	21	20	13	5	4	1
1999年	24	10			1		16	1	1	1	1	6	
合计	95	23	4	3	1	3	91	22	21	14	6	10	1

堤基工程地质条件共分为138段,其中工程地质条件好的(A类)1段,长度2.5km,占堤防总长的1.44%;工程地质条件较好的(B类)51段,累计长度71.94km,占堤防总长的41.49%;工程地质条件较差的(C类)61段,累计长度70.79km,占堤防总长的40.82%;工程地质条件差的(D类)25段,累计长度28.17km,占堤防总长的16.25%。

1.3.3.15 安庆市堤

安庆市堤位于长江下游左岸,西起安庆市西郊狮子山脚,东至王家村与广济圩江堤相接,全长18.837km,其中2.889km为防洪墙,15.948km为土堤,属1级堤防。安庆市堤与下游的广济圩江堤一起保护着安庆市、枞阳县及桐城市一部分地区,保护区面积233.1km²,耕地面积92.7km²。地理位置见图1.3.16。

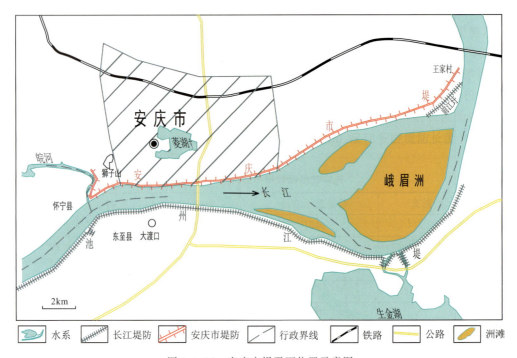

图1.3.16 安庆市堤平面位置示意图

安庆市堤始建于1803年,堤防千疮百孔,水患不断。据记载,安庆"行舟入市"达11次之多;1949年护城圩溃破,城区尽成泽地,1946户、9036人受灾;1954年护城圩再次溃破,城区3212户、13390人受灾,淹没房屋2819间,倒塌房屋2460间。

堤身填土主要由粉质壤土、壤土、粉质黏土及砂壤土、粉细砂组成,其中砂性土在堤身中呈混杂分布,堤身填土中砂性土钻探进尺占堤身总进尺的14.2%~28.3%。桩号0+000~2+102段杂填土的钻探进尺占堤身进尺的41.2%。

堤基地质结构共分为5类,其中单一黏性土结构1段,长度550m,占堤防总长的2.91%;单一砂性土堤基2段,累计长度937m,占堤防总长的4.97%;上薄黏性土的双层结构3段,累计长度1640m,占8.71%;上厚黏性土的双层结构2段,累计长度1830m,占堤防总长的 9.71%；上薄黏性土的多层结构 7 段，累计长度 13 880m，占堤防总长的 73.70%。

1998 年，安庆市堤共发生险情 12 处，其中散浸 6 处，累计长度 3300m，占土堤总长的 20.7%；管涌 3 处，丁家村距堤内脚 200m 的水塘出现 7 个直径 10～35cm 的管涌。此外，还有渗水、穿堤涵闸漏水、浪坎等险情。

堤基工程地质条件共分为 21 段，其中工程地质条件好的（A 类）1 段，长度 550m，占堤防总长的 2.92%；工程地质条件较好的（B 类）4 段，累计长度 3268m，占堤防总长的 17.35%；工程地质条件较差的（C 类）11 段，累计长度 12 457m，占堤防总长的 66.13%；工程地质条件差的（D 类）5 段，累计长度 3017m，占堤防总长的 16.02%。

1.3.3.16 广济圩江堤

广济圩江堤位于长江下游左岸，上起王家村（与安庆市堤相接），下至枞阳县幕旗山脚，全长 24.852km，其中桩号 42+000～42+370 段为白鹤峰（自然残丘），其余均为土堤。地理位置如图 1.3.17 所示。

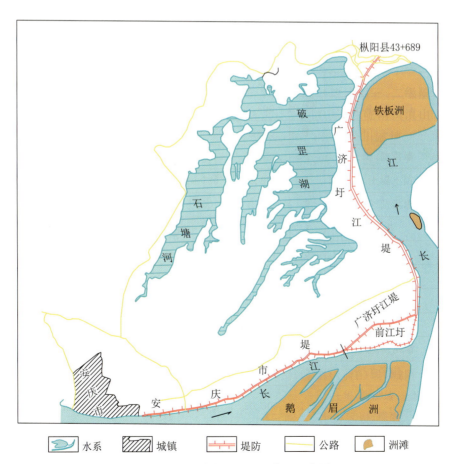

图 1.3.17 广济圩江堤平面位置示意图

广济圩江堤始建于1803年,历史上曾多次发生溃口。1870年、1894年,荷花塘堤段溃口长度100m,安庆城郊广济圩均成泽地;1901年,白水洼堤段溃口长度100m、鲍家村堤段溃口长度200m,广济圩成为一片汪洋;1931年,前江渡口堤段溃口长达200m,70%的灾民外逃避灾;1949年,鲍家村溃口长达400m,圩内一片汪洋,1946户、9037人受灾;1954年,回龙庵溃口长达870m,受淹田地11 827亩,灾民86 465人;1983年,圩内洪涝灾害严重,受淹人口2.8万人,受淹田地12万亩,经济损失5128万元。

堤身填土主要有粉质黏土、黏土、重粉质壤土,局部夹有砂壤土和粉细砂。36个堤顶钻孔中有14个揭示砂壤土或粉细砂,堤身砂性土钻探进尺占堤身钻探总进尺的6.6%~7.0%。

堤基地质结构分为4类,其中单一黏性土2段,累计长度0.57km,占堤防总长的2.3%;上薄黏性土的双层结构1段,长度0.38km,占堤防总长的1.5%;上厚黏性土的双层结构11段,累计长度12.00km,占堤防总长的48.3%;多层结构8段,累计长度11.90km,占堤防总长的47.9%。

1998年,发生险情20处,其中散浸7处,散浸堤段长度累计6319m,主要分布在桩号18+837~23+387段和桩号26+487~30+387段,占土堤总长的25.42%;管涌8处,主要分布在桩号19+747~23+187段。

堤基工程地质条件共分为25段,其中工程地质条件好的(A类)2段,累计长度0.57km,占江堤总长的2.3%;工程地质条件较好的(B类)12段,累计长度12.39km,占江堤总长的49.9%;工程地质条件较差的(C类)11段,累计长度11.89km,占江堤总长的47.8%。

1.3.3.17 枞阳江堤

安徽省枞阳江堤位于长江左岸,上起枞阳县幕旗山脚,与广济圩江堤相连,下至无为县红土庙,与无为大堤相连,全长83.949km,由永登圩、永赖圩、永丰圩、永久圩、国营普济圩农场堤、灰河乡堤和梳妆台-红土庙堤组成,属2级堤防。保护枞阳县、普济圩农场以及无为县、庐江县、铜陵市郊的一部分,保护区面积748km^2,耕地面积82.5万亩。地理位置见图1.3.18。

枞阳江堤是在众多民圩的基础上联圩并垸逐步形成的,堤身较单薄,历史险情频发。1931年6月洪水,沿江圩口全溃,桐城受灾面积2848km^2,淹没农田27.65万亩,灾民达67.59万人,死亡2400人,坍塌房屋9800间;1949年6月7日,天定圩三百丈上老窖墩溃破,枞阳受灾面积26.92万亩,倒塌房屋6532间,死伤380余人(其中死亡200人);1954年发生洪水,除永登圩未溃破外,其余江堤均多处溃决,受灾面积达528km^2,受灾人口44.5万余人,死伤263人(其中死亡58人),倒塌房屋14.5万间,粮食颗粒无收;1983年堤防共发生较大险情33处,其中管涌15处;1992年发生较大险情22处,其中管涌10处。

堤身填土主要由粉质壤土、粉质黏土组成,部分堤段夹有砂壤土和粉细砂等。根据166个钻孔资料,堤身砂壤土和粉细砂的钻探进尺占堤身钻探总进尺的10%~29%。

1 长江中下游堤防综述

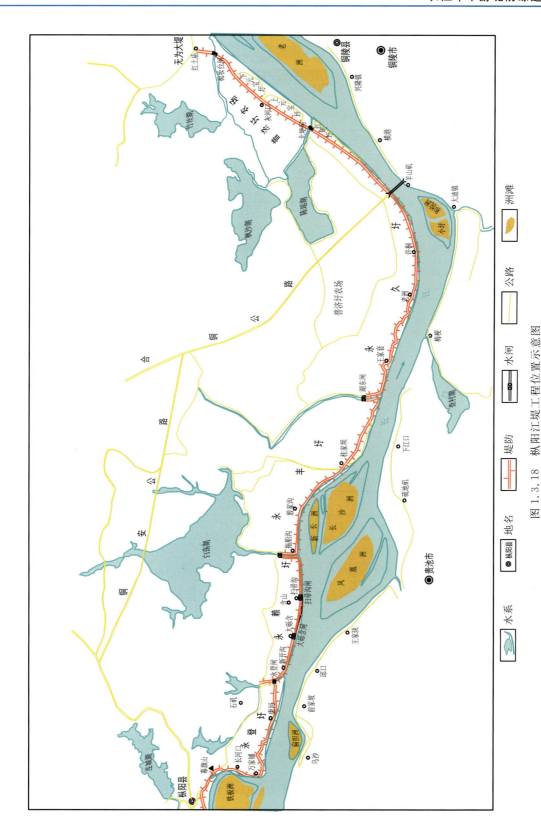

图 1.3.18 枞阳江堤工程位置示意图

枞阳江堤堤基地质结构分为6类,其中单一黏性土结构5段,累计长度18.9km,占堤防总长的22.6%;单一砂性土结构3段,累计长度4.95km,占堤防总长的5.9%;上薄黏性土的双层结构3段,累计长度4.65km,占堤防总长的5.6%;上厚黏性土的双层结构11段,累计长度30.5km,占堤防总长的36.5%;上砂性土的多层结构5段,累计长度18.18km,占堤防总长的21.8%;黏性土和砂性土互层的多层结构2段,累计长度6.27km,占堤防总长的7.5%。

1998年、1999年,枞阳江堤发生险情136处,其中堤身险情60处,约占总险情数的44.1%(主要为散浸,有57处,占堤身险情数量的95.0%);堤基险情65处,占47.8%(绝大部分为管涌,有61处,约占堤基险情数量的93.8%)。具体情况见表1.3.15。

表1.3.15 枞阳江堤1998年和1999年险情统计表　　　　　　　　　　　单位:处

堤段	堤身			堤基		建筑物	生物洞穴	崩岸
	散浸	裂缝	浪坎	管涌	漏水洞			
永登圩	9	1	1	10			1	1
永赖圩	10			7		2		2
永丰圩	17			22		2		
永久圩	20			22	4	1		
普济圩、铜陵无为段	1	1				2		
合计	57	2	1	61	4	7	1	3

堤基工程地质条件共分为56段,其中工程地质条件好的(A类)6段,累计长度11.14km,占堤防总长的13.3%;工程地质条件较好的(B类)16段,累计长度21.5km,占堤防总长的25.6%;工程地质条件较差的(C类)19段,累计长度30.37km,占堤防总长的36.2%;工程地质条件差的(D类)15段,累计长度20.98km,占堤防总长的25.0%。

1.3.3.18　无为大堤

无为大堤位于长江下游左岸的安徽省巢湖市境内,上起无为县果合心,下迄和县方庄,全长124.2km,属1级堤防。保护着无为、和县、含山、庐江、肥东、肥西、舒城和合肥市、巢湖市七县二市的安全,保护区面积4520km²,农田面积427.3万亩,区内还有多家工矿企业、淮南铁路和合巢、合芜、合铜高速公路以及华东电网。地理位置见图1.3.19。

无为大堤是在围圩垦殖的基础上逐渐发展起来的,1765年初具雏形。历史上,发生溃口10余次,溃口堤长150~900m,形成的龙塘面积14 000~231 000m²。

根据253个钻孔资料,堤身填筑土中夹粉细砂或砂壤土的钻孔有150个,约占钻孔总数的59.3%;夹碎(砾)石、砖瓦块、煤(灰)渣的钻孔有104个,约占钻孔总数的41.1%;夹螺

1 长江中下游堤防综述

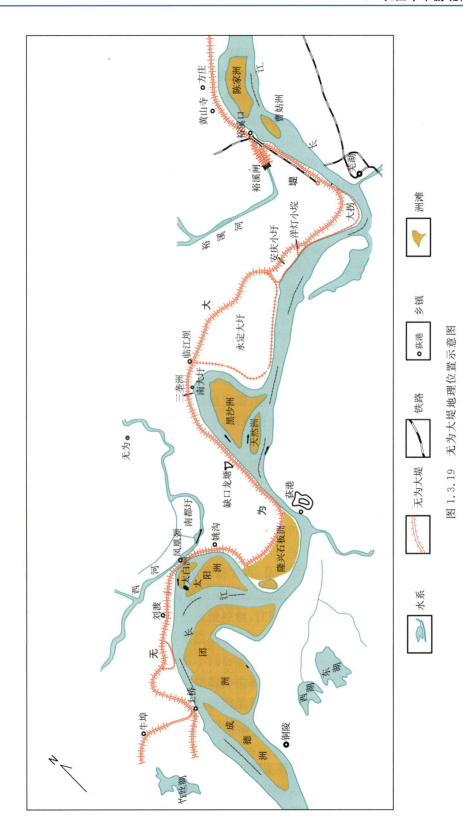

图 1.3.19　无为大堤地理位置示意图

(蚌)壳碎片的钻孔有76个,约占钻孔总数的30.0%;夹植物根茎或腐殖质的钻孔有53个,约占钻孔总数的20.9%;夹含有机质土、泥炭土的钻孔有21个,约占钻孔总数的8.3%。

堤基地质结构分为5类,其中单一黏性土结构2段,累计长度12.01km,占堤防总长的9.7%;单一砂性土结构3段,累计长度3.75km,占堤防总长的3.0%;上薄黏性土的双层结构16段,累计长度12.15km,占堤防总长的9.8%;上厚黏性土的双层结构14段,累计长度92.95km,占堤防总长的74.8%;多层结构4段,累计长度3.35km,占堤防总长的2.7%。

1998年汛期,挡水堤段累计长度34.26km,险情段累计长度约2850m,占挡水堤段的8.3%,堤内脚散浸5处、渗漏3处、管涌1处,堤内坡发生散浸4处,穿堤建筑物(涵闸)与堤身土体接触部位发生渗漏3处。1999年汛期,挡水堤段累计长度32.46km,险情段累计长度约5390m,占挡水堤段的16.6%,堤内脚发生散浸8处、渗漏5处、管涌1处,堤内坡发生散浸4处、渗漏1处,穿堤建筑物(涵闸)与土体接触部位发生渗漏3处。

无为大堤堤基工程地质条件分为44段,其中工程地质条件好的(A类)10段,累计长度55.31km,占堤防总长的44.5%;工程地质条件较好的(B类)15段,累计长度44.05km,占堤防总长的35.5%;工程地质条件较差的(C类)12段,累计长度11.95km,占堤防总长的9.6%;工程地质条件差的(D类)7段,累计长度12.90km,占堤防总长的10.4%。

1.3.3.19 铜陵江堤

铜陵江堤位于长江下游南岸,上起铜陵长江大桥南桥头羊山矶,下止于荻港镇,堤防全长66.54km,其中长江干堤长36.33km,内河堤长30.21km。铜陵江堤由三部分组成:城区圈堤、西联圩圈堤和东联圩圈堤。它们保护着铜陵市区,铜陵县城关、顺安、西湖、钟鸣、新桥等镇,总面积235.6km^2,耕地面积119km^2,保护区内还有沪铜铁路、芜铜公路等交通干线。

城区圈堤为2级堤防,修建于1965年,是为利用长江岸线而修建的第一个防洪圈,从羊山矶(矶河口)到铜陵县城关镇余家桥,全长15.14km,其中江堤长12.30km,黑砂堤长2.84km。西联圩圈堤为3级堤防,始建于1971年,自朱家咀,经北埂王(顺安河口)至钟仓站,全长17.70km,其中江堤长13.75km,顺安河堤长3.95km。东联圩圈堤为4级堤防,自湖城铁路桥,经张村站、永丰站至钟鸣竹园镇,全长33.77km,其中江堤长10.41km,顺安河堤长12.25km,黄浒河堤长11.11km。地理位置见图1.3.20。

1949年以来,铜陵市发生过15次洪涝灾害,均造成了较大的经济损失,其中1954年洪水圩堤全部溃决。

虽然城区圈堤堤身填土成分较为复杂,但堤外侧多建有防洪墙或浆砌石挡墙,部分土堤主要为黏土、壤土填筑;西联圩圈堤堤身填土主要由粉质壤土、粉质黏土组成,夹有砂壤土、粉细砂、碎石等;东联圩圈堤主要由粉质黏土、粉质壤土、壤土组成,夹少量粉砂或砂壤土团块。

堤基地质结构分为4类,其中单一黏性土结构有9段,累计长度8.08km,占堤防总长的19.66%;上薄黏性土的双层结构6段,累计长度6.21km,占堤防总长的15.11%;上厚黏性土的双层结构4段,累计长度4.54km,占堤防总长的11.05%;多层结构15段,累计长度22.26km,占堤防总长的54.17%。

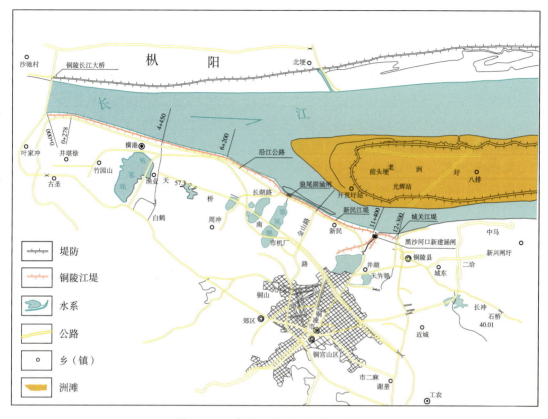

图 1.3.20　铜陵江堤城区段位置示意图

1998年、1999年,铜陵江堤共发生险情29处,其中堤身险情16处,约占险情总数的55%,主要为散浸、裂缝、脱坡;堤基险情11处,约占险情总数的38%,主要为管涌。险情主要发生在西联圩和东联圩(表1.3.16)。

表1.3.16　铜陵江堤1998年和1999年险情统计表　　　　　　　　单位:处

堤段	堤身					堤基		建筑物
	散浸	裂缝	脱坡	管涌	挡墙漏水	管涌	漏水洞	
市区					2	1		1
西联圩	5	2				5	1	
东联圩	1	1	4	1		4		
合计	6	3	4	1	2	10	1	1

堤基工程地质条件共分为 26 段,其中工程地质条件好的(A 类)5 段,累计长度 3.88km,占堤防总长的 9.44%;工程地质条件较好的(B 类)3 段,累计长度 5.4km,占堤防总长的 13.14%;工程地质条件较差的(C 类)10 段,累计长度 20.86km,占堤防总长的 50.77%;工程地质条件差的(D 类)8 段,累计长度 10.95km,占堤防总长的 26.65%。

1.3.3.20 芜湖江堤

芜湖江堤位于长江下游右岸,上与铜陵市东联圩衔接,下与当涂横梗头和马鞍山江堤相连,堤防总长 70.575km,由庆大圩、芦南圩、荷花圩、繁昌江堤、麻风圩江堤和芜当江堤芜湖段组成,长度分别为 6.456km、5.511km、1.571km、29.772km、7.10km、20.165km。保护着芜湖市、麻塘区和繁昌县,面积达 3317km^2,区内有芜宁、宁铜、淮南、皖赣铁路。麻风圩江堤和芜当江堤市区段属 1 级堤防,芜当江堤郊区段属 2 级堤防,繁昌江堤属 3 级堤防。地理位置见图 1.3.21。

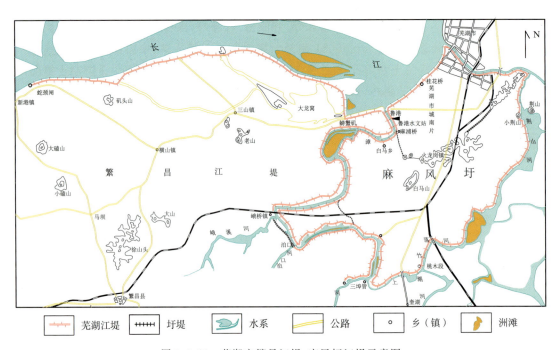

图 1.3.21　芜湖市繁昌江堤、麻风圩江堤示意图

芜湖江堤堤身填土差异性较大,庆大圩堤身填土主要为粉质黏土、粉质壤土,局部含有碎块石;芦南圩堤身主要为黏土、粉质黏土,局部夹碎块石;荷花圩堤身由粉质黏土组成;繁昌江堤堤身主要以黏土、粉质黏土、粉质壤土、砂壤土、粉细砂为主,局部堤身夹砖块、瓦片或孤石;麻风圩江堤主要以粉质黏土、粉质壤土为主,局部夹砖块、瓦片或块石等;芜当江堤芜湖段主要以粉质壤土、粉质黏土为主,局部夹砖块、碎块石、瓦片。

历史上,芜湖江堤洪灾频繁、严重。据文献记载,1949 年前发生过 30 余次严重洪灾,1949 年后发生过 6 次严重或较严重洪灾。

堤基地质结构分为 5 类,其中单一黏性土类 13 段,累计长度 24.227km,占堤防总长的 34.32%;单一砂性土类 2 段,累计长度 10.645km,占堤防总长的 15.08%;上薄黏性土的双层结构类 6 段,累计长度 15.115km,占堤防总长的 21.42%;上厚黏性土的双层结构类 7 段,累计长度 15.548km,占堤防总长的 22.03%;多层结构类 3 段,累计长度 5.04km,占堤防总长的 7.15%。

1998 年和 1999 年,芜湖江堤共发生险情 51 处,其中堤身险情 32 处,约占险情总数的 62.7%,主要发生在繁昌江堤、麻风圩江堤和芜当江堤芜湖段,绝大部分为散浸;堤基险情 19 处,约占险情总数的 37.3%,主要表现为繁昌江堤的管涌(表 1.3.17)。

表 1.3.17　芜湖江堤 1998 年和 1999 年险情统计表　　　　　　　　　　单位:处

堤段	堤身		堤基
	散浸	脱坡	管涌
繁昌江堤	9		19
麻风圩江堤	4	1	
芜当江堤芜湖段	18		
合计	31	1	19

堤基工程地质条件共分为 34 段,其中工程地质条件好的(A 类)7 段,累计长度 2.644km,占堤防总长的 3.74%;工程地质条件较好的(B 类)14 段,累计长度 35.572km,占堤防总长的 50.40%;工程地质条件较差的(C 类)10 段,累计长度 20.705km,占堤防总长的 29.34%;工程地质条件差的(D 类)3 段,累计长度 11.656km,占堤防总长的 16.52%。

1.3.3.21　马鞍山长江干堤

马鞍山江堤位于长江下游右岸,上起当涂县横埂头,与芜湖江堤相连;下止于市区至昭明桥,全长 60.05km,姑溪河与采石河将其分为自上至下的 4 段——芜当江堤当涂段、姑溪河堤、陈焦圩江堤、市区江堤,长度分别为 13.2km、1.45km、13.82km、18.8km,芜当江堤当涂段与市区江堤属 2 级堤防,其他属 3 级堤防。防护范围包括马鞍山市区和当涂县,保护耕地面积约 33.33km^2。地理位置见图 1.3.22。

马鞍山市西临长江,南北有同江内河,历史上洪涝灾害频繁。据统计,1849—1999 年的 150 年间,马鞍山市共发生水灾 35 次,平均 4 年多发生一次。

堤身填筑土以黏土、粉质黏土、粉质壤土为主,局部砂壤土或粉砂,姑溪河堤、陈焦圩江堤桩号 0+000～4+600 及 8+700～13+820 段、市区段碎块石含量大,特别是在市区马钢热电厂附近,堤身土质混杂,含大量碎块石和炼钢废渣。

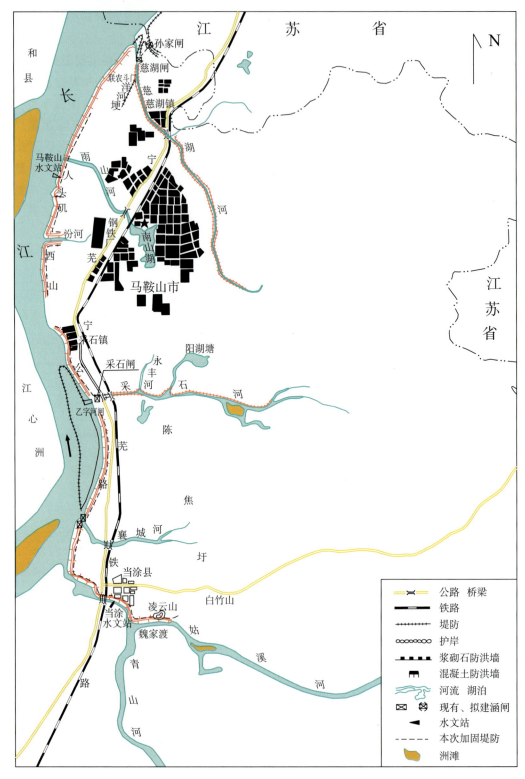

图 1.3.22　马鞍山长江干堤地理位置示意图

堤基地质结构分为 5 类，其中单一黏性土或基岩 3 段，累计长度 0.583km，占堤防总长的 1.4%；上薄黏性土的双层结构 23 段，累计长度 15.127km，占堤防总长的 33.1%；上厚黏性土的双层结构 28 段，累计长度 23.894km，占堤防总长的 52.1%；上砂性土的双层结构 2 段，累计长度 0.382km，占堤防总长的 0.8%；多层结构 8 段，累计长度 5.779km，占堤防总长的 12.6%。

1998 年，马鞍山江堤发生险情 38 处，采石河上丁周圩溃破，淹地约 3000 亩。其中，堤身险情 27 处，约占险情总数的 71.1%，以散浸和漏水洞为主；堤基险情 9 处，约占 23.7%，主要为管涌、散浸和漏水洞（表 1.3.18）。

表 1.3.18　马鞍山江堤 1998 年险情统计表　　　　　　　　　　单位：处

堤段	堤身				堤基			建筑物	崩岸
	散浸	漏水洞	裂缝	脱坡	管涌	散浸	漏水洞		
当涂段	3				2				
姑溪河堤	1	3		1					
陈焦圩堤	8	2			1		1		1
市区段	3	5	1		4		1	1	
合计	15	10	1	1	5	2	2	1	1

堤基工程地质条件共分为 70 段，其中工程地质条件好的（A 类）3 段，累计长度 0.583km，占堤防总长的 1.4%；工程地质条件较好的（B 类）28 段，累计长度 15.715km，占堤防总长的 37.4%；工程地质条件较差的（C 类）30 段，累计长度 23.413km，占堤防总长的 55.7%；工程地质条件差的（D 类）9 段，累计长度 2.304km，占堤防总长的 5.5%。

1.3.4　堤基地质结构分类

堤基地质结构是堤基土层的空间组合关系，是分析堤防工程地质问题的基础。长江中下游地域跨度大，沉积环境多种多样，且不同沉积环境形成的沉积物之间相互交错、叠加，堤基地质结构复杂、多变。根据长江中下游沉积物特点及各土层的组合关系，主要考虑砂性土导致的渗漏与渗透变形问题，将堤基地质结构分为 3 个大类，5 个亚类，详见表 1.3.9。

表 1.3.19 长江中下游堤防工程堤基地质结构分类表

大类	亚类	结构特征	主要成因
单一结构（Ⅰ）	单一黏性土结构（I_1）	堤基主要由一类土体组成，按性状可分为 2 个亚类	堤基主要由黏土、粉质黏土组成，抗渗条件好或较好，堤岸耐冲、稳定	在较稳定的江、湖水势条件下，相对静水环境成因
单一结构（Ⅰ）	单一砂性土结构（I_2）		堤基为砂性土，厚度不等，或上部黏性土小于2m，抗渗条件差，易崩岸，是汛期主要险工险段	古河道、两岸古沙洲、溃口扇等河势变化的动水环境成因
双层结构（Ⅱ）	上薄黏性土、下砂性土双层结构（$Ⅱ_1$）	上部为较厚的黏性土或砂土；下部为砂性土或黏性土。根据上部黏性土层的厚度及砂层分布可分为 3 个亚类	上部黏性土层厚度一般为 2~5m，下部砂层厚，堤岸抗冲性及堤基抗渗性能较差，汛期易出险	漫滩、河流阶地冲积成因
双层结构（Ⅱ）	上厚黏性土、下砂性土双层结构（$Ⅱ_2$）		上部黏性土层厚度大于5m；下部砂层厚度大，在黏性土无破坏条件下抗渗性好	古河道、两岸古沙洲、溃口扇等河势变化的静水环境成因
双层结构（Ⅱ）	上砂性土、下黏性土双层结构（$Ⅱ_3$）		上部砂性土厚度小于15m；下部黏性土厚度大，堤岸抗冲性差，堤基抗渗性能差，是险工险段	古河道、两岸古沙洲、溃口扇等河势变化的动水环境成因
多层结构（Ⅲ）		由厚度一般小于2m的黏土、粉质黏土、壤土、砂壤土或砂砾石呈互层或夹层透镜状组成的复杂结构堤基，抗渗性能取决于表层黏性土的厚薄及砂壤土、砂砾石层的水力联系，江岸易冲刷	江湖变迁，动、静水环境反复交替的复杂成因

根据表 1.3.19 堤基地质结构分类原则，湖北、湖南、江西、安徽四省长江干流堤防堤基地质结构分类见表 1.3.20。在实际工作中，也有根据上表中多层结构（Ⅲ）的具体情况进一步细分的，如将上薄黏性土划分为$Ⅲ_1$、上厚黏性土划分为$Ⅲ_2$、上砂性土划分为$Ⅲ_3$、黏性土与砂互层的复杂结构划分为$Ⅲ_4$。

总体而言，长江中下游堤防堤基地质结构以上厚黏性土层的双层结构为主，占比约41%；其次为多层结构堤基（Ⅲ），占比约27%；其他结构类占比较少。

表 1.3.20　长江中下游主要堤防堤基地质结构统计表

省	堤防名称	堤基地质结构/m						堤防长度/m
		I		II			III	
		I₁	I₂	II₁	II₂	II₃		
湖北省	松滋江堤		780	7340	40 340		2900	51 360
	下百里洲江堤			5300	16 700		16 346	38 346
	荆江大堤			16 140	71 360		99 014	186 514
	荆南长江干堤	11 554		2700	6824	9886	33 056	64 020
	洪湖监利长江干堤			56 910	93 756		41 670	192 336
	南线大堤	1880				7400	1266	10 546
	汉南长江干堤	8700	1500	5150	49 535	2000	22 367	89 252
	咸宁长江干堤	18 900		2600	75 800		7300	104 600
	武汉江堤	84 909	4590	21 410	158 714	2070	63 271	334 964
	黄冈长江干堤	9589			18 721	4746	71 822	104 878
	粑铺大堤	17 900				1020	19 825	38 745
	黄石长江干堤	15 300	23 500			43 900	17 300	100 000
	昌大堤	15 080	1600	4950	3650		3640	28 920
	黄广大堤	1770	7125	14 600	19 930		43 915	87 340
	阳新长江干堤	10 332		2540	8600	2383	6260	30 115
湖南省	岳阳长江干堤	16 675	4310	31 317	48 802	6941	34 010	142 055
江西省	九江长江干堤	16 300	3530	6485	82 796		11 889	121 000
安徽省	同马大堤	2500	8690	22 190	89 090	350	50 580	173 400
	安庆江堤	550	937	1640	1830		13 880	18 837
	枞阳江堤	18 900	4950	4650	30 500		24 450	83 450
	广济圩江堤	570		380	12 000		11 902	24 852
	无为大堤	12 010	3750	12 150	92 950		3350	124 210
	和县江堤	3470	9490	19 210	17 300	1700	2200	53 370
	池州江堤	30 040	3700	5800	37 050	4610	28 330	109 530
	铜陵江堤	8080		6210	4540		22 260	41 090
	芜湖江堤	24 227	10 645	15 115	15 548		5040	70 575
	马鞍山江堤	583		15 127	23 894	382	5779	45 765
合计/m		329 819	89 097	279 914	1 020 230	87 388	663 622	2 470 070
占比/%		13.35	3.61	11.33	41.30	3.54	26.87	100

1.3.5 主要工程地质问题和环境地质问题

堤防工程存在 7 类地质问题：渗漏与渗透稳定问题、岸坡稳定问题、软土沉降变形与抗滑稳定问题、砂土震动液化问题、环境地质问题、特殊土工程地质问题、岩溶地面塌陷问题。而在长江中下游地区，渗漏与渗透稳定问题、岸坡稳定问题最为普遍，对堤防工程的危害也是最大的，是每年汛期最关注的问题。其他几类问题只在局部偶发，一旦发生，对堤防的危害也很大。下面介绍几种常见的工程地质问题和环境地质问题。

1.3.5.1 渗漏与渗透稳定问题

在长江中下游堤防工程中，渗漏和渗透稳定问题是最主要的工程地质问题之一，1998 年，长江干流堤防发生较大险情 698 处，其中堤基管涌险情达 343 处，约占较大险情总数的 49.1%。发生渗漏和渗透稳定问题主要与堤基地质结构有关，最易发生渗漏和渗透稳定问题的有单一砂性土结构堤基，上薄黏土、下砂性土的双层结构堤基，上砂土、下黏性土的双层结构堤基和上部存在透水砂性土的多层结构堤基。

渗透稳定问题可分为流土、管涌、接触冲刷和接触流失 4 种类型。流土是指在渗透水流作用下，局部土体表面隆起、顶穿或粗、细颗粒群同时浮动而流失的现象；管涌是指在渗透水流作用下，土体中的细颗粒在粗颗粒之间的孔隙中发生移动并被带出，逐渐形成管形通道，从而淘空堤基，导致堤防发生坍塌破坏的现象；接触冲刷是指两种不同性质的土体接触面在渗透水流作用下将细颗粒带走的现象；接触流失是渗透水流由细粒土层向粗粒土层发生渗透时，将细粒土层中的颗粒带入粗粒土层中，细粒土层被逐渐淘空的现象。

由 4 种类型定义可以看出，长江中下游堤防工程中，引起渗透稳定问题的土层主要是粉细砂或砂壤土，因而渗透稳定问题主要是以流土的形式发生的，在建筑物和土体接触带也可发生接触冲刷。

堤基为砂基或者上部为砂层时，最易发生渗漏与渗透稳定问题，由于砂层渗透性较强，只要有水力梯度存在，就会发生渗漏；又由于砂层的临界比降低，在外江产生的渗透比降较低时就会发生渗透稳定问题。产生这种渗透稳定问题的堤基地质结构有 4 类：单一砂性土结构堤基、上砂性土的双层结构堤基、上砂性土的多层结构堤基和上黏性土和砂性土薄层呈互层或夹层状堤基，如图 1.3.23 所示。

对于单一砂性土结构堤基，往往砂层深厚，采取垂直防渗措施既困难，造价又高，一般适宜选择堤内压重平台+减压井的处理措施。上砂性土的双层结构堤基，可利用下部黏性土层作防渗依托，适宜采取垂直防渗措施。上砂性土的多层结构堤基，往往是通过上部砂性土层发生渗漏和渗透稳定问题，可以利用中部黏性土层作为防渗依托层，采取垂直防渗措施，截断上部砂层的渗漏通道即可。上黏性土和砂性土薄层呈互层或夹层状堤基，水平向渗透系数比垂直向渗透系数要大得多，渗漏与渗透稳定问题主要是沿浅层砂性土夹层发生，因此采取垂直防渗措施，将上部砂性土夹层截断即可，垂直防渗的深度应根据堤防所挡水头来确定。

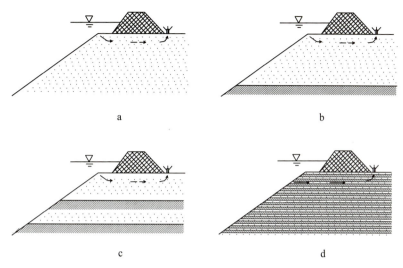

图 1.3.23 堤基渗漏与渗透稳定问题示意图

a.单一砂性土结构堤基;b.上砂性土的双层结构堤基;c.上砂性土的多层结构堤基;
d.上黏性土和砂性土薄层呈互层或呈夹层状堤基

堤基浅层分布砂性土层,表层为厚度不大的黏性土层,由于黏性土层薄,其自重不足以压制住江水产生的水头,在水力梯度作用下渗透水可以顶穿上覆黏性土盖层而发生渗漏与渗透稳定问题。这种堤基地质结构有 4 类:上薄黏性土的双层结构堤基和多层结构堤基、上黏性土或砂性土互层的双层结构堤基和多层结构堤基(简称上互层状的双层堤基和上互层状的多层堤基),如图 1.3.24 所示。

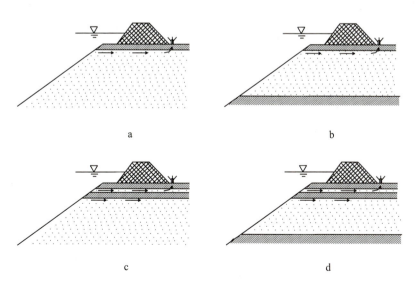

图 1.3.24 上薄黏性土堤基渗漏和渗透稳定问题示意图

a.上薄黏性土的双层结构堤基;b.上薄黏性土的多层结构堤基;c.上互层状的双层结构堤基;d.上互层状的多层结构堤基

对于上薄黏性土和上互层状的双层结构堤基,与单一砂性土结构堤基类似,适宜选择堤内压重平台+减压井的处理措施。上薄黏性土和上互层状的多层结构堤基,可利用下部黏性土层作防渗依托,适宜采取垂直防渗措施。

堤基上部为厚层黏性土盖层时,一般情况下不会发生渗透稳定问题,但当人类工程活动导致黏性土盖层减薄时,也可能会发生渗透稳定问题,如人工开挖沟、渠、坑、塘,打井或者钻孔等,如图1.3.25所示。

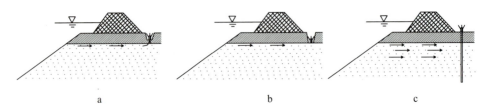

图1.3.25　上厚黏性土结构堤基渗漏和渗透稳定问题示意图
a.沟、渠、坑、塘将黏性土盖层减薄;b.沟、渠、坑、塘将黏性土盖层挖穿;c.井、孔揭穿下部砂层

1.3.5.2　岸坡稳定问题

长江中下游岸坡稳定问题是指长江水流与岸坡土体长期作用而发生的江岸再造,根据崩岸的形态特征,将长江中下游河道崩岸分为5种类型:窝崩、条崩、口袋崩、洗崩和滑崩。窝崩、条崩、口袋崩和洗崩主要取决于河流的水动力条件,其次是岸坡的地质结构;而滑崩则主要取决于岸坡的地质条件,与河流的水动力条件关系不大。

窝崩一般发生在岸坡上部为厚层黏性土的岸段。当河床深泓贴近岸坡时,水流冲刷加剧,岸坡坡度变陡,上部土体在自重作用下发生弧形崩窝。一般崩岸长度(弦长)为数十米至百余米,崩岸宽度约为弦长的1/2。窝崩一般发生在水流动力作用较强的凹岸。

条崩多发生在河岸比较平直的河段,岸坡为二元结构,上部黏性土较薄,下部砂性土较厚,易受江水冲刷,上部黏性土悬空后在自身重力作用下先产生与江岸大致平行的拉裂缝,而后失稳坍落入江,在平面上崩塌体呈长条形,宽度仅数米,长度可达10余米或20余米,一次崩岸的体积较小。

在长江中下游,口袋崩发展快、规模大,对堤防危害最大。据调查研究,崩窝长度120~680m,宽度90~680m,体积30~693万m^3。口袋崩其实是多次连续的崩岸形成的,最初河道深泓贴岸冲刷,冲深加剧,使岸坡变陡,形成初次崩窝;初次崩窝形成后,在崩窝内形成强大的回流冲刷,把崩窝内的物质快速带走,在初次形成的崩窝周围接连不断地发生新的崩窝,最终完成口袋崩。

洗崩是水面风浪或船行波对岸坡的冲击剥蚀,一般发生在水面附近,在岸坡上形成小台阶,崩岸的强度较小,对堤防的危害性不大。

滑崩是由组成岸坡的地质结构决定的,发生在由强度较低的土组成的岸坡,或者岸坡中分布有强度较低的土层。如湖北省耙铺大堤卫家矶滑崩,岸坡上部为第四系全新统黏土、砂壤土、壤土、含有机质黏土(壤土),厚度4~12m;下部为中更新统黏土,硬塑状,厚度4~

14m。滑崩发生在1998年11月,前缘宽350m,长约80m,体积15万 m^3,滑体最大厚度14m,滑面为全新统与中更新统接触面,滑面倾角10°～13°。

1.3.5.3 软土沉降变形和稳定问题

长江中下游分布的软土主要为淤泥质土,淤泥较少,按成因类型分为河流相沉积软土、湖沼相沉积软土、滨海相沉积软土。不同成因的软土,在物理、力学性质上有一定的差异性,就抗剪强度来说,河流冲积相＞湖沼相＞滨海相,而压缩性则相反。堤基软土对堤防的影响主要表现在沉降变形、不均匀沉降和抗滑稳定等方面。

由软土引起的问题往往在新建堤防中更为突出或严重,而且一般发生在施工期,或者施工后比较短的时间内。由于长江中下游堤防形成时间长,经过多次加高培厚形成,而且在1998年后的加固中,各堤防的加高量并不大。因此,尽管软土分布范围比较广,但对已建堤防加固的影响并不大,即使存在此类问题,其影响也是轻微的。根据湖北、湖南、江西、安徽四省30段主要堤防统计,只有8段堤防存在由软土引起的沉降变形与稳定问题(表1.3.21),软土分布长度50.823km,占30段堤防总长的0.0021%。

表1.3.21 长江中下游堤防软土分布统计表

堤防名称	咸宁长江干堤	九江长江干堤	荆江大堤	黄广大堤	汉南白庙长江干堤	赣抚大堤	安庆江堤	岳阳长江干堤	合计
软土分布长度/km	13.635	0.85	2.038	1.8	5.235	15.993	2.624	8.648	50.823

由软土引起的堤防不均匀沉降主要是由软土分布上的差异性造成的。由于堤防为线状工程,沿堤线有时软土的分布差异是很大的。在软土分布厚度变化大的堤段,厚度较薄段沉降量小,厚度较厚段沉降量大;在软土堤段与非软土堤段的过渡段,非软土段沉降量小,而软土段沉降量大。

堤基软土的分布深度不同,堤防的沉降变形和抗滑稳定问题的严重程度也不同。软土埋深大,堤防的沉降变形和抗滑稳定问题就轻微,或者不存在;反之,软土埋深越浅,问题就越严重、越突出。由此可以看出,软土埋深存在一个临界值,超过这个临界埋深值,软土就不会对堤防造成危害,埋深临界值取决于软土的性质、上覆土层的性质和厚度、附加荷载的大小等。

当软土埋藏较浅时,新建堤防可采用以下措施防止发生抗滑稳定问题。

(1)控制填土速率:根据软土的强度将堤防填筑分为数次,控制一次填筑高度,填筑的速率和间歇时间应通过试验得出的软土强度增长特性来确定。

(2)在堤内、堤外设置压载平台:压载平台应在堤防填筑高度达到软土的极限承载高度前填筑,堤防较高时可设置两级压载平台,平台的高度和宽度应由稳定分析确定。

(3)软土加固措施:当采用软土加固措施时,应根据软土的分布特征、工程性质参数,分析在堤防外加荷载作用下软土的响应特征,确定软土加固的范围和深度。

1.3.5.4 砂土震动液化问题

长江中下游地区地震基本烈度多小于Ⅷ度，一般不存在砂土震动液化问题。仅在湖南常德、岳阳，安徽合肥、铜陵，江苏南京及上海等小范围区域，地震动峰值加速度达到 0.10g 或 0.15g，相应地震基本烈度为Ⅷ度，当分布粉细砂层时，存在饱和砂土震动液化问题。

湖北、湖南、江西、安徽四省的 30 段重要堤防中，存在砂土液化的堤防只有湖北省南线大堤长 21.74km 的堤段和湖南省岳阳长江干堤长 10.85km 的堤段，仅占全部堤防总长的 0.001 3%，液化程度只是轻微和中等。而且，在这些堤段中，发生烈度Ⅷ度的地震概率与大洪水的概率本身就不大，遭遇两个事件的概率则更低。因此，在长江中下游堤防工程加固中，不考虑砂土液化的问题，仅对涵闸等建筑物地基进行处理。

1.3.5.5 环境地质问题

环境地质学最初是由 Hckett(1962)提出来的，并定义为"环境地质学是研究和使用地质学达到协调和完善状态的一个新方法"。随后，许多国内外学者对环境地质学进行了研究，但对环境地质学的定义和研究范畴始终众说纷纭，甚至把一些地质灾害（如泥石流、滑坡等）、工程建设导致的工程地质问题（如边坡稳定问题、渗漏问题等）均划归为环境地质问题，从而使环境地质学研究的范围无限扩大，甚至使环境地质问题与其他地质问题发生了混淆。

综合国内外学者对环境地质学的定义和研究范畴，他们共同的认识是：环境地质学既是地质学中的一门学科，也是环境科学中的一门学科，还是利用地质基本理论与方法，研究地质环境的基本特征、功能和自身演变规律的一门学科，它研究的是人类工程技术经济活动与地质环境相互作用、相互影响、相互制约的关系。

堤防工程的环境地质问题是由堤防的修建而产生的，但在 1998 年以前，这一问题并未引起足够的重视：一方面是堤防多采用天然地基，未对堤基进行系统全面的加固处理；另一方面是对堤防工程引起的环境地质问题重视不够。1998 年特大洪水发生过后，相关部门开始对各大流域堤防进行全面加固整治，环境地质问题也随之浮现出来。

堤防工程的环境地质问题主要是由修建地下防渗墙而产生的。当河流位于山前冲洪积平原时，冲洪积平原往往具二元结构，上部为相对不透水的黏性土，下部为透水的砂性土。堤基防渗采用垂直防渗墙，不仅切断了地表水的通道，而且截断了地下水的径流通道，因此会导致堤内发生内涝、地下水位上升、沼泽化等，时间长则地下水质也会恶化。

1.3.6 堤防工程地质评价

以堤基地质结构为基础，综合考虑堤防沿线分布的古河道、古冲沟、渊、潭、塘等微地貌因素，存在的主要工程地质问题以及历史险情情况等，将长江中下游堤防工程地质条件划分为好(A)、较好(B)、较差(C)和差(D)4 类。

A 类：不存在抗滑稳定、抗渗稳定、抗震稳定和特殊土引起的问题，一般有宽或较宽外滩，无岸坡稳定问题，已建堤防无历史险情发生，工程地质条件良好，如单一黏性土（或为基岩)堤基。

B类：基本不存在抗滑稳定、抗渗稳定、抗震稳定和特殊土引起的问题，外滩一般较宽，堤内发育有少量的渊塘，局部坑塘处存在渗透变形问题，无严重散浸、管涌等险情发生。主要为上部厚黏性土、下部砂土的双层结构堤基。

C类：至少存在一种工程地质问题，外滩宽度一般较窄，堤内渊塘较发育且深度较大，险情较多，深泓贴岸，崩岸现象较严重，历史险情较普遍。一般发生在上部薄黏性土、下部砂土的双层结构堤基或黏性土、砂层互层的多层结构堤基。

D类：至少存在一种工程地质问题，一般为窄外滩或无外滩，堤内渊塘发育，有较严重的散浸、管涌险情发生，岸坡迎流顶冲，崩岸现象严重，危及堤身安全，历史险情普遍且危害严重。主要为单一砂层结构堤基或砂层、黏性土互层的多层结构堤基。

根据以上评价原则，对长江中下游主要堤防工程进行了工程地质条件评价，并进行了统计，其中工程地质条件好的(A类)堤段约占堤防总长的8.6%；工程地质条件较好的(B类)堤段约占堤防总长的31.8%，工程地质条件较差的(C类)堤段约占堤防总长的32.4%；工程地质条件差的(D类)堤段约占堤防总长的27.2%。

2 堤身险情

2.1 堤身险情综述

长江堤防形成时间长,历史上多是由人工逐年加高培厚、联圩并垸所形成的。堤身填筑土成分复杂,历史筑堤碾压质量没有有效的手段加以控制,堤身与堤基结合面、新老堤身结合面均未有效处理,加上白蚁、老鼠、蛇等生物的破坏,使得堤身中存在生物洞穴等隐患,导致堤身挡水时险情频发。历史险情统计表明,长江中下游堤防发生过的3658处险情中,堤身险情1635处,约占险情总数的44.7%。

长江中下游沿江各地对堤身险情的称谓很多,如管涌、漏水洞、散浸、跌窝、脱坡、裂缝等,可以归类为管涌、漏水洞、散浸、滑坡和裂缝。

堤身产生险情的原因可以归纳为以下几种:①堤身填土中夹有透水性较强的砂性土等薄层或透镜体;②修筑堤防时没有清基,致使堤身与堤基接触部位物质组成复杂,透水性较强;③新老堤身结合不良;④堤身中存在密实度低的填筑层;⑤堤身中分布有生物洞穴。

2.2 堤身漏水洞险情

2.2.1 松滋江堤老城—胡家岗段老城金闸漏水洞

2.2.1.1 险情概况

老城—胡家岗段为松滋河右岸堤防,长18.0km。1998年、1999年汛期发生险情5处,主要为散浸和管涌。1998年8月18日,在老城—胡家岗段桩号15+240处,先是出现一长0.8m、宽0.4m、深0.3m的跌窝,挖开跌窝内松散土后,发现有7个漏水洞,洞径2~4cm,出少量浑水。出险位置见图2.2.1。

2.2.1.2 地形地质

该段堤防堤顶高程49m,堤高9m,堤顶宽度8m,堤内、外坡比均为1:3.0。外滩宽

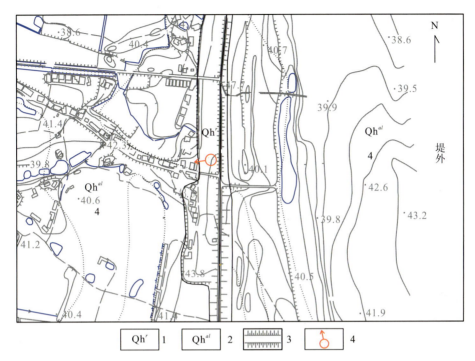

1.第四系全新统人工堆积;2.第四系全新统冲积;3.堤防工程;4.漏水洞位置

图 2.2.1 老城—胡家岗段老城金闸漏水洞险情位置示意图

100～200m,高程 41～43m;堤内地面高程 40～42m,水塘星罗棋布。

松滋江堤修建年代较久远,并经多次加高培厚,堤身质量不均一。该堤段堤身土主要由粉质壤土组成,夹有砂壤土及粉细砂团块,一般遇砂孔段长 0.1～0.2m,并且有白蚁活动。据 96 个堤身孔统计,含砂土夹层、砂土团块的分别有 21 孔、23 处,含砖渣的有 8 孔,含砾石的有 12 孔。该段典型地质剖面见图 2.2.2,堤身填土主要物理性质及渗透性参数建议值见表 2.2.1。

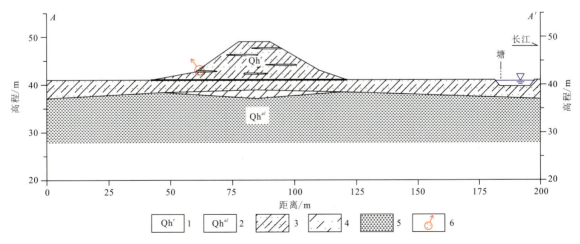

1.第四系全新统人工堆积;2.第四系全新统冲积;3.粉质壤土;4.砂壤土;5.粉细砂;6.漏水洞位置示意

图 2.2.2 老城—胡家岗段老城金闸漏水洞险情地质剖面示意图

表 2.2.1　老城—胡家岗段堤身填土主要物理性质及渗透性参数建议值

土层名称	天然含水率/%	干密度/(g·cm^{-3})	孔隙比	渗透系数/(cm·s^{-1})
粉质壤土	21.5	1.56	0.748	$4\times10^{-6}\sim7\times10^{-5}$
砂壤土	21.9	1.50	0.900	$i\times10^{-4}$

工程地质勘察表明,老城—胡家岗段堤身填土不均一,填筑质量较差,含有砂性土,且存在蚁穴等生物洞穴,需要对堤身进行防渗处理。

2.2.1.3　险情分析

该段堤身填土物质组成以黏性土为主,渗透性较低,一般来说发生渗透破坏的可能性较低。该险情的发生发展经历了几个过程:首先,江水上涨导致蚁穴充水;其次,水湿润蚁穴周围土体,使之抗剪强度降低;最后,规模较大的主穴发生坍塌,发生跌窝险情。由于堤身填土为黏性土,抗冲性稍强,因此并没有发生严重的管涌险情,只是在挖开蚁穴后,存在漏水洞,流出的水少量为浑水。对于能准确定位的蚁穴,工程处理措施一般是采用开挖回填的方法,但有些蚁穴隐蔽性较强,难以发现,为保证堤防安全,常采用锥探灌浆的处理方法。

2.2.2　荆南长江干堤公安麻口漏水洞

2.2.2.1　险情概况

公安麻口堤段(桩号 620+400～628+720)位于公安县下游、藕池镇上游,长 8.312km。1998 年和 1999 年汛期发生堤身险情 11 处,其中散浸 4 处、清水洞 7 处。

1998 年 8 月 31 日,在桩号 624+900～624+910 段,内平台脚发现 4 个清水漏洞,洞径 2cm,出水口高程 35.5m,流量 5L/min。险情发生后采取了开沟导滤以及坐哨观察的措施。漏水洞位置见图 2.2.3。

2.2.2.2　地形地质

该段堤防堤顶高程 40.09～42.13m,堤顶宽 5～8m,堤身高 5.60～9.0m,内外坡比 1∶2.5～1∶3.3。大堤两侧 30～100m 范围内分布有沟渠。

堤外人工填筑的压浸平台宽 10～30m,高程 34～35m,杨柳河宽 20～40m,河床底高程 30～30.8m。汛期杨柳河分流,水位与长江水位一致,枯水季节断流。杨柳河与长江主河道之间为南五洲,一般宽 3～4km,地面高程 33.4～35.6m,沿南五洲四面建有民堤,堤顶高程与干堤基本一致,堤顶宽约 5m。

堤内地势平坦,地面高程一般为 31.5～33.8m,堤内普遍筑有压浸平台,一般宽 30～40m;堤内堰塘较多,一般深 1～2m;沟渠纵横交错,主要干渠为五湖干渠、黄平渠及下干渠等,渠宽一般为 10～20m,深 3～4m,多与干堤垂直或平行分布。

堤身填土主要为粉质壤土及粉质黏土,局部堤段夹砂壤土及粉细砂,厚度一般为 0.1～

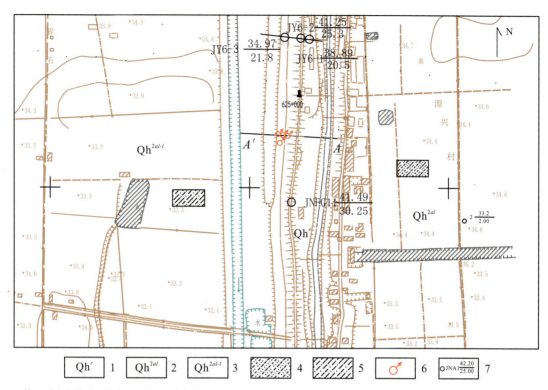

1.第四系全新统人工堆积;2.第四系全新统上段冲积;3.第四系全新统上段冲湖积;4.粉质壤土;5.砂壤土;6.漏水洞位置;7.钻孔(m)

图 2.2.3 荆南长江干堤公安麻口漏水洞位置示意图

0.4m,最厚 0.8m。据统计,在 27 个堤身钻孔中,有 23 个钻孔遇砂性土,占堤身钻孔总数的 85.2%,且主要集中在桩号 624+197～622+693 段,砂性土累计进尺占堤身总进尺的 5.8%。堤身土的主要物理性质及渗透性参数建议值见表 2.2.2,典型地质剖面见图 2.2.4。

表 2.2.2 荆南长江干堤公安麻口堤身填土主要物理性质及渗透性参数建议值

土层名称	天然含水率/%	干密度/(g·cm^{-3})	孔隙比	渗透系数/(cm·s^{-1})
粉质黏土	21.2～31.7	1.45～1.64	0.670～0.889	8.76×10^{-8}～9.05×10^{-5}
粉质壤土	19.8～20.0	1.45～1.65	0.655～0.889	2.74×10^{-6}～3.05×10^{-5}

工程地质勘察表明,堤内黏性土盖层较厚,分布连续、稳定,工程地质条件较好,为 B 类堤段。建议对堤基接触带及浅层砂性土透镜体结合堤身防渗一并处理。

2.2.2.3 险情分析

公安麻口段堤基为 $Ⅱ_2$ 类地质结构,上部为粉质壤土及粉质黏土,厚 12～20m,局部夹有砂性土,但砂性土埋深一般大于 5m。下部粉细砂埋深大。

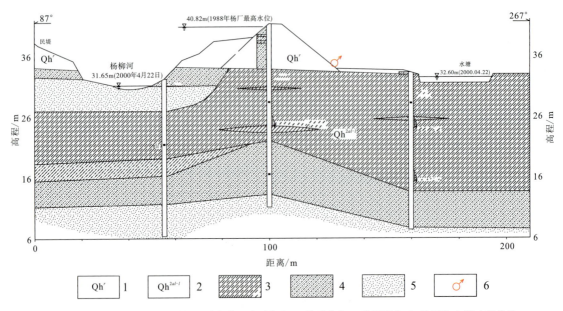

1.第四系全新统人工堆积;2.第四系全新统上段冲湖积;3.粉质黏土;4.粉质壤土;5.粉细砂;6.漏水洞位置

图2.2.4 荆南长江干堤公安麻口漏水洞地质剖面示意图

堤身填土同样以粉质壤土和粉质黏土为主,渗透性较弱,一般来说发生渗透破坏的可能性较低。但堤身填土中零星夹有砂性土薄层,正是这些砂性土薄层导致了漏水洞的发生。该堤段发生的几个清水漏洞,几乎都位于内平台脚的位置,出险的高程也基本相同,可以推断发生的机理也基本相同。

2.2.3 荆南长江干堤公安李家花园漏水洞

2.2.3.1 险情概况

李家花园堤段(桩号633+090~635+429)长2.339km,1954年分洪后,桩号635+450~635+200段漫堤溃口。1998年和1999年汛期发生堤身险情4处,其中散浸3处、清水洞1处。

1998年8月31日,当长江水位达到41.29m时,在李家花园堤段出现清水漏洞险情。出险桩号633+100,险情发生在内堤脚,出水口高程37.6m,直径5cm,流量2L/min。据调查,该处有一个树根周围冒清水,扒掉树根后形成清水漏洞。抢险措施为开沟导水。李家花园漏水洞位置见图2.2.5。

2.2.3.2 地形地质

该段堤防堤顶高程41.0~42.37m,堤顶宽度6~8m,堤身高5.5~7.3m,内外坡比1:2.5~1:3.0。大堤两侧30~100m范围内分布有沟渠或池塘。

堤外为南五洲,杨柳河沿堤外脚流淌,汛期与长江连通。堤外压浸平台宽30~50m。堤

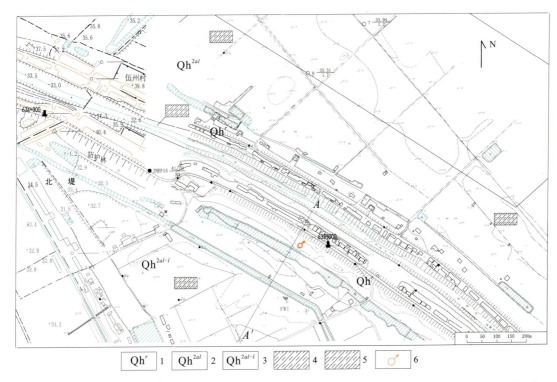

1.第四系全新统人工堆积；2.第四系全新统上段冲积；3.第四系全新统上段冲湖积；4.粉质黏土；5.粉质壤土；6.漏水洞位置

图 2.2.5　荆南长江干堤公安李家花园漏水洞险情位置图

内堰塘较多，一般深 1～2m，距大堤 100～300m 有一干渠顺堤展布，宽 4～5m，深约 3m。

堤身土主要为粉质壤土，少量壤土、砂壤土及粉细砂。其中堤身砂性土累计进尺占堤身总进尺的 21.2%。堤身土的主要物理性质及渗透性参数建议值见表 2.2.3，漏水洞发生位置剖面示意图见图 2.2.6。

表 2.2.3　荆南长江干堤公安李家花园堤身土主要物理性质及渗透性参数建议值

土层名称	天然含水率/%	干密度/(g·cm^{-3})	孔隙比	渗透系数/(cm·s^{-1})
粉质壤土	26.6	1.54	0.77	3.89×10^{-5}

工程地质勘察表明，堤基上部为粉质壤土及粉质黏土，厚 6～14m，局部夹砂性土透镜体，厚度小于 1.30m；下部为粉细砂。堤基地质结构为 $Ⅱ_2$ 类。堤基黏性土盖层较厚，分布连续，工程地质条件总体较好，为 B 类堤段。

2.2.3.3　险情分析

该段堤身填土以粉质壤土为主，室内渗透试验表明其渗透性较弱，一般来说发生渗透破坏的可能性较低。如前所述，本险情的发生是堤脚生长的树木根系所致。《堤防工程设计规范》(GB 50286—2013) 规定"防浪林带、防护林带宜在堤防的临、背水侧护坡地范围内设置，

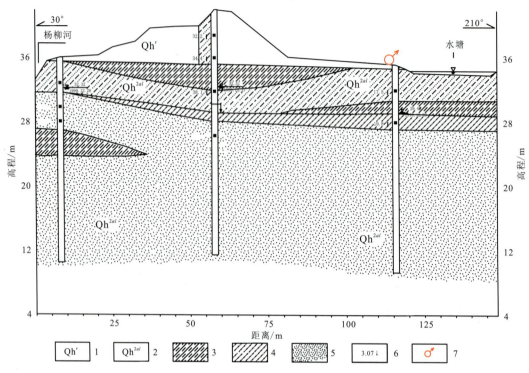

1. 第四系全新统人工堆积；2. 第四系全新统上段冲积；3. 粉质黏土；4. 粉质壤土；5. 粉细砂；6. 水位(m)；7. 漏水洞位置

图 2.2.6　荆南长江干堤公安李家花园漏水洞地质剖面示意图

堤身和戗台范围内不宜种植树木"。

树木在地下的根系受虫蛀或者死后腐烂，都会留下空洞，成为江水向堤内渗透的通道。在堤基、堤身土质条件较好的情况下，树根形成的空洞周围土抗冲刷能力较强，一般情况下产生漏水洞险情；但在土质条件不好的堤段，由于树根形成的空洞周围土体抗冲刷能力弱，洞周土体很容易受水流冲刷并被带出，则易发生管涌险情。

此漏水洞险情发生时，江水与漏水洞出口之间的水头差仅约为 3.7m，说明树根形成的空洞基本上已将堤内外连通，但由于树根形成的空洞周围均为黏性土，抗冲刷能力相对较强，发生险情的水头不足以对其造成冲刷，因此漏水洞没有进一步发展扩大，也就没有造成更严重的后果。

2.2.4　荆南长江干堤五马口漏水洞

2.2.4.1　险情概况

1998 年 7—8 月间的汛期，在五马口长 3km 多的堤段内共发生堤身险情 18 处，险情主要分布在堤身与堤内脚，其中散浸 12 处、漏水洞 3 处、堤身裂缝 3 处。

2 堤身险情

五马口漏水洞险情发生在1998年7月25日,堤防桩号498+790处,险情发生时长江水位37.9m(吴淞高程),高出原堤顶约1.0m,在堤顶抢修形成子堤才挡住高涨的江水。漏水洞位于距堤内脚10.5m的水坑内,孔径4cm,涌水量10m³/h。出险后,采取了回填和开沟导滤的处理措施。处理后,长江高水位仍持续了相当长的一段时间,险情没有进一步发展,说明处置措施得当,处理效果很好。出险点平面位置见图2.2.7。

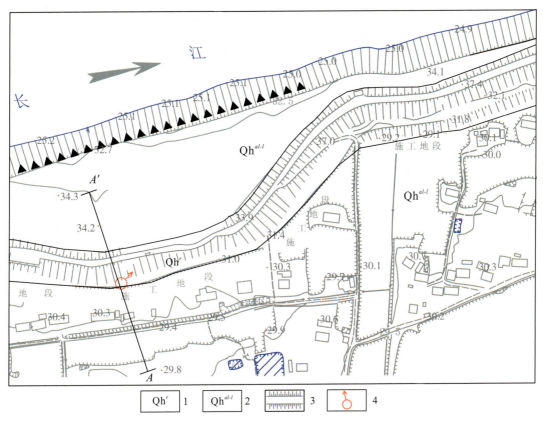

1.第四系全新统人工堆积;2.第四系全新统冲湖积;3.堤防;4.漏水洞位置

图2.2.7 荆南长江干堤五马口漏水洞险情位置示意图

2.2.4.2 地形地质

荆南长江干堤位于江汉平原的西部,地势平缓,五马口位于荆南长江干堤的下游端部,该段堤顶高程38.9m、宽度6.8m,堤底宽度45m,堤高7m,内外坡比一般为1:2.5～1:3.5。堤外地面高程33.6～34.3m,外滩宽100～150m,河势比较顺直。堤内地面高程一般为29.8～31.0m,距内堤脚10.5m、110m处分别分布有水塘,距内堤脚70m、180～220m分别有一条与大堤几乎平行的渠道。

根据出险点处钻探揭露,堤身填土自上而下分别为砂壤土(厚2.6m)、粉质壤土(厚1.8m)、砂壤土(厚0.1m)和粉质壤土(厚2.9m),如图2.2.8所示。五马口漏水洞险情所在堤段堤身填筑土主要物理性质及渗透性参数建议值见表 2.2.4。堤身填筑土的干密度偏小，孔隙比偏大，而粉质壤土和壤土的渗透性差异性大，从中等透水性到极微透水性。

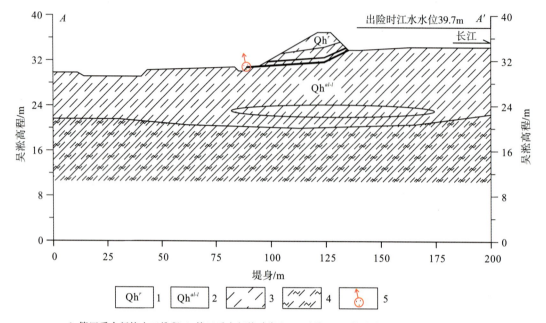

1.第四系全新统人工堆积；2.第四系全新统冲湖积；3.砂壤土；4.粉质壤土；5.漏水洞位置示意

图 2.2.8　荆南长江干堤五马口险情地质横剖面示意图

表 2.2.4　荆南长江干堤五马口堤身填筑土主要物理性质及渗透性参数建议值

土层名称	天然含水率/%	干密度/(g·cm^{-3})	孔隙比	渗透系数/(cm·s^{-1})
砂壤土	28.4	1.50	0.81	$i\times10^{-4}\sim i\times10^{-3}$
粉质壤土、壤土	28.1	1.53	0.79	$i\times10^{-7}\sim i\times10^{-4}$

工程地质勘察表明，五马口漏水洞险情所在堤段堤身填筑土混杂，砂性土占比较大，为 24.2%，渗透系数差异极大，而且在该堤段曾发现有白蚁活动，建议对堤身进行系统的或有针对性的加固处理。

2.2.4.3　险情分析

五马口漏水洞出水口恰位于堤身填筑土和堤基土分界处，从堤身填筑土的组成来看，上部砂壤土分布位置较高，显然与险情无关。分析认为，险情发生的最可能原因有 3 种：一是堤身近底部的砂壤土薄层；二是堤身与堤基结合部存在薄弱环节；三是生物洞穴。从险情发生时堤内地面与长江水位差来看，出水口高程约为 31.0m，比江水位低近 7.0m，在这样的高水头下，上述 3 种隐患均可引发险情。但险情发生后，没有进一步扩展，一是发现及时、处置得当,二是估计漏水洞周边土的性质比较好,抵抗水流冲刷的能力比较强,试想如果是易发生渗透破坏的砂层,则可能来不及处理,会造成不可想像的灾难。

由于堤身存在的隐患较多,且规律性差,因此工程地质勘察报告提出的对堤身进行全面系统的处理是合适的。

2.2.5　咸宁长江干堤赤壁堤东风村漏水洞

2.2.5.1　险情概况

1998 年汛期,赤壁堤段发生堤身散浸 51 处,总长度达 3.48km,其中桩号 353+300~344+000 段见散浸 30 处,涉及堤段长达 2.54km;堤顶纵向裂缝计 20 条,累计长度大于 960m,缝宽 1~4mm,可见深度 10~50cm;横向裂缝 4 条,累计长度 13m,缝宽 5mm,可见深度 20~50cm;堤身内脱坡 2 处,长 165m;清水漏洞 12 处,浑水漏洞 1 处。1999 年汛期堤身散浸 9 处,长约 2.38km;堤顶纵向裂缝 9 条,累计长度 573m。

1999 年,赤壁堤东风村(桩号 341+397 处)发生 3 个堤身漏水洞险情(图 2.2.9)。出险时江水位 31.87m,出水口高程 29.3m,孔径 1~2cm,距离堤内脚 2.5m。险情发生后采取了开沟导滤的处理措施。

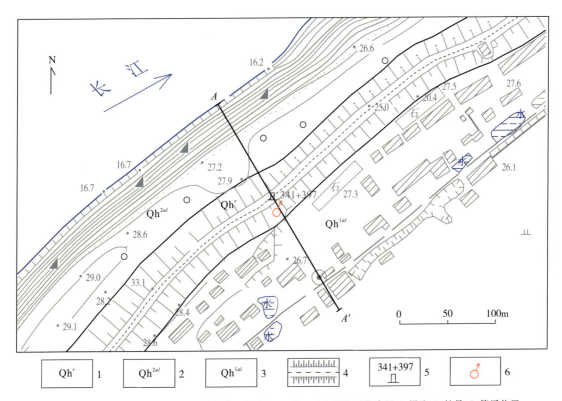

1.第四系全新统人工堆积;2.第四系全新统上段冲积;3.第四系全新统下段冲积;4.堤防;5.桩号;6.管涌位置

图 2.2.9　赤壁堤东风村漏水洞险情位置示意图

2.2.5.2 地形地质

该段堤顶高程 33.0～33.2m、宽 8m、高 5.1～8.0m，堤内、外坡比均为 1∶3，堤内压浸台宽 25～30m。堤内地形平坦，地面高程 24.3～27.4m；堤外漫滩宽 40～80m。

该段堤身填土成分以粉质黏土、壤土为主，局部夹粉细砂、砂壤土。堤身钻孔中夹砂壤土、粉细砂的钻孔 40 个，约占本堤段堤顶钻孔总数的 54.8%。砂性土累计进尺 24.3m，占堤身土累计进尺的 8.1%。单孔揭示砂壤土、粉细砂累计厚度一般小于 0.5m，地质剖面见图 2.2.10，堤身填土主要物理性质及渗透性参数建议值见表 2.3.5。

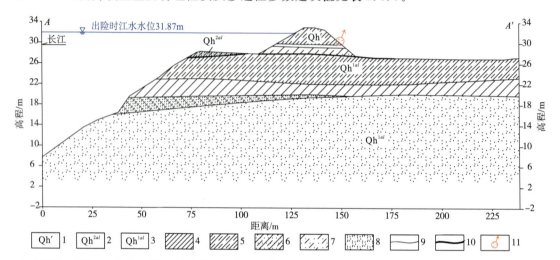

1. 第四系全新统人工堆积；2. 第四系全新统上段冲积；3. 第四系全新统下段冲积；4. 黏土；5. 粉质黏土；6. 粉质壤土；7. 砂壤土；8. 粉细砂；9. 岩性界线；10. 地层界线；11. 漏水洞位置示意

图 2.2.10　赤壁堤东风村漏水洞工程地质剖面示意图

表 2.2.5　赤壁堤段堤身填土主要物理性质及渗透性参数建议值

土层名称	天然含水率/%	干密度/(g·cm^{-3})	孔隙比	渗透系数/(cm·s^{-1})
黏土	26.3～32.8	1.41～1.54	0.771～0.938	
粉质黏土	24.0～30.0	1.48～1.60	0.691～0.838	3.04×10^{-6}～6.02×10^{-5}
粉质壤土	22.4～31.8	1.38～1.55	0.751～0.975	5.60×10^{-5}～6.7×10^{-4}

工程地质勘察表明，该段堤身填土成分以粉质黏土、壤土为主，局部夹粉细砂、砂壤土。堤基为 II$_2$ 类地质结构，上部为粉质黏土、黏土，厚 2.0～14.0m。工程地质条件较差，属 C 类堤段。

2.2.5.3 险情分析

该段堤身填土中局部夹粉细砂、砂壤土，且堤身填土的物理、力学性质差异较大，黏土天然含水率 26.3%～32.8%，干密度 1.41～1.54g/cm^3，孔隙比 0.771～0.938；粉质黏土天然含水率 24.0%～30.0%，干密度 1.48～1.60g/cm³，孔隙比 0.691～0.838；粉质壤土天然含水率 22.4%～31.8%，干密度 1.38～1.55g/cm³，孔隙比 0.751～0.975。粉质黏土和粉质壤土钻孔注水试验测得渗透系数 3.04×10^{-6}～6.70×10^{-4}cm/s。

从堤身填土状况来看，3 处漏水洞险情发生的原因基本相同：一方面是堤身填土中夹有砂性土薄层或者包裹体；另一方面是堤身填土物理、力学性质和渗透性差异较大，有些部位填土欠密实。

2.2.6 阳新长江干堤海口堤李家洲漏水洞

2.2.6.1 险情概况

据历史记载，1949—1998 年的近 50 年间，阳新长江干堤共发生洪灾 10 次，平均每 5 年发生一次。据统计，在 1995—1998 年间，海口江堤发生各种险情高达 105 处，其中管涌 38 处，散浸 44 处，漏水洞 8 处，堤身裂缝 2 处，堤身滑坡 5 处，其他险情 8 处，而且在一些堤段险情重复发生。1998 年汛期险情 28 处，其中管涌 9 处，散浸 10 处，漏水洞 3 处，堤身裂缝 2 处，堤身滑坡 1 处，其他险情 3 处。

1995 年 7 月 9 日，当长江水位上涨到 24.34m 时，在海口堤李家洲（桩号 14+150 处）出现堤身漏水洞险情，漏水洞共计 6 个，其中 2 个直径 0.03m、1 个直径 0.05m、1 个直径 0.09m、2 个直径 0.15m。出险位置见图 2.2.11。

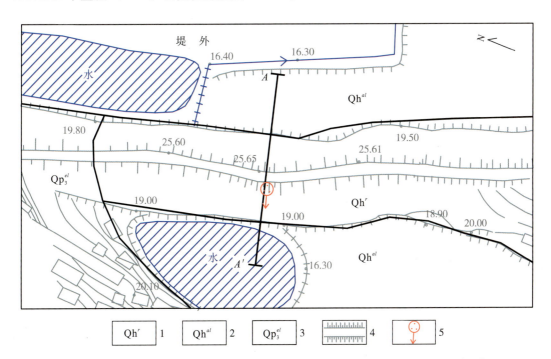

1.第四系全新统人工堆积；2.第四系全新统冲积；3.第四系上更新统残积；4.堤防工程；5.漏水洞位置

图 2.2.11 海口堤李家洲漏水洞险情位置示意图

2.2.6.2 地形地质

海口堤是阳新长江干堤的上游段,出险段江堤堤顶高程 24m 左右,堤顶宽约 6m,堤身高 6m,堤内、外坡比均为 1∶3。堤内地面高程 15～18m,堤内近堤脚处分布水塘。堤外为海口民垸,宽 250～400m,地面高程 16～19m,沿外戗台有宽 60～100m、深 1～3m 的水塘。

该堤段堤身填筑土为素填土,主要由粉质壤土、粉质黏土组成,夹有砂壤土包裹体。堤身物质组成不均一,成分较复杂,地质剖面见图 2.2.12,主要物理性质及渗透性参数建议值见表 2.2.6。

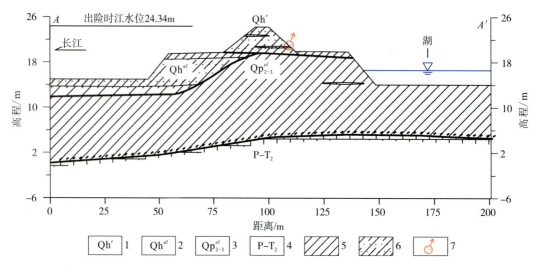

1. 第四系全新统人工堆积;2. 第四系全新统冲积;3. 第四系中—上更新统残积;4. 二叠系—中三叠统;5. 粉质黏土;6. 粉质壤土;7. 漏水洞位置示意

图 2.2.12　海口堤李家洲漏水洞险情地质剖面示意图

表 2.2.6　海口堤堤身填土主要物理性质及渗透性参数建议值

土层名称	天然含水率/%	干密度/(g·cm^{-3})	孔隙比	渗透系数/(cm·s^{-1})
粉质黏土	26.3	1.54	0.764	7.87×10^{-5}
粉质壤土	25.9	1.6	0.692	3.52×10^{-6}～4.86×10^{-5}

工程地质勘察表明,该堤段堤基工程地质条件好,成分主要为老黏土。海口堤堤身填土不均一,成分复杂,抗渗能力差异性大,需要处理。

2.2.6.3 险情分析

堤身填土(粉质黏土和粉质壤土)物理性质和渗透性质均满足堤防填筑标准,但堤身中含有砂壤土包裹体是同一堤段出现多个漏水洞的直接原因。砂壤土包裹体的规模和位置均影响险情的发生与发展,出险时江水位已超过堤顶高程(24.0m),高出堤内地面 6.0m 多,江水透过迎水坡的粉质黏土或粉质壤土进入砂壤土包裹体,在水压的作用下击穿背水坡的粉质黏土或粉质壤土薄弱部位,形成漏水洞。分析认为,砂壤土包裹体的规模应该比较大,分布位置应该在堤身下部,所承受的水压力较大;堤内坡黏性土厚度应该足以抵御水压力的作用,不致发生整体的、更为严重的渗透破坏,但局部的薄弱环节(如生物洞穴、植物根系等)容易被水击穿而形成漏水洞。

2.3 堤身管涌险情

2.3.1 南线大堤沙坛子管涌

2.3.1.1 险情概况

南线大堤在公安县境内,为1级堤防,全长22km,是荆江分洪工程的重要组成部分。分蓄洪区一旦蓄洪,该堤防肩负着拦洪任务,是湖南北部的重要防洪屏障;在不分洪年份,南线大堤则抵御安乡河洪水。1998年汛期,挡水堤段堤身险情共有8处,其中散浸4处,管涌3处,清水洞1处。

1998年8月31日,当江水位达到38.1m时,在桩号589+900处内堤脚发生管涌,管涌口高程34.2m,位置见图2.3.1。管涌洞径3cm,带砂,未形成砂盘,流量0.4L/min。采取的抢险措施为围井导滤。

2.3.1.2 地形地质

该段堤防堤顶高程42.1～43.5m,堤顶宽度5～8m,堤身高度7.5～10.2m,堤内、外坡比为1:3。堤内地面高程33.2～34.2m,幸福渠距堤脚140～180m,渠开口宽20～25m,深1～2m。堤外为宽外滩,滩面高程34.6～36.6m,近堤地带地势低洼,比周边地势低约1.5m。

根据堤身钻孔揭露,堤身填土主要为粉质壤土,占堤身填土的75%,其次为粉质黏土(占9%),砂壤土(占14%),粉细砂(占2%)。各类土主要物理性质及渗透性参数建议值见表2.3.1,地质剖面见图2.3.2。

表2.3.1　南线大堤沙坛子堤身土主要物理性质及渗透性参数建议值

土层名称	天然含水率/%	干密度/(g·cm^{-3})	孔隙比	渗透系数/(cm·s^{-1})
粉质壤土	27.1	1.51	0.773	$6.6\times10^{-5}\sim2.8\times10^{-4}$
粉质黏土	29.8	1.49	0.821	$4.1\times10^{-5}\sim2.1\times10^{-4}$
砂壤土	24.1	1.57	0.697	$2.0\times10^{-4}\sim4.5\times10^{-4}$

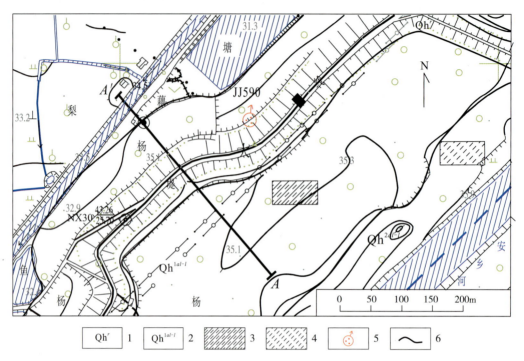

1.第四系全新统人工堆积;2.第四系全新统下段冲湖积;3.粉质壤土;4.砂壤土;5.管涌位置示意;6.岩性界线

图 2.3.1　南线大堤沙坛子管涌地质平面图

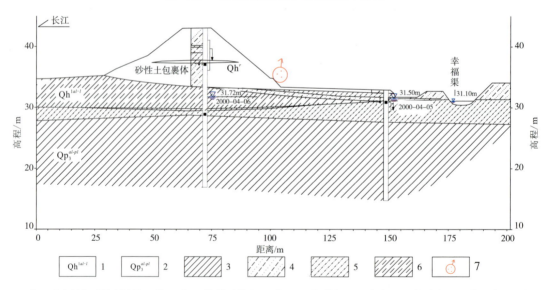

1.第四系全新统下段冲湖积;2.第四系上更新统冲洪积;3.黏土;4.粉质壤土;5.砂壤土;6.粉质壤土;7.管涌位置示意

图 2.3.2　南线大堤沙坛子管涌地质剖面示意图

工程地质勘察表明,堤基地质结构类型划分为Ⅲ$_1$类,上部为粉质黏土和粉质壤土,一般厚 2～5m;中部为砂壤土和粉细砂,厚 0.6～1.5m;下部为深厚黏性土层,其顶板高程 25.1～30.0m,相对于堤顶埋深 12.8～18m。堤基为工程地质条件差的 D 类,存在渗透隐患。

2.3.1.3 险情分析

该段堤身除含有约 16% 的砂性土以外,堤身填土的物理性质差异也很大。粉质黏土的天然含水率 26.7%~32.9%,干密度 1.43~1.55g/cm³,孔隙比 0.742~0.900;粉质壤土天然含水率 24.2%~30.0%,干密度 1.46~1.56g/cm³,孔隙比 0.703~0.843。钻孔注水试验测得堤身填土的渗透系数为 $1.1×10^{-7}~4.5×10^{-4}$cm/s,具微—中等透水性。

在距沙坛子管涌险情 50m 处(桩号 589+950),8 月 12 日也发生了清水洞险情,清水洞的位置、高程与本险情相同,险情发生时外河水位也相同。管涌险情发生时,外江水位只比管涌口高出 3.9m,说明不论是物质组成,还是填筑的密实程度,堤身填土质量都很差。

2.3.2 咸宁长江干堤黄丝垴管涌

2.3.2.1 险情概况

黄丝垴管涌发生在三合垸堤。三合垸堤长 20.774km,桩号 328+680~307+500 段,属 2 级堤防。1998 年汛期,三合垸堤发生堤身险情 10 处,其中散浸 2 处,清(浑)水洞 3 处,内脱坡 3 处,裂缝 1 处(长 195m),白蚁洞 1 处。1999 年汛期,共发生堤身险情 67 处,其中散浸 58 处(累计长 5781m),堤顶纵向裂缝 9 条(累计长度 290m)。

1998 年汛期,嘉鱼堤段桩号 317+955 处堤内坡见一浑水洞(图 2.3.3)。出险水位 33.3m,出险点高程 30.0m。险情发生后采取了围压的处理措施。

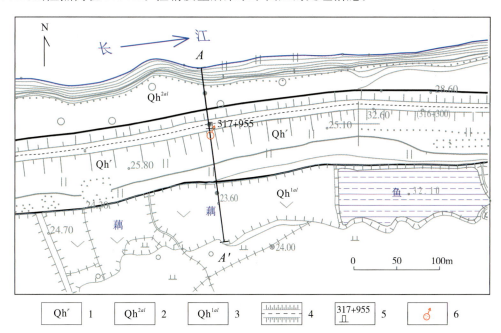

图 2.3.3 咸宁长江干堤黄丝垴管涌险情位置示意图
1.第四系全新统人工堆积;2.第四系全新统上段冲积;3.第四系全新统下段冲积;4.堤防工程;5.桩号;6.管涌位置

2.3.2.2 地形地质

该段堤顶高程 32.7～33.1m,堤顶宽度约为 9m,堤身高 4～9m,堤内、外坡比均为 1∶3.0,堤内压浸台宽 26～30m。堤内地面高程 23.7～26.0m,距堤脚 50m 范围内分布少量渊塘,深 2～3m。堤外漫滩宽 30～40m,滩面高程 24.0～25.3m。

堤身填土以粉质黏土为主,黏土、壤土次之,夹少量粉细砂或砾砂,局部含砖块、碎石等杂物。堤身钻孔中夹砂壤土、粉细砂的钻孔 48 个,约占本堤段堤顶钻孔总数的 63.1%;堤身土中夹砂性土,累计进尺 28.8m,占堤身土累计进尺的 5.5%;单孔揭示砂壤土、粉细砂累计厚度一般小于 0.6m。地质剖面见图 2.3.4,堤身填土主要物理性质及渗透性参数见表 2.3.2。

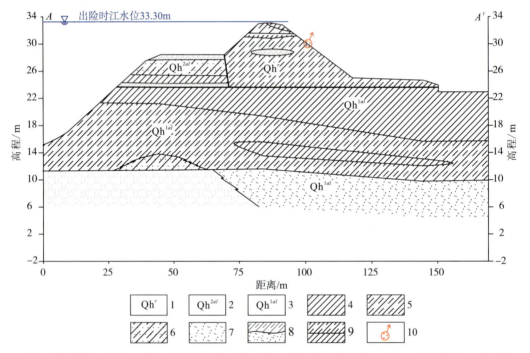

1.第四系全新统人工堆积;2.第四系全新统上段冲积;3.第四系全新统下段冲积;4.黏土;5.粉质黏土;6.粉质壤土;7.粉细砂;8.岩性界线;9.地层界线;10.管涌位置示意

图 2.3.4 咸宁长江干堤黄丝垸管涌险情工程地质剖面示意图

表 2.3.2 咸宁长江干堤黄丝垸堤身土主要物理性质及渗透性参数建议值

土层名称	天然含水率/%	干密度/(g·cm^{-3})	孔隙比	渗透系数/(cm·s^{-1})
粉质黏土	30.3	1.47	0.852	$1.33×10^{-5}$～$9.34×10^{-5}$
黏土	33.7	1.43	0.931	$3.47×10^{-6}$～$1.04×10^{-5}$
壤土	31.3	1.42	0.918	$i×10^{-4}$

工程地质勘察表明,本段堤基为 II$_2$ 类地质结构。上部粉质黏土厚 3～6m,黏土厚 2.4～9m、粉质黏土厚 2.0～10.0m;下部为粉细砂。工程地质条件较好,属 B 类堤段。

2.3.2.3 险情分析

从堤身填土组成来看,该堤段堤身填土较混杂,其中夹粉细砂或砾砂,局部含砖块、碎石等杂物。从物理性质和渗透性来看,各类填土的差异性较大,黏土天然含水率27.8%~39.6%,干密度1.33~1.52g/cm³,孔隙比0.794~1.069;粉质黏土天然含水率26.5%~34.0%,干密度1.41~1.54g/cm³,孔隙比0.768~0.935;粉质壤土天然含水率21.4%~35.2%,干密度1.36~1.58g/cm³,孔隙比0.770~0.983,钻孔注水试验渗透系数$1.43×10^{-5}$~$1.58×10^{-4}$;壤土天然含水率26.3%~36.7%,干密度1.35~1.54g/cm³,孔隙比0.755~1.025。

出险时江水位(33.3m)高于堤内地面7m以上,但只比浑水洞出水口(高程30.0m)高出3.3m。综合考虑堤身填土成分的复杂性,物理性质和渗透性的差异性,汛期险情发生与堤身填土性质复杂、不均一有关。

2.3.3 九江济益公堤管涌

2.3.3.1 险情概况

济益公堤位于九江城区下游,鄱阳湖口上游,长5.005km,属2级堤防。1998年汛期堤身普遍存在渗漏现象,其中桩号0+470~0+740段、桩号3+455~4+720段渗漏较为严重,桩号0+220~0+240段堤身发生内脱坡。

1998年,济益公堤桩号3+455~4+840段,土桥中段、新港上横堤由蚁穴引发管涌险情,出险后采用开沟导滤措施应急处理。出险位置见图2.3.5。

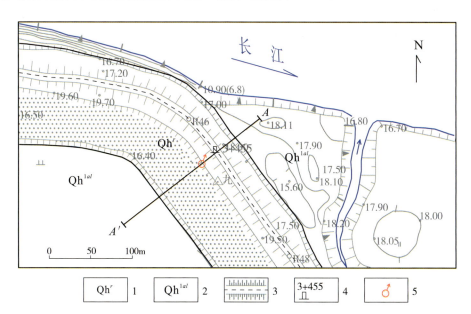

1.第四系全新统人工堆积;2.第四系全新统下段冲积;3.堤防;4.桩号;5.管涌位置

图2.3.5 济益公堤管涌险情平面位置示意图

2.3.3.2 地形地质

该段堤顶高程20.7～21.8m、宽4～5m,堤身高度5.2～6.2m,堤内、外坡比1:3。堤内地面高程14.5～17.8m,堤外地面高程15.5～18.8m。堤外坡采用预制混凝土块护坡,堤内坡采用草皮护坡,并在堤顶下3m处设宽8m的马道。

济益公堤堤身填土主要由黏土和壤土组成,局部夹砂壤土、粉细砂及碎石和块石等。根据16个堤顶钻孔资料,有5个钻孔钻遇砂性土,钻孔遇砂率31.3%;砂性土累计厚度2.1m,占堤身进尺的2.4%,单孔揭示砂性土累计厚度0.3～0.5m。堤基上部黏性土盖层厚度大于5m,下部为含有机质黏土、细砂或中粗砂(图2.3.6)。堤身土主要物理性质及渗透性参数建议值见表2.3.3。

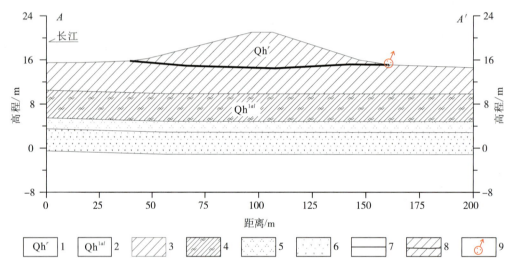

1.第四系全新统人工堆积;2.第四系全新统下段冲积;3.黏土;4.含有机质黏土;5.细砂;6.中粗砂;7.岩性界线;8.地层界线;9.管涌位置示意

图2.3.6　济益公堤管涌地质横剖面示意图

表2.3.3　济益公堤堤身土主要物理性质及渗透性参数建议值

土层名称	天然含水率/%	干密度/(g·cm^{-3})	孔隙比	渗透系数/(cm·s^{-1})
黏土	27.1	1.51	0.806	$4.7×10^{-6}$～$1.5×10^{-5}$
壤土	35.2	1.41	0.968	$3.76×10^{-5}$

2.3.3.3 险情分析

据调查,济益公堤发现有白蚁活动,这一管涌险情应当是蚁穴造成的。

在我国,白蚁主要分布在淮河以南的广大地区,向北渐渐稀少,往南逐渐递增。蚁穴有各种形状,大多数由主巢腔、蚁道和菌圃腔组成。主巢腔直径一般数十厘米,蚁道直径数厘米。汛期江水水位上涨,水流通过蚁穴常发生管涌、渗漏、跌窝、溃堤险情,严重危害堤防工程安全。

现场模拟试验表明,蚁穴导致的堤身险情发展一般经历4个阶段,各阶段的发展特征如下。

第一阶段——散浸:从向蚁穴开始灌水到堤防坡脚出现散浸历时仅5min。当江水位高于蚁道进口时,江水流进蚁穴并通过蚁穴向堤内坡渗透,在堤内坡出逸形成散浸。散浸过程中,蚁道内的水流速度缓慢,携带的泥沙等沉积下来堵塞一些细小的孔道,同时工蚁会封堵一些蚁道,水流集中在一些比较大的蚁道中。水流集中后,流速加快,并在堤坡上出现集中漏水点,此时漏水基本上还是清水,从散浸到出现漏水点历时9min。

第二阶段——管涌:水流速度进一步加快,蚁道内沉积的泥沙等被水流带出,漏水量增大的同时,流出的水变浑浊,险情由散浸变为管涌。从出现漏水点开始至发展为管涌,历时约4h50min。在管涌阶段,由于水流速度不断加快,其冲蚀切割作用不断加强,蚁道内壁上起加固作用的蛋白泥胶被溶蚀掉,蚁道周围的土体强度逐渐降低,在水流冲蚀、涡流切蚀等的共同作用下,蚁道直径不断扩大,险情进一步恶化。

第三阶段——跌窝:当水充满整个蚁穴时,迎水坡蚁道为进水通道,蚁穴为充水囊,背水坡蚁道为泄水通道。泄水通道出口水压力为零,其孔径大小控制着整个系统的水力学特征和周围土体的稳定性;在充水囊的调节作用下,进水通道受泄水通道的影响较小,直径也不会发生大的改变。当因蚁穴周围土体掉块将泄水通道堵塞时,水囊内的水压增大,所产生的鼓胀力超过土体强度时,会导致堤内坡产生裂缝,或产生"水爆"而使堤坡遭到破坏;泄水通道不堵塞时,直径不断扩大,泄水量大于进水量,水囊内的水量不断减少,囊内形成负压,导致蚁穴周围土体垮落。上述两种情况都会导致堤身塌落而形成跌窝。

第四阶段——溃决:产生跌窝后,水流量和流速都会很快增大,冲蚀作用进一步增强,堤防很快溃决。

本险情发现及时,虽然险情在很短时间内发展为管涌,但由于抢险方法科学合理,险情得到了及时的控制,没有进一步发展为跌窝甚至溃堤。

2.3.4 黄广大堤段窑管涌

2.3.4.1 险情概况

段窑位于黄广大堤的首端,段窑管涌险情发生在1998年,同时还伴随着散浸险情的发生,出险时水位21.6m,出险位置位于堤内二级平台和平台脚排水沟内,出险后经平铺导滤的处理措施,险情得到控制,出险位置见图2.3.7。1999年,几乎在相同的位置再次发生散浸险情。1962年、1983年、1995年、1996年,这一位置也发生过大面积散浸和多处砂眼。

2.3.4.2 地形地质

该段堤防堤顶高程22.55～22.98m,堤顶宽6～8m,堤内、外坡比一般为1∶3。堤线较

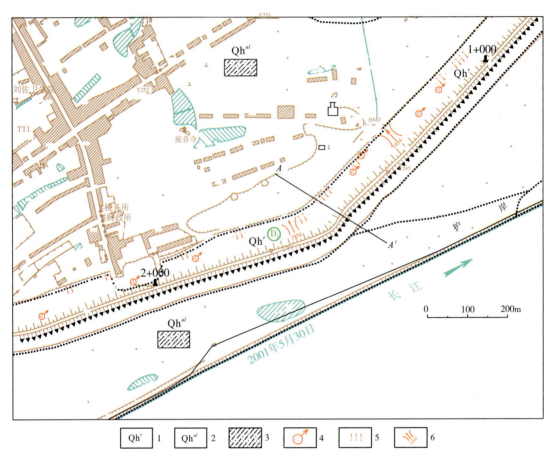

1. 第四系全新统人工堆积；2. 第四系全新统冲积；3. 砂壤土；4. 管涌位置；5. 散浸位置；6. 溃口位置

图 2.3.7　黄广大堤段窑堤段管涌平面位置示意图

弯曲，堤外滩宽 100～300m，地面高程 16.2～17.3m。堤内地面高程 15.0～16.2m，渊塘分布少，仅桩号 1+400 处见一较大鱼塘，距堤脚 100m。

堤身土主要物理性质及渗透性参数建议值见表 2.3.4。钻孔注水试验表明，堤身填土渗透系数为 5.0×10^{-6}～5.0×10^{-4} cm/s，具微—中等透水性，渗透性差异较大，局部渗透性较大；标准贯入试验锤击数为 7～10 击。

堤身填土以壤土、粉质壤土为主，次为黏土、砂壤土和少量的粉砂。堤外地表出露砂壤土夹粉质壤土，堤内出露砂壤土夹壤土；堤基表层以砂壤土、粉砂为主；中部为壤土、黏土、粉质壤土；下部为厚层粉砂、细砂。堤基地质结构为多层结构 $Ⅲ_2$ 类（图 2.3.8）。

表 2.3.4　黄广大堤段窑堤身土主要物理性质及渗透性参数建议值

土层名称	天然含水率/%	干密度/(g·cm^{-3})	孔隙比	渗透系数/(cm·s^{-1})
壤土	25.0	1.54	0.79	5.0×10^{-5}～5.0×10^{-4}
粉质壤土	30.1	1.47	0.86	5.0×10^{-6}～5.0×10^{-5}

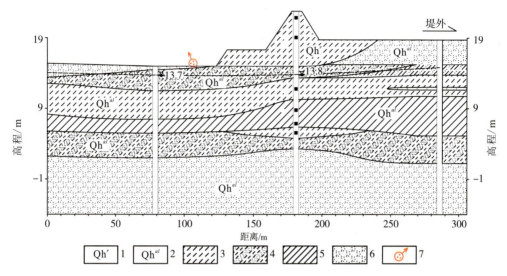

1.第四系全新统人工堆积;2.第四系全新统冲积;3.粉质壤土;4.砂壤土;5.粉质黏土;6.粉细砂;7.管涌位置示意

图 2.3.8 黄广大堤段窑堤段管涌地质剖面示意图

工程地质勘察表明,该段堤身土密实程度不均匀,部分堤段土体渗透性较大,在汛期高水位条件下,堤内易发生渗透变形,需进行防渗处理。

2.3.4.3 险情分析

综合分析认为,由于堤身土密实程度不均,部分堤段土体渗透性较大,达到中等透水性;且堤外堤内地表出露砂壤、粉细砂层,在汛期高水位条件下,堤内易发生渗透变形。险情发生在堤内二级平台和平台脚排水沟内,可见堤身和堤基同时发生了险情,经平铺导滤处理就控制住了险情。但该段整体工程地质条件差,属 D 类,需进行防渗处理,依靠堤基中部黏性土作垂直防渗依托层是合理的,但需考虑部分堤段黏性土层薄的问题,建议采用垂直防渗加水平铺盖等综合防渗工程措施。

2.3.5 黄广大堤张竹林管涌

2.3.5.1 险情概况

张竹林位于黄广大堤的末端。1995 年和 1998 年,张竹林堤段堤身共发生 6 处险情,其中管涌 1 处,散浸 4 处,浪坎 1 处,如表 2.3.5 所示。

1995 年 7 月 8 日,黄广大堤桩号 83+900 处发生管涌险情,管涌距堤脚 15m,高程 19.5m,3 处管涌,直径 8cm,流量 0.0004m³/s。出险时水位 23.34m(吴淞高程),出险后经开沟导滤,险情得到控制。出险位置见图 2.3.9。

表 2.3.5 黄广大堤张竹林堤段历史险情统计表

桩号	险情类别	出险水位/m	险情概述	出险日期	处理方法
84+000～83+800	散浸	22.44	距堤脚 15～20m,高程 19.5m,清水外流	1995 年 6 月 30 日	观察
83+900	管涌	23.34	距堤脚 15m,高程 19.5m,3 处管涌,直径 8cm	1995 年 7 月 8 日	导滤
83+820～83+790	散浸	23.28	堤内坡脚,高程 20.5m	1998 年 7 月 2 日	
83+790～83+720	浪坎	23.35	堤外坡浪坎 0.5m,高程 0.8m	1998 年 7 月 4 日	
83+500～83+320	散浸	23.41	堤内坡脚,高程 21.0m	1998 年 7 月 5 日	
83+190～83+130	散浸	23.35	堤内坡脚,高程 21.0m	1998 年 7 月 4 日	

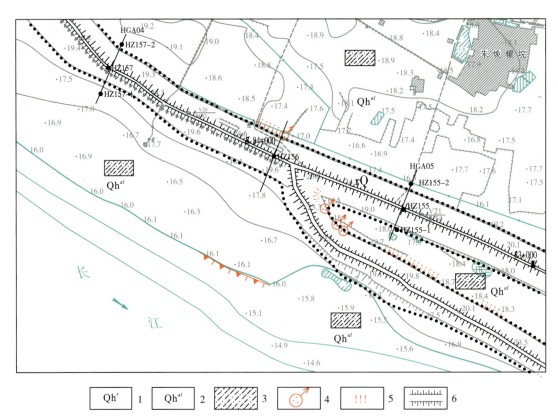

1.第四系全新统人工堆积;2.第四系全新统冲积;3.粉质黏土;4.管涌位置;5.散浸位置;6.堤防

图 2.3.9 黄广大堤张竹林堤段管涌平面位置示意图

2.3.5.2 地形地质

桩号 83+850～77+620 段,堤外漫滩宽达 400～500m,沿长江岸边筑有民堤(利丰堤),民堤与大堤间为利丰垸,垸内地表高程为 16.00～18.50m,距大堤外脚 200m 的范围内分布有18个水塘。利丰堤外滩面宽0~200m,滩面高程18.50~19.00m。

堤身土主要为粉质壤土、黏土、粉质黏土、砂壤土夹少量的粉细砂(图2.3.10),表层为砂石路面。堤身钻孔中砂性土含量较大,其中桩号87+340~83+850段钻孔中砂性土所占比例平均达49.8%。堤身土主要物理性质及渗透性参数建议值见表2.3.6。

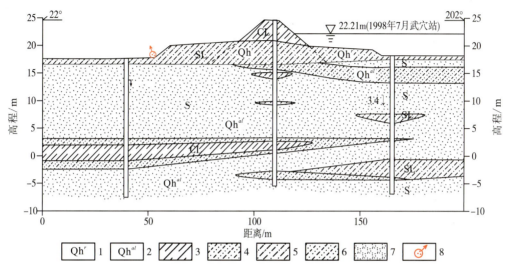

1.第四系全新统人工堆积;2.第四系全新统冲积;3.黏土;4.粉质黏土;5.黏性土夹薄层粉细砂;6.砂壤土;7.粉细砂;8.管涌位置示意

图2.3.10 黄广大堤张竹林管涌横剖面示意图

表2.3.6 黄广大堤张竹林堤段堤身土主要物理性质及渗透性参数建议值

土层名称	天然含水率/%	干密度/(g·cm^{-3})	孔隙比	渗透系数/(cm·s^{-1})
黏土	22.0~28.5	1.54	0.65	7.2×10^{-6}~5.0×10^{-5}
粉质壤土	18.5~28.5	1.56	0.82	2.6×10^{-6}~1.3×10^{-4}

工程地质勘察表明,由于堤身土密实程度不均,局部夹有砂性土,部分堤段土体渗透性较大,直接挡水堤段在汛期出现散浸、管涌等险情,因此建议对堤身进行防渗处理。

2.3.5.3 险情分析

该段堤防填筑有内、外平台,险情发生在内平台边缘。管涌险情发生的8天前(1995年6月30日),当外江水位为22.44m时,先发生散浸险情,散浸险情发生时水头约为3m。随着江水位的上涨,至7月8日发生管涌险情,此时水头为4m。可见险情经历了由散浸到管涌的发生发展过程。

工程地质勘察表明,堤身填土中夹有砂性土等透水性较强的夹层或者透镜体,这是发生险情的最主要原因,而且发生险情时的水头并不大,经开沟导渗处理就完全控制住了险情。

之所以如此,一个原因可能是江水水位并没有进一步升高,渗透水流产生的渗流比降只是刚刚超过了砂性土的临界比降,另外一个原因可能是堤身土中只是局部存在强透水体,而且较强透水体周围土的抗渗与抗冲刷能力比较强,限制了险情的进一步发展。

2.3.6　无为大堤泥汊下管涌

2.3.6.1　险情概况

无为大堤泥汊下管涌险情位于牛巷口—泥汊下段。由于堤外多有民圩埂堤,在1998年汛期,长10.5km的堤段只有半数堤段挡水。在挡水堤段内发生险情10处,险情堤段累计长度达1.39km,占挡水堤段总长的24.4%,其中8处散浸、2处管涌。1999年汛期,桩号45+700~48+400段长2.7km的堤段发生散浸,占挡水堤段总长的47.4%。其中,1998年6月30日~8月9日发生的管涌险情位于无为大堤桩号49+850~49+900段,险情的具体表现为堤脚有4处渗漏及轻微管涌。出险时水位12.3~13.0m,出险后经开沟导渗处理,险情得到控制。

2.3.6.2　地形地质

该段堤防堤顶高程15.9~16.4m,堤顶宽度5~8m,堤身高度6.0~12.8m,堤内坡比为1:3~1:5,堤外坡比1:3~1:4。堤内地面高程6.3~8.8m,沿堤内外距堤脚30~120m有取土坑分布;堤外多有民圩,圩宽200~700m,圩内地面高程6.5~9.3m,临江侧筑有民堤。

该段堤身填土主要由粉质壤土、粉质黏土构成,偶夹粉细砂、瓦砾。堤基地质结构以厚黏性土的双层结构(II_2类)为主,险情位置上覆黏性土层厚度5.2~10.8m。堤身土的主要物理性质及渗透性参数建议值见表2.3.7,地质剖面见图2.3.11。钻孔注水试验表明,堤身填土渗透系数为8.04×10^{-6}~5.14×10^{-4}cm/s,具微—中等透水性,渗透性差异较大;标准贯入试验锤击数为4.7~8.9击。

表2.3.7　无为大堤泥汊下堤身土主要物理性质及渗透性参数建议值

土层名称	天然含水率/%	干密度/(g·cm^{-3})	孔隙比	渗透系数/(cm·s^{-1})
粉质黏土	26.0~33.5	1.48	0.845	8.0×10^{-6}~3.9×10^{-5}
粉质壤土	24.2~32.3	1.50	0.809	8.9×10^{-6}~7.4×10^{-5}

工程地质勘察表明,堤防填筑时没有清基,堤身与堤基存在薄弱面,堤内外分布的坑塘对堤防的防渗有不利影响,堤身填土混杂、渗透性差异较大,因此建议填平堤内、外坡脚附近坑塘,对堤身及其与堤基接触部位进行防渗处理。

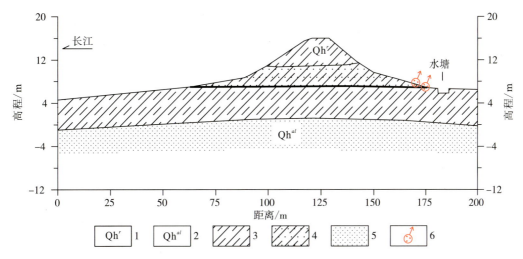

1.第四系全新统人工堆积;2.第四系全新统冲积;3.粉质黏土;4.粉质壤土;5.粉细砂;6.管涌位置示意

图 2.3.11　无为大堤泥汊下管涌地质横剖面示意图

2.3.6.3　险情分析

泥汊下管涌险情发生在堤内坡脚,从堤基工程地质条件来看,黏性土盖层厚度较大,而出险时江水水位 12.3～13.0m,高出堤内地面 6.0m 左右,黏性土盖层厚度与水头之比大于1.0,江水不可能通过堤基发生管涌险情。

综合分析认为,本险情的发生与堤身填土中混杂有粉细砂、瓦砾等较强透水性物质以及堤身与堤基接触带存在薄弱面有关。从险情描述来看,本险情属于轻微管涌,可见渗透水流带出来的泥沙并不多,而且经开沟导渗处理就可以完全控制。因此可以判断,在堤身、堤身与堤基接触带可能并不存在较厚的、贯通堤内外的较强透水带,险情的发生只是局部存在强透水体所致,而且较强透水体周围土的抗渗与抗冲刷能力比较强。

2.4　堤身散浸险情

2.4.1　松滋江堤灵钟寺—浉市散浸

2.4.1.1　险情概况

1998 年、1999 年汛期,灵钟寺—浉市段堤身发生险情共 18 处,以散浸为主。1998 年 8 月 12 日,当长江水位到达 44.5～45m 时,灵钟寺—浉市段(桩号 15+450～15+830 段)堤身发生严重散浸,险情位于堤内坡脚一带(图 2.4.1),宽约 50m,渗水带自堤脚向上沿堤身约 0.5m。

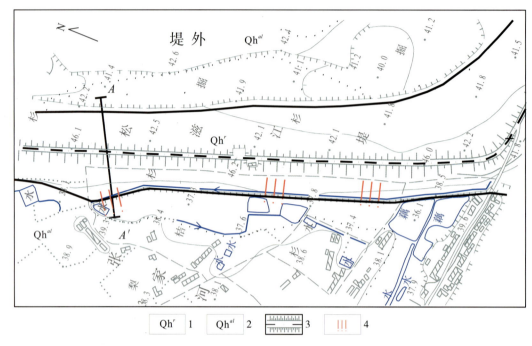

1.第四系全新统人工堆积；2.第四系全新统冲积；3.堤防工程；4.散浸位置示意

图 2.4.1　灵钟寺—浣市散浸平面位置示意图

2.4.1.2　地形地质

该段堤防堤顶高程 46.1m，堤高 6.9m，堤顶宽度 8.3m，堤内、外坡比均为 1∶3.0。外滩宽 120～300m，高程 42～43m；堤内地面高程 37.8～39.3m，距堤脚 150m 以内为村落，沿堤脚分布水渠，堤内分布数个水塘，其中部分水塘紧贴堤脚。

堤身土体主要由粉质黏土、粉质壤土组成，填筑土质量不均一，多夹有砂壤土、粉细砂团块和砖渣、瓦砾、岩屑及砾卵石等。堤身 110 个钻孔中，有 51 钻孔见砂壤土及粉细砂团块，10 个钻孔见砖渣、瓦砾、岩屑及砾卵石，二者占堤身钻孔总数的 55.5%，砂壤土孔段一般长为 0.1～0.2m，少量孔砂壤土孔段长度可达数米。堤身各土层主要物理性质及渗透性参数见表 2.4.1，地质剖面见图 2.4.2。

表 2.4.1　灵钟寺—浣市堤身填土主要物理性质及渗透性参数建议值

土层名称	天然含水率/%	干密度/(g·cm^{-3})	孔隙比	渗透系数/(cm·s^{-1})
粉质壤土	8.3～31.9	1.27～1.65	0.493～1.029	2.14×10^{-5}～8.4×10^{-5}
粉质黏土	22.7～41.3	1.27～1.65	0.65～1.169	1.12×10^{-5}～5.7×10^{-5}

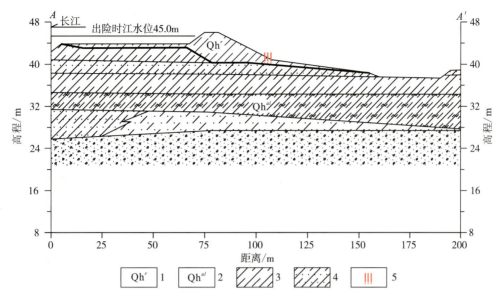

1. 第四系全新统人工堆积；2. 第四系全新统冲积；3. 粉质黏土；4. 粉质壤土；4. 散浸位置

图 2.4.2　灵钟寺—浣市堤段散浸地质横剖面示意图

2.4.1.3　险情分析

灵钟寺—浣市堤段堤身填土以粉质黏土、粉质壤土为主，根据室内、室外试验的结果，物理力学性质参数差异较大，钻孔注水试验测得渗透性较均匀，均具有弱透水性。但部分室内渗透试验测得的渗透系数达到了中等透水性。渗透系数较大的部位可能是堤身填筑的粉质黏土、粉质壤土密实度欠佳或者是砂性土夹层或包裹体，或者是分布有砖渣、瓦砾、岩屑及砾卵石等，这是造成堤防散浸的主要原因。

2.4.2　岳阳长江干堤民生垸散浸

2.4.2.1　险情概况

民生垸位于岳阳长江干堤最上游端，1998年特大洪水期间，发生堤身险情4处、散浸1处、堤身裂缝2处、脱坡1处。1998年8月，桩号5+000～8+000段堤身内坡发生较严重散浸（图2.4.3），险情发生后采取了开沟导滤的措施进行处理，并进行观察防守。

2.4.2.2　地形地质

该堤段堤顶高程37.9～38.8m，堤顶宽度约8.5m，堤身高6.7～7.6m，堤内、外坡比为1：2.5～1：3。堤段地处长江凹岸，外滩宽80～120m，滩面高程32.8～33.2m；堤内地形平坦，地面高程30.7～31.9m。堤外顺长江分布数个坑塘，距堤内100m范围内也有多个水渠、池塘，深度一般为1～2.5m，距堤脚最近仅约50m，其中桩号7+000～8+000段堤内居民较多。

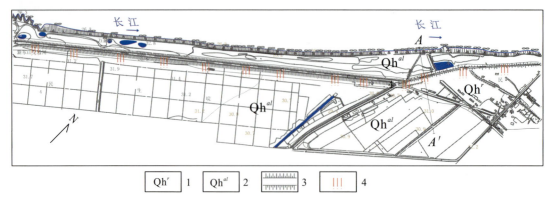

1.第四系全新统人工堆积;2.第四系全新统冲积;3.堤防工程;4.散浸位置

图 2.4.3 岳阳长江干堤民生垸散浸险情平面示意图

该段堤防堤身填筑土主要为粉质壤土、粉质黏土,局部含砂壤土、碎石土,系不同时段内填筑而成,堤身填土质量差异较大。堤身粉质壤土、粉质黏土主要物理性质及渗透性参数建议值见表 2.4.2,代表性地质剖面见图 2.4.4。

表 2.4.2 岳阳长江干堤民生垸堤身填土主要物理性质及渗透性参数建议值

土层名称	天然含水率/%	干密度/(g·cm^{-3})	孔隙比	渗透系数/(cm·s^{-1})
粉质壤土	21.23~27.53	1.42~1.56	0.709~0.810	8.5×10^{-5}~1.17×10^{-3}
粉质黏土	25.67~32.45	1.42~1.50	0.728~0.900	

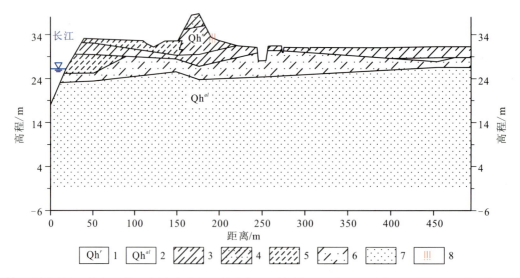

1.第四系全新统人工堆积;2.第四系全新统冲积;3.粉质黏土;4.粉质壤土;5.壤土;6.砂壤土;7.粉细砂;8.散浸位置示意

图 2.4.4 岳阳长江干堤民生垸散浸险情剖面示意图

2.4.2.3 险情分析

从表 2.4.2 可以看出,民生垸堤防堤身主要填筑土(粉质黏土和粉质壤土)的物理性质相对来说比较均匀,密实度基本满足堤身填土要求。但钻孔注水试验表明,堤身土的渗透性差异较大,渗透系数普遍较大,最大可达 1.17×10^{-3} cm/s,达到了中等透水性;渗透系数最小为 8.5×10^{-5} cm/s,已接近中等透水性。

该段为双层结构堤基,上部黏性土厚度 2～5m。在桩号 4+590～5+040 段、桩号 7+190～7+590 段,粉质黏土厚度仅 1～2m;桩号 7+538 一带黏性土层更薄,堤内 70cm 深的水渠已揭露下伏砂壤土层。历史筑堤均是在堤防内、外就近取土,而且对筑堤土质量又没有要求,因此堤身填土中砂性土包裹体较多。结果在 1998 年汛期,长 3.0km 的堤段内普遍发生较严重的散浸。

堤身中存在砂性土包裹体的情况比较复杂。如果包裹体位于堤身内坡或者内坡脚,就相当于在堤内坡设置了贴坡排水体或者排水棱体,对排出堤身内的渗透水、降低堤身内浸润线有积极的作用。如果砂性土包裹体靠近堤顶部,则所承受的水压较小,发生散浸的可能性也小,从汛期散浸多发生在堤内坡下部或内坡脚来看,也支持这一观点。

最危险的情况是,砂性土包裹体位于堤身外侧的下部或坡脚部位,这种情况相当于堤身断面防渗性能好的黏性土厚度减薄了,江水通过砂性土渗透的水头损失较小,而通过堤身黏性土的渗透水力梯度较大,当江水位升高时最容易出现散浸险情,而且砂性土包裹体的规模越大,则黏性土的水平厚度越小,发生散浸险情的可能性也就越大。当黏性土的水平厚度减薄到一定程度时,渗透水压可能会击穿黏性土而发生管涌险情。

2.4.3 咸宁长江干堤嘉鱼三合垸堤孝感棚散浸

2.4.3.1 险情概况

孝感棚散浸险情发生于嘉鱼三合垸堤。1998 年汛期,三合垸堤发生堤身散浸 2 处,清(浑)水洞 3 处,裂缝 1 处(长 195m)。

1999 年汛期,三合垸堤发生堤身散浸 58 处,累计长度 5781m;堤顶纵向裂缝 9 条,累计长度 290m;桩号 314+470 处一白蚁洞附近出现清水漏洞 3 处。其中,三合垸堤孝感棚(桩号 307+970～308+070 段)堤内坡发生严重散浸险情(图 2.4.5)。根据险情记录,在桩号 307+350～308+400 段约 1km 长的堤段内,共发生散浸险情 5 处,如表 2.4.3 所示。险情发生时,外江水位 31.99～33.16m,散浸分布高程 27.5～30.8m,散浸险情发生的部位仅比江水位低 1.11～4.16m。

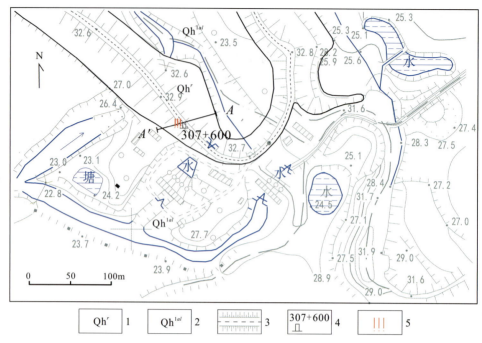

1.第四系全新统人工堆积；2.第四系全新统上段冲积；3.堤防工程；4.桩号；5.散浸位置

图 2.4.5　嘉鱼三合垸堤孝感棚散浸险情位置示意图

表 2.4.3　1999 年嘉鱼三合垸堤孝感棚散浸险情统计表

桩号	险情类型	出险时江水位/m	险情描述	抢险措施
308+400	严重散浸	31.91	堤身，出险高程 30.8m	开沟导滤
308+200~308+300	严重散浸	31.82	堤身，堤脚，出险高程 27.5~30.8m	开沟导滤
307+970~308+070	严重散浸	31.99	堤内坡，出险高程 28.5m	开沟导滤
307+650	严重散浸	33.16	堤身内坡 1 孔直径 2cm，高程 29.0m，漏清水	开沟，块石衬坡导滤
307+350~307+450	严重散浸	31.12	严重散浸，位于堤内脚，出险高程 27.5m	开沟导滤

2.4.3.2　地形地质

该段堤顶高程 32.8~33.1m，堤顶宽度 8~9m，堤高 4~8m。堤内为陇岗地形，地面高程 23.6~29.6m。堤外漫滩宽 40~50m，滩面高程 23.0~26.5m。堤内、外坡比均为 1:3，堤内压浸台宽 25~30m。

该段堤身填土以粉质黏土为主，黏土、壤土次之，夹少量粉细砂或砾砂，局部含砖块、碎石等杂物。堤身钻探资料表明，48 个钻孔发现夹砂壤土、粉细砂，约占本堤段堤顶钻孔总数的 63.1%；堤身土中夹砂性土累计进尺 28.8m，占堤身土累计进尺的 5.5%；单孔揭示砂壤土、粉细砂累计厚度一般小于 0.6m,其中桩号 316＋700～315＋400 段厚度一般在 1m 左右。地质剖面见图 2.4.6,堤身填土主要物理性质及渗透性参数建议值见表 2.4.4。

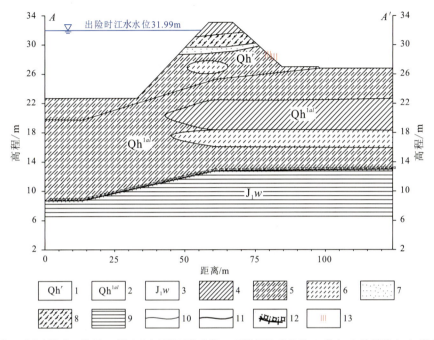

1.第四系全新统人工堆积;2.第四系全新统下段冲积;3.下侏罗统武昌组;4.黏土;5.粉质黏土;6.壤土;7.粉细砂;8.碎块石;9.粉砂岩;10.岩性界线;11.地层界线;12.第四系覆盖层与基岩界线;13.散浸位置示意

图 2.4.6 嘉鱼三合垸堤孝感棚散浸险情工程地质剖面示意图

表 2.4.4 嘉鱼三合垸堤孝感棚堤身填土主要物理性质及渗透性参数建议值

土层名称	天然含水率/%	干密度/(g·cm^{-3})	孔隙比	渗透系数/(cm·s^{-1})
粉质黏土	26.5～34.0	1.41～1.54	0.768～0.935	4.19×10^{-7}～9.34×10^{-5}
黏土	27.8～39.6	1.33～1.52	0.794～1.069	4.72×10^{-7}～1.04×10^{-5}
壤土	26.3～36.7	1.35～1.54	0.755～1.025	—

2.4.3.3 险情分析

嘉鱼三合垸堤孝感棚堤身填土虽以粉质黏土为主,但其中夹有粉细砂或砾砂,局部含砖块、碎石等,填土成分复杂,堤身填土物理力学性质差异较大。堤身填土的砂性土薄层或者包裹体及部分填土密实度低的部位,渗透性较强,是堤防的薄弱环节,即使在水头较小的情况下也能发生散浸险情。

2.4.4 粑铺大堤粑铺堤段散浸

2.4.4.1 险情概况

粑铺大堤桩号 105+000~123+286 段，堤长 18.286km，是险情多发地段。1998年、1999年汛期，共发生堤身险情 89 处，包括 83 处散浸、5 处浪坎和 1 处脱坡。1998 年汛期高水位时期，发生在粑铺堤桩号 112+250 处的散浸险情，散浸面积 1.0m²，出险点高程 24.50m，出险时长江水位 26.60m。险情发生后采取了开沟导滤的处理措施。

2.4.4.2 地形地质

该段堤防堤顶高程 26.2~27.5m，堤身高度 5~10m，堤顶宽度 8~10m。堤内地面高程 20~23m，地形平坦，堤内、外坡比均为 1:3.0。迎水面为宽 30.0m 左右的黏性土铺盖，厚 1~2m。堤内压浸台宽 20~25m。

粑铺大堤堤身填土主要由壤土和黏土组成，局部为砂壤土或粉细砂。根据钻孔资料，堤身钻探进尺共计 248.3m，其中黏土占堤身钻探进尺的 31.8%，壤土占 60.6%，砂壤土和砂占 7.6%。堤基为砂壤土、壤土、黏土交错沉积。地质剖面见图 2.4.7，堤身填土主要物理性质及渗透性参数建议值见表 2.4.5。

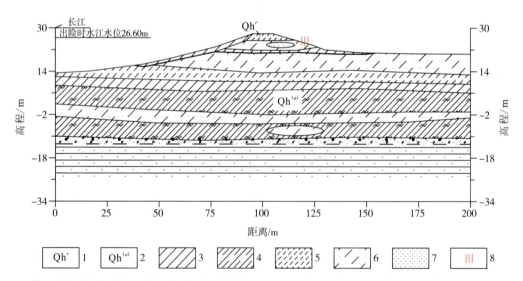

1.第四系全新统人工堆积；2.第四系全新统下段冲积；3.黏土；4.含有机质黏土；5.壤土；6.砂壤土；7.粉细砂；8.散浸位置

图 2.4.7 粑铺大堤粑铺堤段散浸险情横剖面示意图

表 2.4.5 粑铺大堤堤身填土主要物理性质及渗透性参数建议值

土层名称	天然含水率/%	干密度/(g·cm^{-3})	孔隙比	渗透系数/(cm·s^{-1})
黏土	18.0~30.5	1.45~1.69	0.583~0.91	0.22×10^{-5}~19×10^{-5}
壤土	19.7~24.5	1.49~16.9	0.598~0.83	0.12×10^{-4}~9×10^{-4}

2.4.4.3 险情分析

该段堤基为砂壤土，为了防止发生渗透破坏，在堤外做了防渗铺盖，堤内做了压渗平台。但历史填筑堤防，一般均为就近取土，堤身填筑土中不可避免地含有砂性土包裹体。钻孔注水试验测得的渗透系数差异较大，部分为中等透水性，部分为弱—微透水性，也间接地说明堤身填土中含有砂性土等渗透性较强的包裹体。

从险情记录来看，散浸面积仅 1.0m²，也与堤身填土中含有砂性土包裹体相吻合。由于堤基砂壤土厚度不大，下伏较厚的黏性土层，因此在堤顶采取垂直防渗措施比较合适，可以将堤身与堤基渗漏通道一次性截断。

2.4.5 昌大堤袁家大房散浸

2.4.5.1 险情概况

昌大堤属 2 级堤防，袁家大房位于昌大堤桩号 70+000~70+600 段，历史上发生散浸累计长度 315m，其中 1996 年曾发生 3 次散浸，1998 年在同一部位发生 5 次散浸（表 2.4.6）。散浸位于堤脚，高程 22~22.5m，如图 2.4.8 所示。

表 2.4.6 1998 年昌大堤袁家大房堤身散浸险情统计表

序号	桩号	险情类别	出险日期	出险时江水位/m	险情概述	处理措施
1	70+500~70+600	散浸	8月12日	26.33	堤坡脚散浸带长 100m，高程 24.5m	开沟导滤
2	70+000~70+100	散浸	8月8日	26.41	堤坡脚散浸带长 100m，高程 24.0~24.5m	开沟导滤
3	70+400~70+500	散浸	8月2日	26.3	堤坡脚散浸带长 100m，高程 24.0~24.5m	开沟导滤
4	70+500	散浸	7月31日	26.36	堤脚散浸集中 1 处，高程 24.5m	开沟导滤
5	70+450~70+455	散浸	7月27日	26.02	堤脚散浸带长 5m，高程 24.0m	开沟导滤

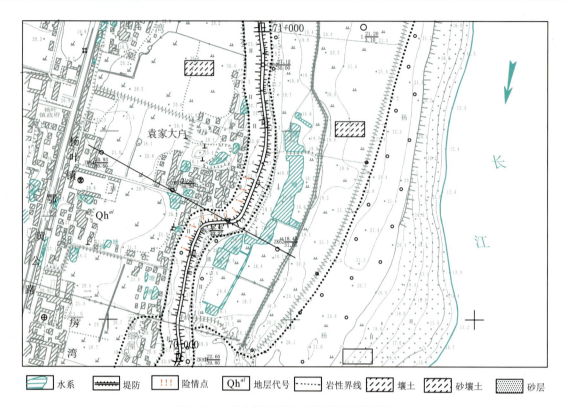

图 2.4.8 昌大堤袁家大房散浸险情位置图

2.4.5.2 地形地质

堤顶高程为 27.12～27.32m，堤内、外坡比均为 1∶3。堤内地面高程为 19～20m，堤外地面高程为 19～21m。此段填土类型以粉质黏土为主，从下游向上游填土中黏粒含量逐渐增高。但堤身土层中普遍含细砂，降低了堤身的抗渗性，各种物理性质及渗透性参数亦有较大差异(表 2.4.7)。

表 2.4.7　昌大堤袁家大房堤身填土主要物理性质及渗透性参数建议值

土层名称	含水率/%	干密度/(g·cm^{-3})	孔隙比	钻孔注水试验渗透系数/(cm·s^{-1})
粉质黏土	17.6～34.5	1.39～1.74	0.563～0.942	$(1～271)\times10^{-5}$

堤基表层为粉质黏土夹薄层粉砂，厚 4.6～6.9m，最厚达 22m，具有向堤内厚度增大的特点。粉质黏土下伏粉细砂、粗砂(图 2.4.9)。

2.4.5.3 险情分析

从表 2.4.6 可以看出，在长 600m 的袁家大房堤段，散浸主要发生在上游 100m 和下游

2 堤身险情

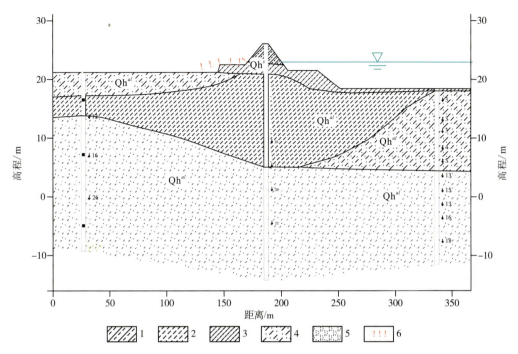

1.粉质黏土；2.壤土；3.砂壤土；4.粉土粉砂互层；5.粉细砂；6.散浸位置示意

图 2.4.9 昌大堤袁家大房工程地质剖面图

200m 的范围内。7 月末险情只是小范围发生，随着高水位持续时间的延长和江水位的不断上涨，险情范围不断扩大。但是，出险部位水头只比江水位低 2m 多，可见出险部位堤身填土质量差，松散且含有砂性土，透水性好。但由于堤防挡水不是太高，加上采取了开沟导滤的处理措施，险情没有进一步恶化。

2.4.6 昌大堤谈五房散浸

2.4.6.1 险情概述

1998 年，谈五房堤段共发生 3 处险情，包括鼓包、散浸和管涌各 1 处（表 2.4.8）。其中散浸发生在平台脚的位置，出险部位高程 23.0m（图 2.4.10）。

表 2.4.8 1998 年昌大堤谈五房险情统计表

序号	桩号	险情类别	出险日期	出险时江水位/m	险情概述	处理措施
1	91+800	鼓包	8月30日	26.44	堤坡脚鼓包1处，面积2m², 高程24.6m	清淤，级配导滤
2	91+880	散浸	7月27日	26.47	平台脚散浸2处，高程23.0m	开沟导滤
3	92+800	管涌	7月22日	25.57	平台脚管涌1处，直径3cm, 高程22.0m	观察

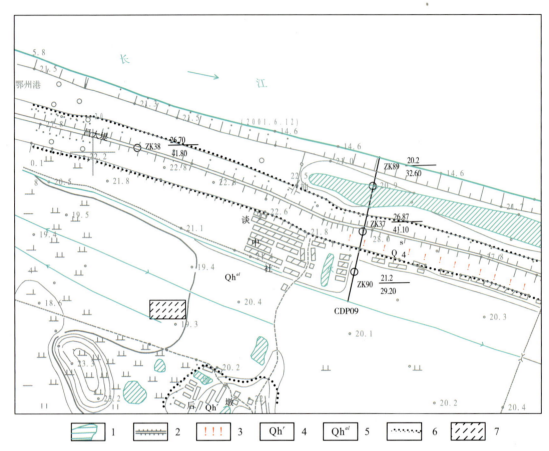

1. 水系；2. 堤防；3. 散浸位置；4. 人工填土；5. 第四系冲积层；6. 岩性界线；7. 壤土

图 2.4.10　昌大堤谈五房散浸险情位置示意图

2.4.6.2　地形地质

堤内、外坡比均为 1:3。堤内地面高程为 19~20m，堤外地面高程为 19~21m。

堤身填土以粉质黏土、粉土为主，稍密—松散，可塑，沿线钻孔中 51% 的钻孔内揭示有粉细砂、碎石，偶见中砂、螺壳，钻孔钻进中漏水严重。堤身填土物理性质见表 2.4.9。

表 2.4.9　昌大堤谈五房堤身填土主要物理力学性质

土层名称	含水率/%	干密度/(g·cm^{-3})	孔隙比
粉质黏土	22.2~27.5	1.45~1.57	0.718~0.863

堤基上部为粉质黏土、粉土，夹砂性土层，厚度大于 3m；下部为粉细砂、中砂，具有上部细、下部粗的特点，砂层总厚度大于 20m，顶板高程 13.55m。工程地质剖面见图 2.4.11。

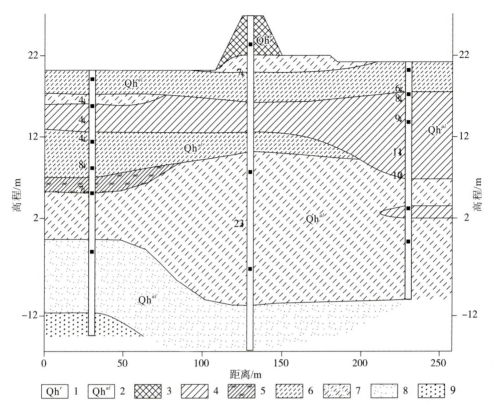

1.第四系全新统人工填土;2.第四系全新统冲积层;3.素填土;4.黏土;5.淤泥质土;6.粉土;7.粉土夹砂;8.细砂;9.砂砾石

图 2.4.11　昌大堤谈五房散浸险情工程地质剖面图

2.4.6.3　险情分析

散浸险情发生的主要原因是堤身填土中夹有粉土、砂土等,密实性不足,透水能力较强。但将该堤段散浸、鼓包和管涌险情综合来看,管涌和散浸险情位置均比江水位低约 3.5m;而鼓包发生时,出险点与江水位之差不足 2m。一般而言,出险时所承受的水头由小至大应该是散浸、鼓包、管涌,谈五房堤段的 3 个险情似乎并不符合这一规律,这可能是由于不同险情遵循不同的渗透路径。

2.4.7　黄广大堤朱河散浸

2.4.7.1　险情概况

历史上,黄广大堤朱河堤段多次发生险情,具体见表 2.4.10。1998 年汛期,该堤段上发生散浸 1 处、脱坡 1 处,散浸险情出现高程为 18.5～22.0m,距堤脚 30m 范围内,出险时水位 23.85m,经导滤处理,险情得到控制。出险位置见图 2.4.14。

表 2.4.10　黄广大堤朱河堤段历史险情统计表

序号	桩号	险情类别	出险江水位/m	险情概述	出险日期	处理方法
1	59+865～58+865	脱坡	22.98	实验堤段边坡脚	1998 年 7 月 7 日	固脚填基,导滤
2	58+700～58+000	散浸	23.85	出现散浸 9 处,出险高程 18.5～22.0m,距堤脚 30m 范围内,1995 年距堤脚 22m 处出现管涌	1998 年	导滤,备足砂石料
3	58+700～58+000	散浸	23.85	该段为历史险段,堤坡出现大面积散浸和流土砂眼,出逸高程为 20.77m	1983 年	平铺导滤
4	58+750	管涌	—	距堤脚 22m 处出现小型管涌	1995 年	平铺导滤

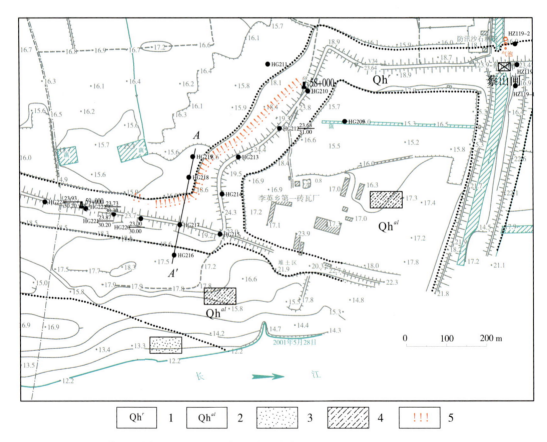

1.第四系全新统人工堆积;2.第四系全新统冲积;3.壤土;4.粉质壤土;5.散浸位置

图 2.4.12　黄广大堤朱河散浸平面位置示意图

2.4.7.2 地形地质

本堤段堤线较平直,堤顶高程为 23.70～24.10m,堤顶宽 6～8m,底宽一般为 50～120m,堤内、外坡比一般为 1∶3。外滩宽度变化较大,桩号 64+000～61+500 段宽仅 50～100m,桩号 61+500～58+000 段宽达 300～500m,滩面高程 17～18m。据记载,桩号 64+000～61+000 段岸坡变形崩塌剧烈,桩号 63+200～61+000 段已进行混凝土面板护岸,其他地段基本无防护。堤内地势平坦,地面高程 14.1～17.1m。人工开挖沟渠纵横交错,有众多的池塘分布,仅距堤内脚 100～180m 范围内就有堰塘 7 处。上游段靠堤内脚即为龙坪镇。

堤身填土以壤土为主,夹较多粉质壤土、粉砂(图 2.4.13)。堤基上部为壤土、粉质壤土层夹薄层砂壤土透镜体,下部为粉细砂层,地质结构属双层结构Ⅱ$_2$类。堤身土主要物理性质及渗透性参数建议值见表 2.4.11。钻孔注水试验表明,堤身填土渗透系数为 5.0×10^{-5}～9.0×10^{-4}cm/s,具弱一中等透水性,渗透性差异较大,局部渗透性较大;标准贯入试验锤击数在 5.0 击左右。

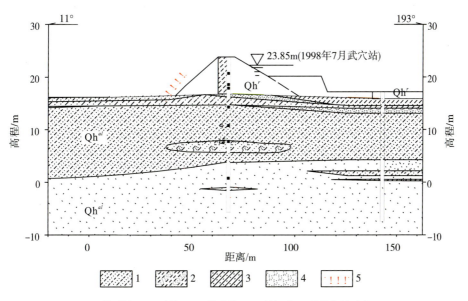

1.粉质壤土;2.砂壤土;3.粉质黏土;4.粉细砂;5.散浸位置示意

图 2.4.13 黄广大堤朱河散浸横剖面示意图

表 2.4.11 黄广大堤朱河堤段堤身土主要物理性质及渗透性参数建议值

土层名称	天然含水率/%	干密度/(g·cm^{-3})	孔隙比	渗透系数/(cm·s^{-1})
壤土	27.5	1.56	0.85	5.0×10^{-5}～9.0×10^{-4}
粉质壤土	28.8	1.50	0.81	5.0×10^{-5}～5.0×10^{-4}

工程地质勘察表明,该段堤身土密实程度不均,部分堤段土体渗透性较大,堤外表层以粉质壤土为主,堤内表层为砂性土,且堤基浅层局部夹有砂性土透镜体,在汛期高水位作用下,存在渗漏和渗透变形的条件。

2.4.7.3 险情分析

从各种条件分析判断,堤身填土物质极为混杂,既有黏性土,也有砂性土;堤身土体填筑的密实程度极不均匀,有的部位较松散;部分堤身填筑土透水性较强,可达到中等透水性,甚至更高。散浸险情发生的一些数据也佐证了堤身填土的上述特点,散浸险情发生在堤脚与近堤脚范围内,最高在堤坡脚22.0m高程处,比长江水位低不足2m,在如此低的水头下发生散浸,说明堤身填土渗透性较好。

堤基发生散浸的高程最低为18.5m,比长江水位低5m多,说明堤基砂性土的渗透性比堤身填土的还要差。在对堤身与堤基进行一体化的防渗处理时,一定要注意地质结构的变化。在桩号58+500～58+000段,虽然中部分布厚3～15m的粉质壤土、壤土层,但由于其分布的不稳定性,局部可能变薄或缺失,并不能作为可靠的垂直防渗依托层。

2.4.8 黄广大堤二里半散浸

2.4.8.1 险情概况

1995年,二里半堤段发生3处散浸险情,距堤脚22m处发生管涌险情;1998年在相同的位置再次发生堤基散浸险情,见表2.4.12。其中,桩号74+150～73+050段的出险位置见图2.4.14。

表 2.4.12　黄广大堤二里半堤段历史险情统计表

桩号	险情类别	出险江水位/m	险情概述	出险日期	处理方法
74+250～74+200	散浸	22.61	距堤脚30.0m,高程18.5m,平台脚及地沟清水外流	1998年7月1日、1995年7月2日	开明沟导滤
73+570～73+560	散浸	22.44	距堤脚35m,地面高程18.0m,棉地沟明显清水外流	1995年6月30日、1998年7月1日	开"T"沟导滤
73+550～73+540	散浸	23.10	距堤脚26m,高程19.0m,6处浸眼,清水外流	1995年7月9日、1998年7月1日	开"T"沟导滤

2.4.8.2 地形地质

本段堤顶高程23.74～23.83m、宽6～8m,底宽一般为75～80m,堤内、外坡比一般为1:3。外滩一般宽50～120m,最宽达150m,滩面高程17.3～19.1m。堤内靠堤脚附近为大片厂区,桩号73+980处分布一池塘,地表高程为14.5～17.0m。

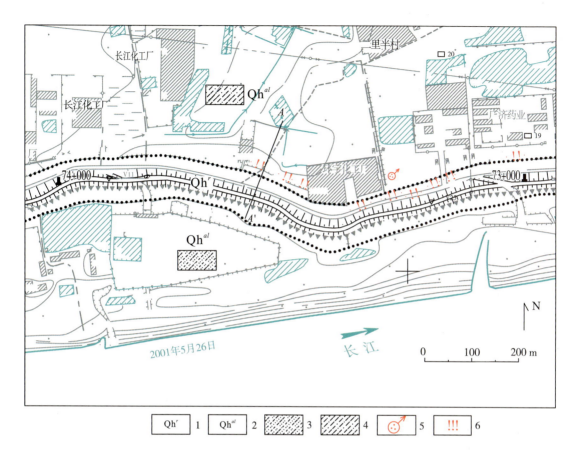

1.第四系全新统人工堆积;2.第四系全新统冲积;3.砂壤土与粉细砂互层;4.砂壤土;5.管涌位置;6.散浸位置

图2.4.14 黄广大堤二里半散浸位置示意图

堤身填土以砂壤土、粉质壤土为主,夹少量粉细砂,砂性土所占比例较大。堤基地质结构为Ⅲ$_2$类,上部为砂壤土、粉细砂,中部为粉质壤土,下部为粉质壤土与粉细砂互层、细砂层,防渗依托层局部厚度偏小或缺失,其中桩号74+000～73+675段为单层结构Ⅰ$_2$类。堤身土主要物理性质及渗透性参数建议值见表2.4.13。钻孔注水试验表明,堤身填土渗透系数为1.0×10^{-4}～9.0×10^{-4} cm/s,具中等透水性。

表2.4.13 黄广大堤二里半堤身土主要物理性质及渗透性参数建议值

土层名称	含水率/%	干密度/(g·cm^{-3})	孔隙比	渗透系数/(cm·s^{-1})
砂壤土	23.7	1.59	0.71	1.0×10^{-4}～9.0×10^{-4}
壤土	23.5	1.61	0.69	5.0×10^{-5}～1.0×10^{-4}
粉质壤土	25.0	1.56	0.80	5.0×10^{-5}～1.0×10^{-4}

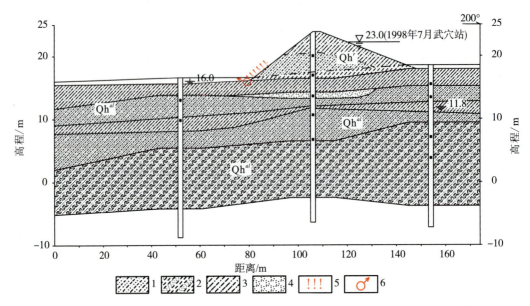

1.砂壤土;2.粉质壤土与细砂互层;3.粉质壤土;4.粉细砂;5.散浸位置示意;6.管涌位置示意

图 2.4.15 黄广大堤二里半散浸工程地质剖面示意图

工程地质勘察认为,堤身填土以砂壤土为主,夹少量的粉细砂,砂性土所占比例较大。在汛期高水位作用下,该堤段易产生渗漏和渗透变形。

2.4.8.3 险情分析

综合分析认为,二里半堤段属典型的砂堤堤基,当长江水位较高时,堤身、堤基均存在渗透稳定问题。该堤段发生散浸险情的水头均为4m多,说明堤身、堤基的渗透性不强。

该段堤防进行防渗处理宜综合考虑堤身与堤基。对于堤基,由于中部黏性土层分布的不稳定性,不能采取垂直防渗措施,更不能将局部分布的黏性土层作为防渗依托层进行垂直防渗处理。

2.4.9 安庆市堤汪家墩散浸

2.4.9.1 险情概况

安庆市堤下游段为原广济江堤的上段(桩号 5+687~18+837 段),长 13.15km。1870年、1954年分别于桩号 8+587~8+837 段及桩号 10+487~10+887 段溃口。1998年汛期,发生险情12处,其中散浸6处,累计堤段长度3300m,占土堤总长的20.7%,管涌3处。其中,1998年汛期汪家墩(桩号 15+037~15+137 段)堤身与堤基接触带发生的散浸险情,散浸宽30m,其平面位置见图2.4.16。

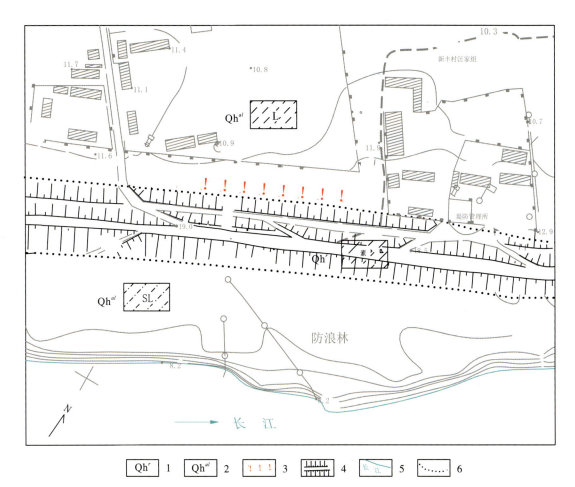

| Qh^r | 1 | Qh^{al} | 2 | ！！！ | 3 | ⊥⊥⊥⊥ | 4 | 长江 | 5 | ······ | 6 |

1.第四系全新统人工堆积；2.第四系全新统冲积；3.散浸位置；4.堤防；5.长江；6.岩性界线

图 2.4.16　安庆市堤汪家墩散浸平面位置示意图

2.4.9.2　地形地质

该段江堤堤顶高程 18～19m，堤顶宽约 6m，堤身高 6～8m，堤内地面高程 10～12m。距堤内 100～200m 范围内分布众多鱼塘，塘深 1～3m。堤外滩宽 80～100m，地面高程 10～12m。

堤身填土主要由黏土、粉质黏土、粉质壤土、壤土及少量砂壤土和粉细砂组成。根据钻孔资料，堤身砂性土含量 19%。堤基上部为粉质黏土，厚 5.0～8.0m，下部为厚度较大的粉细砂，典型地质剖面详见图 2.4.17，堤身填土主要物理性质及渗透性参数建议值见表 2.4.14。

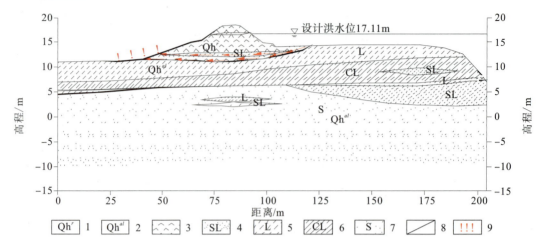

1.第四系全新统人工堆积；2.第四系全新统冲积；3.素填土；4.砂壤土；5.壤土；6.粉质黏土；7.粉细砂；8.岩性界线；9.散浸位置示意

图 2.4.17　汪家墩堤身散浸地质剖面图

表 2.4.14　汪家墩堤段堤身填土主要物理性质及渗透性参数建议值

土层名称	天然含水率/%	干密度/(g·cm^{-3})	渗透系数/(cm·s^{-1})
黏土	26.7～35.8	1.38～1.58	3.94×10^{-6}～2.10×10^{-3}
粉质黏土	21.7～40.1	1.31～1.68	
粉质壤土	18.2～35.4	1.38～1.61	
壤土	15.2～21.1	1.54～1.65	

2.4.9.3　险情分析

堤身填土以粉质壤土为主，局部夹有砂壤土及粉细砂，呈团块状分布，堤身填土的密实度变化不大，钻孔注水试验测得的渗透系数局部偏大。

从堤基地质条件出发，结合历史筑堤方法，可以得出以下结论：该段堤身填土中虽然夹有砂性土团块，但其分布是分散性的，不构成连续成层的、连通堤内外的渗透通道，堤身的防渗性能应该基本可以满足要求。

从险情发生的具体位置来看，散浸位于堤内坡脚部，应该是堤身与堤基的结合带存在渗透薄弱部位，也就是初始筑堤时清基不彻底，当江水上涨时，江水通过渗透薄弱带渗透至堤内坡脚形成散浸。

2.4.10　枞阳江堤永丰圩堤段散浸

2.4.10.1　险情概况

永丰圩是枞阳江堤险情多发段。桩号 27+700～36+000 段崩岸不断发生，1998 年前的

50年间,岸线崩退1000余米,江堤曾3次退建。1998年洪水,该堤段规模较大的险情有38处,其中管涌22处、散浸16处。1998年7月3日,长江水位上涨到16.03m时,在桩号39+550~39+750段发生散浸,如图2.4.18所示。

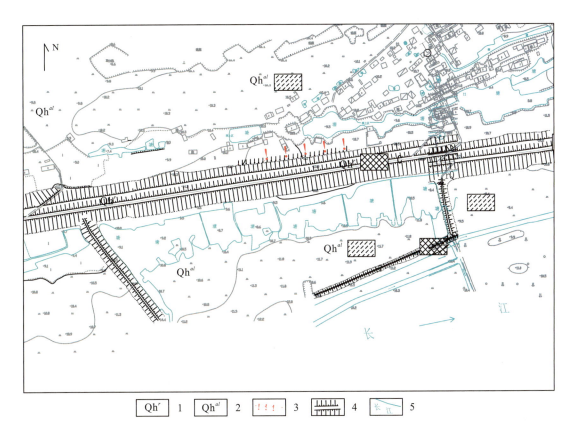

1.第四系全新统人工堆积;2.第四系全新统冲积;3.散浸位置;4.堤防;5.长江

图2.4.18 枞阳江堤永丰圩散浸险情位置平面示意图

2.4.10.2 地形地质

该段堤顶高程17.0m,堤高7.7m,堤顶宽10.0m,堤内戗台高程13.2m,宽度4.0m。堤内戗台以上坡比1:3,以下坡比1:4,堤外坡比1:2.5。堤内地面高程9.5~11.4m,近堤处沟塘绵延,水深1~3m;堤外地面高程8.6~12.3m,外滩宽200~300m,分布较多沟塘,深1~2.5m不等。该段河势为平顺冲刷段,河势较稳定。

出险堤段堤身填土由黏土、粉质黏土组成,堤身填土物理性质较好,抗渗能力高。枞阳江堤是在老圩埂的基础上逐步加高培厚形成的,早期堤防填筑时未清基,典型横剖面见图2.4.19,堤身填土主要物理力学性质及渗透性参数建议值见表2.4.15。

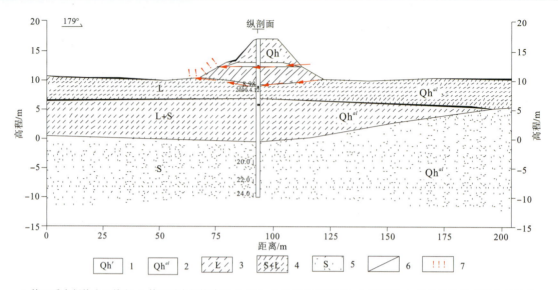

1.第四系全新统人工堆积；2.第四系全新统冲积；3.壤土；4.砂壤土夹粉细砂；5.粉细砂；6.岩性界线；7.散浸位置示意

图 2.4.19　枞阳江堤永丰圩散浸工程地质横剖面示意图

表 2.4.15　枞阳江堤永丰圩堤身土主要物理力学性质及渗透性参数建议值

土层名称	天然含水率/%	干密度/(g·cm^{-3})	孔隙比	固结快剪		压缩系数/MPa^{-1}	渗透系数/(cm·s^{-1})
				黏聚力/kPa	内摩擦角/(°)		
黏土、粉质黏土	21.9～30.4	1.49～1.69	0.62～0.82	30～44.4	16.8～27.8	0.22～0.34	1×10^{-6}

2.4.10.3　险情分析

综上所述，本散浸险情发生的原因可能有两个：一是堤身与堤基接触带存在薄弱部位；二是堤基浅层黏性土中夹有砂性土薄层。

出险堤段堤基具典型的二元结构，属 Ⅱ$_2$ 类，上部为粉质壤土、粉质黏土夹薄层细砂，厚度一般为 8.0～10.0m，最厚处达 17m；下部为厚层粉细砂、中粗砂等。工程地质分类为 B 类堤段。工程地质勘察表明，存在通过堤基上部砂性土夹层产生浅层堤基渗透破坏的隐患，建议进行防渗处理。

本段堤身加固方法采用锥探灌浆，灌浆孔沿堤顶中心线布置 3 排，呈梅花形布置，孔距 2.0m，排距 1.7m，灌浆孔一般深入堤防内外脚线以下 0.5m，同时在堤防内侧堤顶下 3m 处设置 5m 宽的压浸平台。

2.4.11　芜湖江堤繁昌江堤散浸

2.4.11.1　险情概况

芜湖江堤由江堤和圩堤组成，1954 年特大洪水期间，圩堤多次溃口。1998 年、1999 年，繁昌江堤发生险情28处，其中散浸9处，管涌19处。1999年7月23日，在繁昌江堤桩号22+942～23+042段发生散浸险情，位于内坡脚10～25m范围内。出险时江水位11.30m，现场抢险采取开沟排渗的处理措施。

2.4.11.2 地形地质

该段堤防堤顶高程11.6～14.5m，堤高5.5～8.0m，堤内坡比为1∶2～1∶3，堤外坡比1∶2.5～1∶4。堤内地面高程6.8～8.2m，堤外地面高程6.8～8.0m。外滩宽度约100m，局部无外滩。堤内沿堤线50～150m范围内坑塘众多，呈不连续分布。

根据钻孔资料，堤身填土中粉质壤土、砂壤土和粉细砂分别占堤身填土总量的38%、15%、47%，其中砂性土含量超过了50%。堤基上部黏性土厚度大于5m，下部为砂性土或粉质壤土与粉细砂互层，典型横剖面见图2.4.20。堤身土主要物理性质及渗透性参数建议值见表2.4.16。

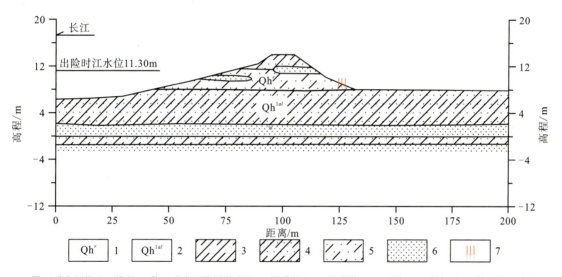

1.第四系全新统人工堆积；2.第四系全新统下段冲积；3.粉质黏土；4.粉质壤土；5.砂壤土；6.粉细砂；7.散浸位置示意

图2.4.20 芜湖繁昌江堤散浸横剖面示意图

表2.4.16 芜湖繁昌江堤堤身土主要物理性质及渗透性参数建议值

土层名称	天然含水率/%	干密度/(g·cm^{-3})	孔隙比	渗透系数/(cm·s^{-1})
粉质壤土	18.0～18.9	1.38～1.52	0.788～0.969	2.79×10^{-6}～5.44×10^{-6}
粉细砂	13.6～16.8	1.18～1.41	0.890～1.282	4.26×10^{-5}～3.24×10^{-4}

2.4.11.3 险情分析

从表2.4.16可以看出，堤身填筑的砂性土不仅钻孔注水试验测得的渗透系数较大，而且填筑的密实度也偏低,出险时江水位高出堤内地面仅 4m 左右。因此该堤段散浸险情的发生主要是堤身砂性土占比大,系堤身填土渗透系数较大所致。

2.4.12 马鞍山长江干堤当涂堤段散浸

2.4.12.1 险情概况

1998 年汛期高水位期间,当涂堤段共发生险情 3 处,主要为渗漏和散浸。其中,发生在桩号 36+900 处的散浸险情,表现为堤坡下半部渗漏明显,堤脚松软,渗水量较大,出险时长江水位 10.60m。出险后采取了开沟导渗的处理措施。

2.4.12.2 地形地质

该段堤顶高程 11.7～12.6m,堤顶宽度 7～10m,堤内坡比为 1:2.5～1:3。堤内地面高程 6～7m。水塘、沟渠分布众多。无外滩。

该段堤防堤身填土主要为粉质壤土,局部夹砂壤土。堤基具二元结构,上部粉质黏土、粉质壤土厚 2.2～6.1m,下部为粉细砂及粉质壤土与粉细砂互层。工程地质勘察表明,出险段堤基工程地质条件较差,工程地质分类属 C 类,并建议对堤身、堤基进行防渗处理。典型横剖面见图 2.4.21,堤身土主要物理性质及渗透性参数见表 2.4.17。

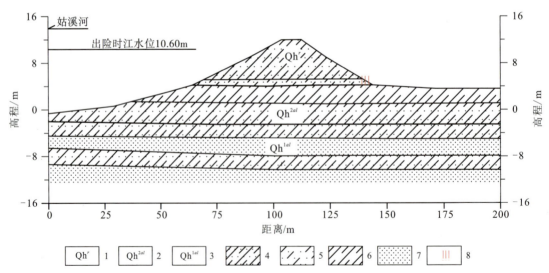

1.第四系全新统人工堆积;2.第四系全新统上段冲积;3.第四系全新统下段冲积;4.粉质黏土;5.粉质壤土;6.砂壤土;7.粉细砂;8.散浸位置示意

图 2.4.21 马鞍山长江干堤当涂散浸险情横剖面示意图

表 2.4.17　马鞍山长江干堤当涂堤段堤身土主要物理性质及渗透性参数建议值

土层名称	天然含水率/%	干密度/(g·cm^{-3})	孔隙比	渗透系数/(cm·s^{-1})
粉质壤土	22.4～42.6	1.26～1.61	0.66～1.12	1.4×10^{-6}～8.3×10^{-4}

2.4.12.3　险情分析

该堤段堤基表层黏性土较薄，历史筑堤就近取土，致使堤身填土中夹杂有砂性土包裹体；其次，从表 2.4.17 可以看出，堤身填土物理性质和渗透系数差异大，说明历史筑堤碾压不充分或者没有碾压，部分堤身填土的密实程度较低，干密度小于 1.30g/cm³，孔隙比大于 1.00。因此，该散浸险情的发生是堤身填土的密实程度不满足要求，其中还夹有砂性土包裹体所致。

2.5　堤身裂缝和脱坡险情

2.5.1　荆南长江干堤石首绣林堤身裂缝

2.5.1.1　险情概况

荆南长江干堤石首绣林堤段（桩号 568+420～568+760）为Ⅱ级堤防。据统计，1998 年 7—8 月间的汛期，在 300 多米长的堤段内，共发生堤身险情 4 处。险情主要分布在堤身与堤内脚，其中堤身裂缝 1 处，鼓包 1 处，堤外旋涡 1 处以及散浸、鼓包 1 处。堤身裂缝发生在 1998 年 7 月 7 日，当长江水位达到 38.95m 时，桩号 568+420～568+510 段出现堤顶纵向裂缝险情，裂缝宽 4～5cm，裂缝堤外侧的水泥路面整体下沉 2cm，裂缝可见深度 5～17cm，7 月 12 日宽度达 12cm。出险后采取了坐哨观察、禁止大车通行等措施。堤身裂缝位置见图 2.5.1。

2.5.1.2　地形地质

绣林堤段堤顶高程 38.4～40.0m、堤顶宽度一般 6.0～7.0m，堤身高 6.0～10.0m，堤内、外坡比 1∶3～1∶3.5，堤顶为混凝土路面。

本段为上、下荆江分界处。堤外滩宽度大于 300m，滩面高程 29.8～33.4m，地形较平坦。堤外分布老干堤，长江干堤与老干堤之间为丢家垸。此前，长江干堤有 20 多年未曾挡水。

堤内地势平坦，地面高程 31～33m，比堤外低 1～3m。在堤内脚 200m 范围内，分布 3 条沟渠，其中一条与干堤近于平行，另外两条垂直于干堤，沟渠宽 5～10m，水深 2～3m。堤

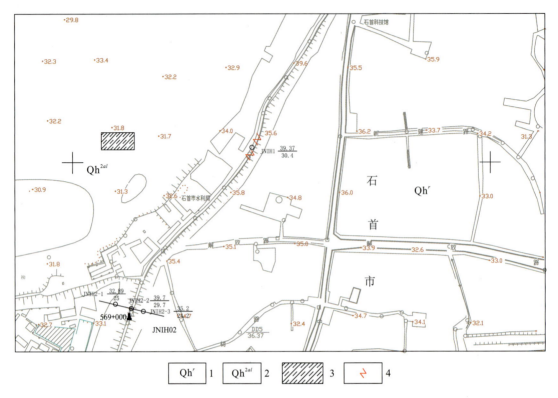

1. 第四系全新统人工堆积；2. 第四系全新统上段冲积；3. 粉质黏土；4. 裂缝位置

图 2.5.1　荆南长江干堤石首绣林堤身裂缝位置示意图

内分布 22 个水塘，主要集中在桩号 570+500～569+100 段，距干堤 100m 左右，水深 1～2m，单个水塘面积一般为 300～2000m²。

堤身土主要为粉质壤土，表层分布 1～2m 厚碎石土。10 个堤顶钻孔中有 2 个钻孔遇砂性土，厚度 0.4～1.2m，堤身砂性土累计进尺占堤身钻孔总进尺的 1.2%。堤身土层主要物理力学性质及渗透性参数建议值见表 2.5.1，地质剖面见图 2.5.2。

表 2.5.1　荆南长江干堤石首绣林堤段堤身土主要物理力学性质及渗透性参数

土层名称	天然含水率/%	干密度/(g·cm⁻³)	孔隙比	固结快剪		渗透系数/(cm·s⁻¹)
				黏聚力/kPa	内摩擦角/(°)	
粉质黏土	29.1	1.50	0.820	10.0～20.0	18.0～20.0	1.28×10^{-5}～4.11×10^{-4}

2.5.1.3　险情分析

工程地质勘察表明，堤基上部为厚 2～5m 的粉细砂层，下部为粉质黏土、粉质壤土，地质结构为 II₃ 类。由于堤基为粉细砂层，堤基工程地质条件较差，为 C 类堤段。堤基没有淤

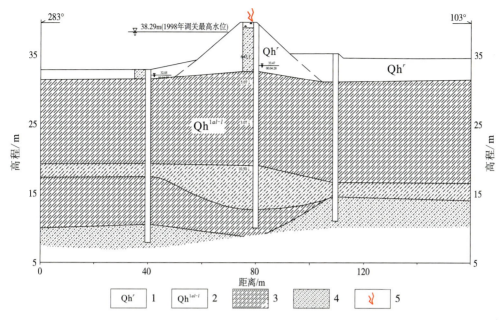

1.第四系全新统人工填土；2.第四系全新统下段冲湖积；3.粉质黏土；4.粉质壤土；5.裂缝位置示意

图 2.5.2　荆南长江干堤石首绣林堤段裂缝地质示意剖面图

泥质土等软土分布，可以排除堤基沉降产生堤身裂缝的可能性。

该段堤身填土主要为粉质黏土、粉质壤土，含有砂性土夹层。由于只有一组土样的试验成果，对堤身填土的物理力学性质变化情况不清楚，难以从堤身填土的物理力学性质来分析裂缝产生的原因。

该裂缝险情发生的范围内，没有发生管涌、漏水洞等险情，因此可以排除渗透破坏导致堤身裂缝产生的可能性。

综上所述，估计裂缝产生的原因有两种。

(1)堤身填土松散，此前 20 多年没有挡水，一经挡水，邻水一侧的堤身填土因浸湿而发生沉降；而背水一侧的填土没有受到水的浸润，两侧堤身填土的沉降差导致了裂缝的产生。

(2)堤身填土松散，抗剪强度本就不高，在江水的浸润下，抗剪强度进一步降低，抗剪强度的降低与水的共同作用导致裂缝的产生。

不论是哪一种原因，险情都与堤身填土质量差有关，其中堤身填土的密实度低是主要原因。

2.5.2　荆南长江干堤章家港堤身裂缝

2.5.2.1　险情概况

1998 年汛期，荆南长江干堤五马口—章华港堤段(桩号 497+680～501+000)共发生堤身险情 18 处，其中散浸 12 处、漏水洞 3 处、堤身裂缝 3 处。

1998年7月5日,当长江水位达到37.65m时,桩号500+100～500+120段出现堤顶纵向裂缝险情,裂缝离堤外肩0.8～1.2m,长20m,宽0.2cm。出险后采取现场加强观察,并计划抽槽进行堤身翻筑。险情位置见图2.5.3。

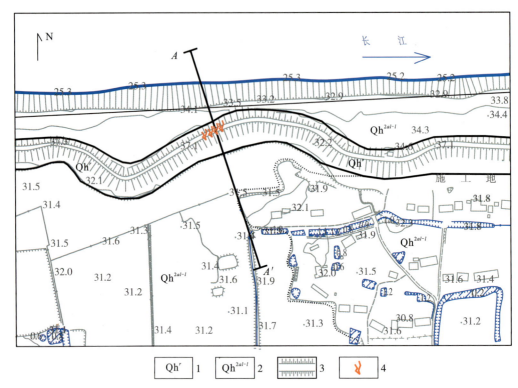

1.第四系全新统人工堆积;2.第四系全新统上段冲湖积;3.堤防;4.裂缝位置

图2.5.3 章家港堤段堤身裂缝险情平面位置示意图

2.5.2.2 地形地质

堤顶高程36.2～38.0m,堤顶宽度5～8m,堤底宽度40～45m,堤身高6～8m,最高10m,堤内、外坡比一般为1:2.5～1:3.5。堤内地面高程29.0～32.0m,距内堤脚70m处有一条沟渠,深2～5m。外滩宽20～60m,滩面高程32～34.5m。岸坡以平顺冲刷为主,局部堤段迎流顶冲。

堤身填土主要为粉质壤土、粉质黏土、砂壤土及少量粉细砂,砂性土占堤身总进尺的24.2%。堤基为多层地质结构(Ⅲ类),上部主要由粉质黏土、粉质壤土组成,含有机质,厚5～9m;下部为粉细砂与粉质壤土互层。地质剖面见图2.5.4,堤身各土层主要物理力学性质及渗透性参数建议值见表2.5.2。

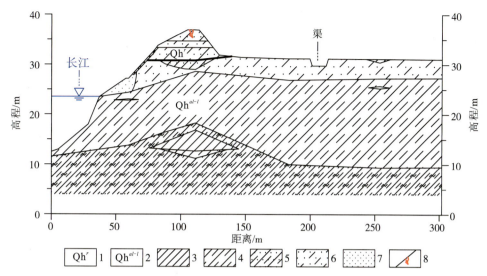

1.第四系全新统人工堆积;2.第四系全新统冲湖积;3.黏土;4.粉质黏土;5.粉质壤土;6.砂壤土;7.粉细砂;8.裂缝位置示意

图 2.5.4　荆南长江干堤章家港堤身裂缝险情剖面示意图

表 2.5.2　章家港堤身土主要物理力学性质及渗透性参数建议值

土层名称	天然含水率/%	干密度/(g·cm^{-3})	孔隙比	固结快剪		渗透系数/(cm·s^{-1})
				黏聚力/kPa	内摩擦角/(°)	
粉质黏土	31.7	1.44	0.910	18.0~24.0	20.0~22.0	6.12×10^{-6}
粉质壤土	26.6	1.52	0.780	7.0~13.0	22.0~26.0	1.59×10^{-5}

2.5.2.3　险情分析

工程地质勘察表明,该段堤基地质结构为Ⅲ$_1$类,堤基上部以粉质黏土为主,表层夹有厚 1.0~4.2m 砂壤土;下部为淤泥质粉质黏土,埋深 12~18m。堤防高度 6~8m,堤基粉质黏土黏聚力 29~31kPa,内摩擦角 11°~16°;淤泥质粉质黏土黏聚力 13~30kPa,内摩擦角 10°~15°。因此,堤身裂缝不可能是由堤基软土层的沉降引起的。

堤身填土的物理性质差异不太大,粉质黏土天然含水率 24.0%~33.2%,干密度 1.41~1.63g/cm^3,孔隙比 0.66~0.93;粉质壤土天然含水率 23.7%~34.8%,干密度 1.40~1.62g/cm^3,孔隙比 0.68~0.95。两种土的抗剪强度均较高,均属中等压缩性,压缩系数小于 0.3MPa^{-1}。如果堤身本身密实度差异造成裂缝,则裂缝不应该是沿一个方向规则地平顺延伸的。

综合分析认为,裂缝产生的原因是不同时期填筑的堤身结合面,在汛期江水长期浸泡下,结合缝两侧填土产生微弱的不均匀变形。裂缝出现在 1998 年汛期的中期,险情发现后并未再见到进一步发展的记录,说明险情危害性不大,不需要进行专门的处理。

2.5.3 咸宁长江干堤嘉鱼三合垸堤内脱坡

2.5.3.1 险情概况

咸宁长江干堤嘉鱼堤段属 2 级堤防，为历史民垸和民堤逐步连接、加高培厚而成。据不完全统计，1998 年汛期，三合垸发生堤身散浸 2 处，清（浑）水洞 3 处，裂缝 1 处。1999 年汛期发生堤身散浸 58 处，累计堤长 5781m；堤顶纵向裂缝 9 条，累计长 290m；桩号 314＋470 段一处白蚁洞附近出现清水漏洞 3 处。

1998 年汛期，嘉鱼堤段桩号 311＋300～311＋700 段，当长江水位达 33.69m（吴淞高程）时，堤身发生内脱坡（图 2.5.5），出险高程 30.5～31.5m，裂缝长 195m，同时堤身发生严重散浸。出险后采取了"内压外帮"的抢险措施。

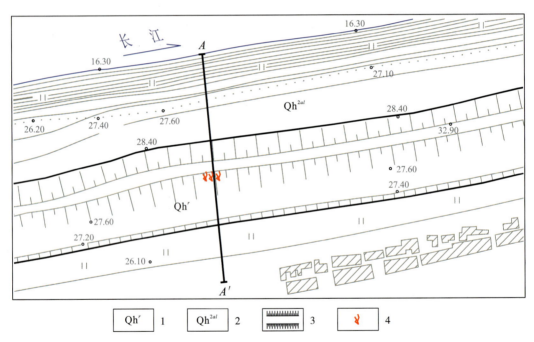

1.第四系全新统人工堆积；2.第四系全新统上段冲积；3.堤防工程；4.裂缝位置

图 2.5.5　嘉鱼堤段三合垸堤内脱坡险情平面位置示意图

2.5.3.2 地形地质

此段堤防堤顶高程 31.50～32.30m，堤顶宽 6m，堤内、外坡比均为 1∶3，堤内压浸台宽 25～30m。堤外滩窄，一般滩宽小于 100m，高程 27.4～28.4m；堤内地面高程一般在 25.4m 左右，部分坑塘紧邻堤脚分布，近堤脚处有民居。

堤身填土以粉质黏土为主，黏土、壤土次之，夹少量粉细砂或砾砂，局部含砖块、碎石等杂物。根据钻孔资料,在堤顶 76 个钻孔中,钻遇砂性土的钻孔 48 个,约占本堤段堤顶钻孔总数的 63.1%;砂性土累计进尺 28.8m,占堤身土总进尺的 5.5%;单孔揭示砂壤土、粉细砂累计厚度一般小于 0.6m,其中桩号 316+700~315+400 段厚度一般在 1m 左右。地质剖面见图 2.5.6,堤身各土层主要物理力学性质及渗透性参数建议值见表 2.5.3。

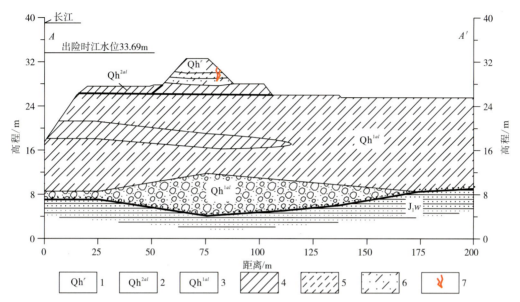

1.第四系全新统人工堆积;2.第四系全新统上段冲积;3.第四系全新统下段冲积;4.黏土;5.粉质黏土;6.壤土;
7.裂缝位置示意

图 2.5.6　嘉鱼堤段三合垸脱坡险情横剖面示意图

表 2.5.3　嘉鱼堤段三合垸堤身土主要物理力学性质及渗透性参数建议值

土层名称	天然含水率/%	干密度/(g·cm⁻³)	孔隙比	固结快剪		渗透系数/(cm·s⁻¹)
				黏聚力/kPa	内摩擦角/(°)	
壤土	26.3~36.7	1.35~1.54	0.755~1.025	10.5~18.0	21.8~24.5	1.43×10⁻⁵~1.58×10⁻⁴
粉质壤土	21.4~35.2	1.36~1.58	0.770~0.983	12.0~19.7	23.1~26.7	
粉质黏土	26.5~34.0	1.41~1.54	0.768~0.935	20.7~31.6	14.7~21.8	
黏土	27.8~39.6	1.33~1.52	0.794~1.069	20.5~37.0	13.0~19.2	

2.5.3.3　险情分析

脱坡险情发生的堤段,堤身填土中不仅含有较多砂性土,而且从表 2.5.3 中可以看出,各类堤身填土的物理力学性质差异较大,说明填土的密实程度差异较大。从钻孔注水试验成果来看,渗透系数跨越两个数量级,属弱到中等渗透性。此外,从 1998 年险情资料可见,脱坡险情发生堤段附近发生过白蚁洞穴漏水的险情,说明该堤段存在白蚁洞穴。

综上所述，该段堤身存在 3 种隐患：①砂性土包裹体或夹层，②部分堤身填土密实程度低，③生物洞穴。

脱坡险情发生前，该堤段已发生散浸险情，可以肯定的是散浸险情的发生与上述 3 种堤身隐患有着直接的关系，散浸险情发生后，堤身土在渗透水的作用下抗剪强度降低，这是脱坡险情发生的另一个原因。

相关研究表明，当土从低含水率状态下逐步浸湿时，黏聚力随含水率的增加而增大；当含水率达到某一界限值时（不同的土这一界限值不同），黏聚力达到最大值；超过这一界限值，黏聚力反而随着含水率的继续增加而不断减小。内摩擦角则不同，随着含水率的增加几乎是呈线性减小。

2.5.4　武汉江堤军山堤裂缝

2.5.4.1　险情概况

武汉江堤军山堤属 2 级堤防。现有堤防是在民堤的基础上经多次加培形成的。1998 年汛期，军山堤共发生险情 25 处，其中散浸 9 处、管涌 7 处、堤身裂缝 3 处、浪坎 2 处、清水洞 1 处、脱坡 1 处、穿堤涵闸险情 2 处。1998 年 7 月 31 日，在军山堤桩号 339+730～339+738 段堤面出现长 8m、宽 1～4mm 的纵向不规则裂缝。险情位置见图 2.5.7。

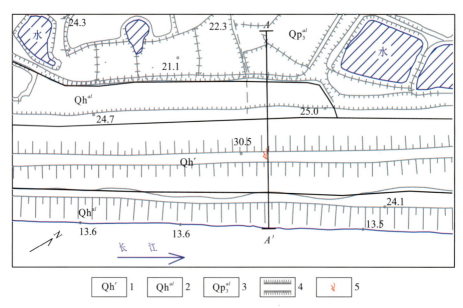

1.第四系全新统人工堆积；2.第四系全新统冲积；3.第四系上更新统冲积；4.堤防工程；5.裂缝位置

图 2.5.7　武汉江堤军山堤裂缝险情平面位置示意图

2.5.4.2 地形地质

该段堤顶高程29.8～30.5m,堤顶宽度7～8m,堤身高度约7m。堤内坡比1∶3,堤外坡比1∶2～1∶3。堤内侧设有一级压浸台,堤外侧设有铺盖和浆砌块石护坡。外滩宽度50～100m,堤内坑塘、沟渠零散分布。

该段堤身表层分布有厚0.5～3.0m的红色黏土夹少量碎块石,其下主要为粉质壤土,局部为壤土、粉质黏土,分布不均,厚度2～4m。堤基自上而下为粉质壤土、壤土,分布不均,厚度2～4m;下部为黏土、粉质黏土,下伏白垩系基岩(K)。堤身地质结构见图2.5.8,堤身土层主要物理力学性质及渗透性参数建议值见表2.5.4。

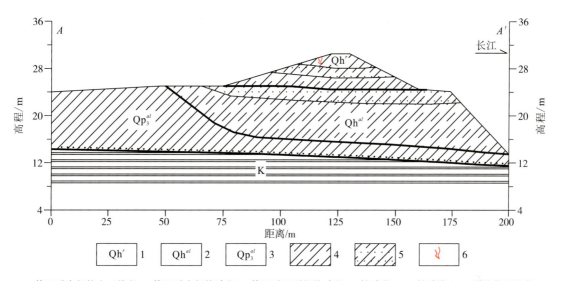

1.第四系全新统人工堆积;2.第四系全新统冲积;3.第四系上更新统冲积;4.粉质黏土;5.粉质壤土;6.裂缝位置示意

图2.5.8 武汉江堤军山堤裂缝险情地质横剖面示意图

表2.5.4 武汉江堤军山堤堤身填土主要物理力学性质及渗透性参数建议值

土层名称	天然含水率/%	干密度/($g \cdot cm^{-3}$)	孔隙比	固结快剪		渗透系数/($cm \cdot s^{-1}$)
				黏聚力/kPa	内摩擦角/(°)	
粉质黏土	24.5～28.6	1.45～1.50	0.74～0.81	19～31	22.4～27.3	3.8×10^{-5}
粉质壤土	20.8～34.1	1.42～1.59	0.70～0.96	9～25	21.4～35	$1.5 \times 10^{-6} \sim 3.2 \times 10^{-4}$
壤土	17.2～19.6	1.48～1.50	0.80～0.82	4	28.4	$1.5 \times 10^{-6} \sim 9.1 \times 10^{-6}$

2.5.4.3 险情分析

该段堤防堤基为均一黏性土结构,因此堤身填土也比较均一,主要为粉质壤土,局部为粉质黏土或壤土。从表2.5.4中可以看出,堤身填土的物理力学参数和渗透性参数差异不是很大,总体质量较好。1998年汛期前,堤顶普遍填筑有0.5~3.0m的红色黏土夹少量碎块石,土质不均。

从裂缝的形态看,该裂缝长度仅8m,呈不规则状延伸。因此,裂缝产生的原因应当是堤顶新填筑的含碎石黏土,由于土质不均(密实度也可能不均)而产生少量差异沉降。裂缝长度、宽度均不大,推断其深度也不大,由于含碎石黏土分布在堤顶,对堤防的危害较小。

2.5.5　黄冈长江干堤黄洲堤裂缝

2.5.5.1　险情概况

黄冈长江干堤黄州堤位于长江左岸,属2级堤防,全长45.5km,其中包括部分自然堤或河口。1997年春秋季节进行堤防普查时,发现堤身有白蚁活动。1998年发生特大洪水,堤身共出现险情41处,其中脱坡16处、堤身裂缝14处、浪坎11处。1999年汛期共出现浪坎11处、堤身裂缝、脱坡及穿堤管漏水各1处。1998年和1999年,黄洲堤内坡脚、内坡共发生散浸54处;1998年汛期,黄冈长江干堤黄州堤桩号231+065~231+100段发生堤顶裂缝,裂缝沿大堤轴向延伸,裂缝长35m,宽5~6mm,深0.5m,出险时水位27.52m(吴淞高程)。险情位置见图2.5.9。

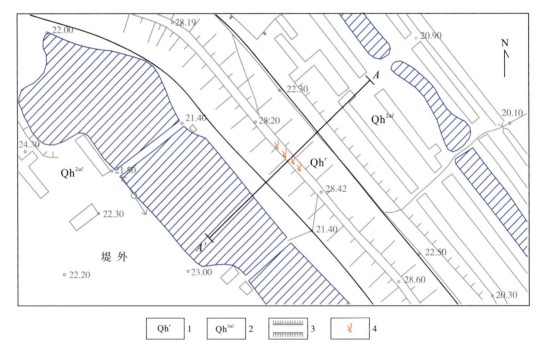

1.第四系全新统人工堆积;2.第四系全新统上段冲积;3.堤防工程;4.裂缝位置示意

图2.5.9　黄洲堤裂缝险情平面位置示意图

2.5.5.2 地形地质

该段堤顶高程 25.2～28.2m,堤顶宽度 7～9m,堤身高度 5～7m。堤内、外坡比均为 1∶3。外滩宽度 100～400m,堤内脚为公路及街道、民宅,建筑密集,距堤内脚 50～70m 断续分布有带状水塘。

该段堤身填土主要为粉质壤土、粉质黏土,零星分布砂壤土、粉细砂。堤基主要为粉质壤土、粉质黏土、黏土夹砂壤土透镜体。地质横剖面见图 2.5.10,堤身土层主要物理力学性质及渗透性参数建议值见表 2.5.5。

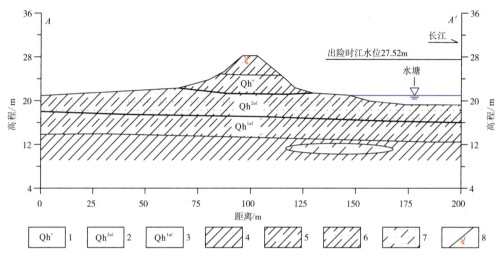

1.第四系全新统人工堆积;2.第四系全新统上段冲积;3.第四系全新统下段冲积;4.黏土;5.粉质黏土;6.粉质壤土;7.砂壤土;8.裂缝位置示意

图 2.5.10　黄州堤裂缝险情横剖面示意图

表 2.5.5　黄州堤堤身土层主要物理力学性质及渗透性参数建议值

土层名称	天然含水率/%	干密度/$(g \cdot cm^{-3})$	孔隙比	固结快剪		渗透系数/$(cm \cdot s^{-1})$
				黏聚力/kPa	内摩擦角/(°)	
粉质壤土	22.3～26.3	1.57～1.62	0.675～0.746	12.3～24.7	25.7～32.4	5.7×10^{-6}～
粉质黏土	21.8～28.4	1.51～1.66	0.650～0.809	13.9～33.1	20.5～29.5	4.4×10^{-3}

2.5.5.3 险情分析

该段堤基为多层结构,但上部黏性土厚度较大(7.6～20.0m),堤基工程地质条件较好。1998 年和 1999 年,黄洲堤险情多发,主要为散浸、脱坡和堤身裂缝,在该裂缝险情堤段及其附近,没有管涌险情发生。此外,在该裂缝险情所在堤段的上、下游附近,共发生裂缝险情 5 处、脱坡险情 7 处。

由表 2.5.5 可知,堤身填土物理力学和渗透性参数差异性较大,填筑质量总体较差,首先导致散浸险情的发生;然后散浸险情导致堤内坡脚一定范围内填土的抗剪强度降低;最后,堤身填土抗剪强度降低到一定程度,堤坡发生滑动破坏,部分破坏较严重的表现为脱坡,部分不太严重的表现为堤顶裂缝。

2.5.6 昌大堤四房湾堤身脱坡

2.5.6.1 险情概况

四房湾是昌大堤最为重要的险工险段之一,下起刘家渡,上至袁家大户,相应堤防桩号 67+800～70+300,全长 2.5km,历史堤防曾被迫退挽 8 次,使四房湾原"一"字形的堤线变成了现在的半月形。1998 年洪水期间共发生险情 47 处,其中散浸 37 处、管涌 6 处、脱坡 2 处、崩岸 1 处、漏洞 1 处,其中四房湾脱坡险情发生在桩号 69+530～69+600 段,险情位置见图 2.5.11。1998 年 7 月 21 日,外江水位 22.5m,桩号 69+560～69+580 平台脚出现散浸险情;随着水位增高,散浸位置增多;当外江水位超过 24m 时,桩号 69+530～69+600 普遍发生散浸险情,随着暴雨持续,险情进一步恶化,于 8 月初发生脱坡险情。

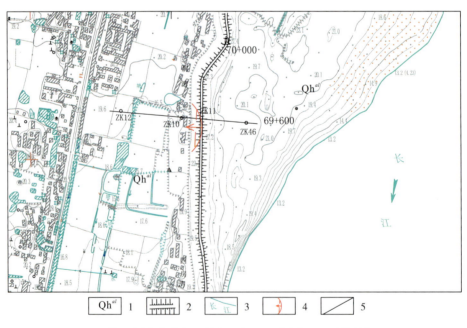

1.第四系全新统冲积;2.堤防;3.长江;4.脱坡位置;5.岩性界线

图 2.5.11 昌大堤四房湾脱坡险情位置示意图

2.5.6.2 地形地质

该段堤顶高程 27.2～27.4m,堤面宽 8m,堤内、外坡比均为 1:3,堤高 6～8m。外滩宽度 100～300m,向下游深泓逼岸,河道呈内凹的半月形,河漫滩高程 18.3～20.1m。堤内地形平坦,主要为农田,堤脚分布有住宅,地面高程 16.7～19.6m,距堤内脚约 200m 断续分布有沟塘。

该段堤身填土以壤土、砂壤土为主,局部夹黏土、粉细砂。填土呈疏松或稍密状态。

堤基地质结构为 $Ⅱ_2$ 类。上部为壤土和砂壤土夹黏土,呈可塑,局部分布有淤泥质壤土。壤土、砂壤土厚度变化大,层厚 6～13m,其物理力学性质指标变化亦较大。下部砂层以粉细砂为主,夹砂壤土、壤土,总厚度 20～29m。典型地质横剖面见图 2.5.12,堤身土主要物理力学性质及渗透性参数建议值见表 2.5.6。

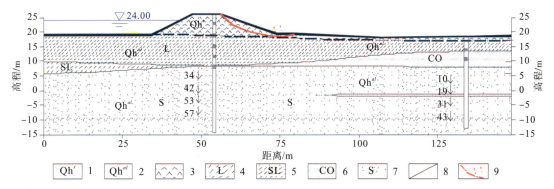

1.第四系全新统人工堆积;2.第四系全新统冲积层;3.素填土;4.壤土;5.砂壤土;6.淤泥质壤土;7.粉细砂;8.岩性界线;9.散浸及脱坡位置示意

图 2.5.12　昌大堤四房湾脱坡工程地质剖面图

表 2.5.6　昌大堤堤身土层主要物理力学性质及渗透性参数建议值

土层名称	天然含水率/%	干密度/(g·cm^{-3})	孔隙比	固结快剪		渗透系数/(cm·s^{-1})
				黏聚力/kPa	内摩擦角/(°)	
壤土	23.35	1.6	0.691	14.8	13.5	6.7×10^{-6}～5.6×10^{-5}
砂壤土	17.9	1.64	0.637	—	—	

2.5.6.3　险情分析

该段堤基为上黏性土下砂层双层结构,历史险情多发,1998年汛期更是大险频繁,反映了该堤段地基土体抗渗性差,抗冲刷力弱,堤基工程地质条件差。

首先,堤身填土质量差,填土孔隙比大,土质松散,透水性较好或抗渗性差,外江水位刚到堤脚就导致散浸险情的发生,从而使堤内坡脚一定范围内的填土抗剪强度降低。其次,该堤段是长江双向环流的右汊行洪段,深泓逼岸,河流深切穿过上部黏性土层与下部含水层紧密联系,地下水位与江水位几乎同步升降,形成了地下良好的入渗补给与排泄条件。在高水头的长期作用下,堤身土处于浸润线下的部分处于饱和状态,其物理力学性质进一步恶化。

此外,1998年洪水期间降雨不断,也是导致脱坡发生的因素之一。总之,该险情是在堤脚散浸、持续高水位和暴雨共同作用下引发的,是各种因素共同作用的结果。

2.5.7 黄广大堤八户塘堤身裂缝

2.5.7.1 险情概况

据不完全统计,1998年、1999年汛期,八户塘所在堤段险情接连不断,其中散浸险情15处、管涌险情1处、堤身裂缝险情3处、浪坎险情2处。

1998年8月24日,长江水位23.48m时,黄广大堤八户塘(桩号76+320～76+303)发生堤身裂缝险情,裂缝距外堤肩0.4m,内堤肩11.6m,高程25.2m,宽2～3mm,深0.2m,如图2.5.13所示。出险后用彩条布铺盖,坐哨观察。

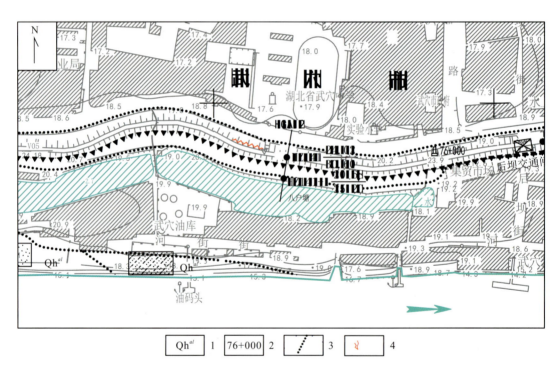

1.第四系全新统冲积;2.桩号;3.堤防界线;4.裂缝位置

图2.5.13 黄广大堤八户塘堤段裂缝平面位置示意图

2.5.7.2 地形地质

本段堤防堤顶高程24.20～24.50m,堤顶宽6～8m,两侧均有高1～3m的压浸平台,内、外坡比一般为1∶3。堤外滩宽140～200m,滩面高程17.50～19.50m,距大堤外脚25～50m范围内有水塘分布,其中八户塘长800m,宽40～50m,深1.5～3m,直接浸泡堤脚,对堤身安全危害较大。

堤身土主要为粉质壤土、黏土、粉质黏土、砂壤土夹少量粉细砂,表层为砂石路面。堤身钻孔中砂性土含量较大,其中桩号 77+620～74+000 段钻孔砂性土比例为 41.5%。典型地质剖面如图 2.5.14 所示,堤身土物理性质及渗透性参数建议值见表 2.5.7。

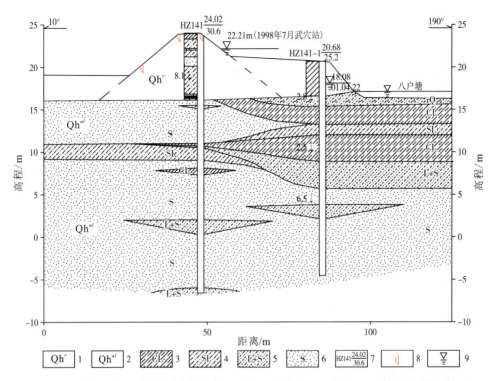

1. 第四系全新统人工堆积;2. 第四系全新统冲积;3. 黏土、粉质黏土;4. 砂壤土;5. 黏性土夹薄层粉细砂;
6. 粉细砂;7. 钻孔(m);8. 堤身裂缝位置示意;9. 水位

图 2.5.14 黄广大堤八户塘堤身裂缝横剖面示意图

表 2.5.7 黄广大堤八户塘堤身土主要物理性质及渗透性参数建议值

土层名称	天然含水率/%	干密度/(g·cm^{-3})	孔隙比	渗透系数/(cm·s^{-1})
黏土	22.0～28.5	1.54	0.65	7.2×10^{-6}～5.0×10^{-5}
粉质壤土	18.5～28.5	1.56	0.82	2.6×10^{-6}～1.3×10^{-4}

工程地质勘察表明,由于堤身土密实程度不均,局部夹有砂性土,部分堤段土体渗透性较大,导致汛期出现堤身裂缝等险情,因此建议对堤身进行防渗处理。

2.5.7.3 险情分析

综合分析认为,本裂缝险情发生的原因可能有三个方面:一是堤身填土混杂,压实度不佳,透水性较强;二是险情发生时长江水位已达 23.48m,距堤顶不足 1m,堤防已经受了长时间浸泡,堤身填土会产生轻微的沉降;三是堤外近堤脚分布水塘,塘深1.5~3.0m,堤基微量变形可能在堤顶会有所反映。从险情描述来看,裂缝宽度很小,基本与堤防轴线平行,而且裂缝在后续的汛期并没有进一步发展,对堤防的危害性较小。

2.5.8 九江长江干堤赤心堤脱坡

2.5.8.1 险情概况

赤心堤位于长江右岸,上接梁公堤,下接永安堤,为2级堤防。据不完全统计,1998年汛期赤心堤共出现堤身险情9处,其中8处为散浸险情,1处为裂缝、脱坡险情。

该脱坡险情位于赤心堤桩号15+166处,首先是堤内坡发生散浸险情,随后发展为堤内脚脱坡,险情平面位置见图2.5.15。险情发生后,对该段堤身进行了锥探灌浆处理,提高堤身填土的抗渗能力和抗剪强度,取得了良好的效果。

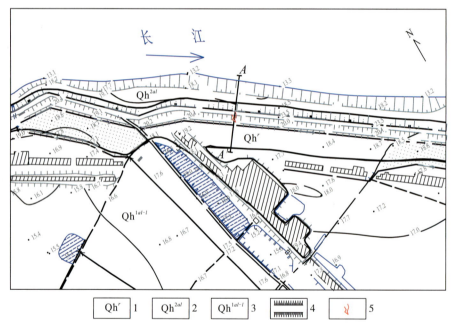

1.第四系全新统人工堆积;2.第四系全新统上段冲积;3.第四系全新统下段冲湖积;4.堤防工程;5.裂缝位置示意

图 2.5.15 赤心堤裂缝险情位置示意图

2.5.8.2 地形地质

该段堤顶高程23.2~23.8m,堤顶宽8m,堤高7.0m,堤顶为沥青路面,临堤外侧设"L"形悬臂式钢筋混凝土防浪墙。堤内、外坡比均为1:3.0,堤外坡钢筋混凝土面板护坡,堤内坡草皮护坡,并在堤顶下3m处设宽6m的马道。堤内地面高程17.5~19.5m,堤外漫滩宽0~50m。

堤身填土主要由粉质黏土、粉质壤土组成,局部为砂壤土或粉细砂。在堤身 24 个钻孔中,夹砂壤土、粉细砂的钻孔有 16 个,约占钻孔总数的 67%,主要分布于桩号 9+480～14+958 段;砂性土累计岩芯长度 12.4m,占堤身土总岩芯长度的 7.3%;单孔揭示砂壤土、粉细砂累计厚度一般小于 0.5cm,其中 ZK753 钻孔和 CXD2 钻孔揭示砂壤土、粉细砂厚度分别为 3m 和 2.5m。地质剖面见图 2.5.16,堤身填土主要物理力学性质及渗透性参数建议值见表 2.5.8。

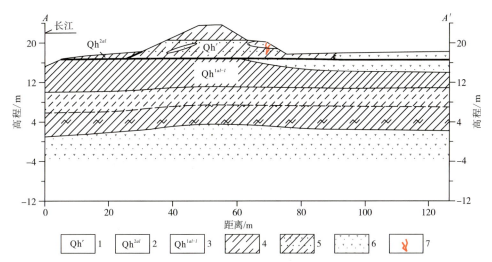

1.第四系全新统人工堆积;2.第四系全新统上段冲积;3.第四系全新统下段冲湖积;4.粉质黏土;5.粉质壤土;6.中粗砂;7.裂缝脱坡位置示意

图 2.5.16 赤心堤裂缝脱坡险情地质剖面示意图

表 2.5.8 赤心堤堤身土主要物理力学性质及渗透性参数建议值

土层名称	天然含水率/%	干密度/$(g \cdot cm^{-3})$	孔隙比	固结快剪		渗透系数/$(cm \cdot s^{-1})$
				黏聚力/kPa	内摩擦角/(°)	
粉质黏土	25.7	1.56	0.753	16.1～19.6	12.6～17.4	$2.74 \times 10^{-3} \sim 1.19 \times 10^{-4}$
粉质壤土	23.2	1.59	0.714	20.2～21.3	17.9～21.8	$4.38 \times 10^{-3} \sim 3.04 \times 10^{-2}$

2.5.8.3 险情分析

该堤段由于填筑物质混杂,夹有较多砂性土包裹体或薄层,填筑密实度差异较大,因此首先发生散浸险情,散浸险情发生后,堤身填土受到江水的浸润,抗剪强度降低,再加上水的作用,导致脱坡险情的发生。

背水侧发生脱坡后应立即采取补强措施,防止险情进一步发展,否则有溃堤的风险。由于堤防具有挡水功能,不能采取上部减载的措施,而只能采取压脚或反压平台的措施,压脚和反压平台采用渗透性较强的土填筑。由于本险情是堤身渗透引起的脱坡,因此,还应在迎水坡采取截渗措施,减小堤身填土中的渗透压力。此外,在背水坡做导渗沟,加强坡面和坡体排水,降低浸润线。

2.5.9 铜陵江堤西联圩江堤裂缝

2.5.9.1 险情概况

西联圩江堤西起朱家咀岗地,东至顺安河口,之后向南沿顺安河左岸延伸至钟仓与山丘相接,全长17.7km,其中长江干堤长13.42km,属3级堤防。1998年汛期,挡水堤段出现6处堤身险情,包括管涌、散浸及堤身裂缝。

1998年8月15日,桩号9+200~9+230段发生堤身裂缝,裂缝长30m,宽1m,深60cm。裂缝发生时大水漫过万丰圩,水位达到14.3m。出险后,现场采取了开挖回填并夯实的应急抢险措施。险情位置见图2.5.17。

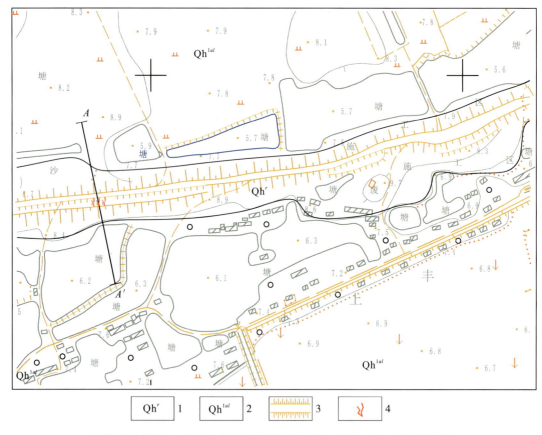

1.第四系全新统人工堆积;2.第四系全新统下段冲积;3.堤防工程;4.裂缝脱坡位置

图 2.5.17 西联圩裂缝险情位置示意图

2.5.9.2 地形地质

出险段堤高 6.6～8.0m,堤顶高程 15m 左右,堤顶宽约 8m,堤内、外坡比 1∶2.0～1∶2.5,外滩宽 500m 左右,堤外筑有子堤。堤内、外地面高程 5.8～8.9m,两侧堤脚附近均分布有鱼塘,塘深 1.0～2.5m。堤内距堤脚 400m 范围内有大量民房。

堤身填土主要由粉质壤土、粉质黏土组成,局部段有砂壤土、碎块石。堤基为多层地质结构(Ⅲ类),上部主要由粉质黏土、粉质壤土组成,含有机质,厚 5～9m;下部为粉细砂与粉质壤土互层。地质剖面见图 2.5.18,堤身主要土层主要物理力学性质及渗透性参数建议值见表 2.5.9。

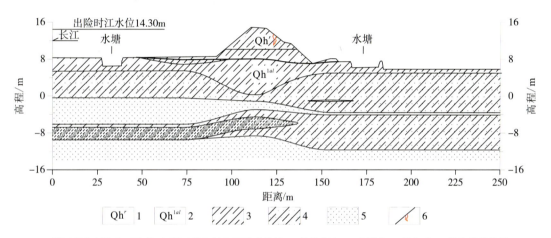

1. 第四系全新统人工堆积;2. 第四系全新统下段冲积层;3. 粉质壤土;4. 砂壤土;5. 粉细砂;6. 堤身裂缝位置

图 2.5.18 西联圩江堤裂缝险情示意剖面图

表 2.5.9 西联圩江堤堤身土主要物理力学性质及渗透性参数建议值

土层名称	天然含水率/%	干密度/(g·cm^{-3})	孔隙比	固结快剪		渗透系数/(cm·s^{-1})
				黏聚力/kPa	内摩擦角/(°)	
黏土	27.4	1.52	0.79	41	19	6.03×10^{-6}
粉质黏土	22.0～25.9	1.54～1.63	0.66～0.77	38～48	15～19	6.74×10^{-6}～4.16×10^{-5}

2.5.9.3 险情分析

西联圩江堤堤身填土较均一,物理力学性质和渗透性参数变化不大,且均满足要求;堤基为上厚黏性土的多层结构,工程地质条件较好。

裂缝险情发生堤段,堤内、外坡脚均分布有鱼塘,塘深 1.0～2.5m,加上堤高,边坡总高度在 10m 左右。此外,堤坡较陡,坡比 1∶2～1∶2.5。

堤基表层含有机质黏土和壤土的抗剪强度较低,根据室内饱和固结快剪试验成果,黏聚力分别为 11～19kPa 和 13～18kPa,内摩擦角分别为 3.1°～7.5°和 1.5°～9.1°。

因此该裂缝险情的发生有 3 个方面：一是鱼塘的切割使堤身与堤基形成的边坡高度较大，二是堤坡坡度较陡；三是堤基有机质粉质黏土或壤土抗剪强度较低。在这 3 个方面的共同作用下，堤身填土与堤基上部的含有机质土发生了滑动破坏。

2.6 溃口险情

2.6.1 荆南长江干堤肖家拐溃口

2.6.1.1 险情概况

荆南长江干堤始建于晋、唐年间，经宁、元、明、清、民国等历代加培续建，至 1949 年已形成较为连续的江堤，但堤身低矮单薄、隐患丛生，抗洪水能力极低。1949 年后，经多次加高培厚，至 1998 年已初具规模。据记载，在 1907—1960 年的 50 多年间，荆南长江干堤发生溃口险情 50 次。其中，肖家拐溃口发生于 1931 年汛期，位于小湖口泵站下游 350m 处，桩号 537+000～538+800 堤段，如图 2.6.1 所示。大堤发生溃口，冲成一条直达石首城的河流，后经人工改造，沿线仍保留有多处深塘，深 2～3m。险情发生后采取了重建堤内疏通渠道的措施。

2.6.1.2 地形地貌

该段位于调弦河左岸，调关镇西南侧约 6.5km。干堤堤顶高程 36.9～38.5m，从上游往下游逐渐降低；堤顶宽一般 6～8m，底宽 50～60m，堤身高一般 7～9m，堤内、外坡比 1∶2.5～1∶3.0。堤外为调弦河，几乎无滩。堤内地面高程一般 29.8～31.3m，堤脚附近分布大量水塘，多为溃口时遗留的冲刷坑，深度一般 2～3m。堤内分布 4 条与干堤垂直的水渠，深 2～4m，堤内 200m 内分布 13 个水塘，水深 1.5～2.5m。

堤身土主要为粉质黏土、粉质壤土，少量砂壤土、粉细砂及杂填土，含有较多砂性土，密实程度不均。堤身填土主要物理性质及渗透性参数建议值见表 2.6.1，地质剖面见图 2.6.2。

表 2.6.1　荆南长江干堤肖家拐溃口段土层主要物理性质及渗透性参数建议值

土层名称	天然含水率/%	干密度/(g·cm^{-3})	孔隙比	渗透系数/(cm·s^{-1})
粉质黏土	28.7	1.51	0.8	$1.56×10^{-6}$～$7.36×10^{-4}$

2000 年的工程地质勘察表明，堤基地质结构为 III$_4$ 类，上部以粉质壤土为主，夹 3～4 层薄层或透镜体状粉细砂，总厚度 4～12m，夹层厚 0.5～4m；下部为粉质黏土、粉质壤土，厚 5～15m。另外，堤身填土中砂性土含量较高，整体强度较低。

2 堤身险情

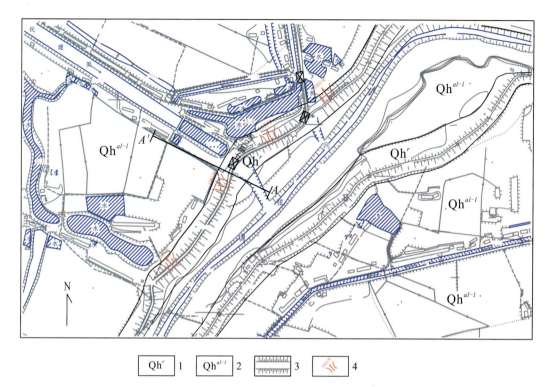

1.第四系全新统人工堆积；2.第四系全新统冲湖积；3.堤防工程；4.溃口位置

图 2.6.1　荆南长江干堤肖家拐溃口险情位置示意图

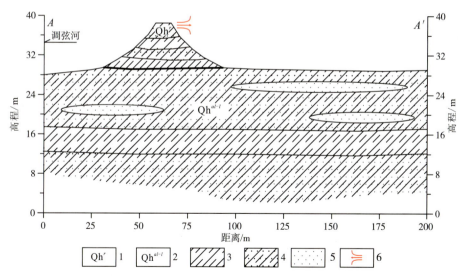

1.第四系全新统人工堆积；2.第四系全新统冲湖积；3.粉质黏土；4.粉质壤土；5.粉细砂；6.堤身漫顶溃决示意

图 2.6.2　荆南长江干堤肖家拐溃口段地质剖面示意图

2.6.1.3 险情分析

1931年的荆南长江干堤肖家拐溃口，只是众多溃口险情的一例，由于历史原因险情资料记载较少。根据当时堤防情况及后来的工程地质勘察资料，初步分析溃口原因有以下几个方面：

(1) 由于堤防年久失修，堤身矮小，防洪标准低，难以抵御特大洪水。根据文献记载，在20世纪的100年中，1931年水灾历时最长、影响最为广泛、灾情最为严重，当时以江淮地区为中心，南至珠江、闽江，北至松花江、嫩江，灾情遍及全国约23个省。

(2) 大堤就地取土而建，土质混杂，填筑质量差，堤身、堤基均存在安全隐患。

(3) 人类的活动，生物（白蚁、蛇、獾、鼠等）的破坏，进一步恶化了堤身的结构。

2.6.2 黄广大堤段窑溃口

2.6.2.1 险情概况

根据记载，在建堤后的数百年间，黄广大堤有10处发生溃口，费垸至段窑段（桩号10+000～0+000），在清末不足40年的时间内就因崩岸导致大堤溃口4次。

1954年长江发生洪水时，黄广大堤桩号1+500附近发生崩岸，随着涌浪淘刷堤脚，堤防发生溃口（图2.6.3），堤内形成大面积的冲刷坑，在溃口冲刷坑外围并伴生有洪积扇，但由于其本身起伏差不大，加上后期人类活动、改造，现形态上已难辨认。

2.6.2.2 地形地质

该段长江较为顺直，堤顶高程22.55～22.98m，堤顶宽6～8m，堤内、外坡比一般为1：3。堤线较弯曲，堤外滩宽100～300m，地面高程16.2～18.1m。堤内地面高程13.6～16.2m，在桩号1+400处见一处较大鱼塘，为溃口遗留痕迹。

岸线较平直，略有起伏，局部因崩岸等原因呈凹弧形。滩唇线高程15.5～16.5m，坡脚深泓高程−20～−5m，岸坡总体高31～36m，呈上陡下缓状。水上岸坡坡角一般为10°～15°，大者达20°～25°，局部呈不规则台阶状，坡高7～8m，部分地段有干砌块石护坡或抛石镇脚；水下坡角较小，坡高24～28m。

堤身以壤土、粉质壤土为主，由于堤身土密实程度不均，局部夹有砂性土，砂性土含量一般为10%～30%，大堤在汛期散浸、脱坡等险情常见，地质剖面见图2.6.4。堤基表层以砂壤土、粉砂为主，厚0～4.2m；中部为壤土、黏土、粉质壤土，厚4.5～8.0m；下部为厚层粉砂、细砂，堤基地质结构为多层结构$Ⅲ_2$类。堤身与堤基土主要物理力学性质及渗透性参数建议值见表2.6.2。

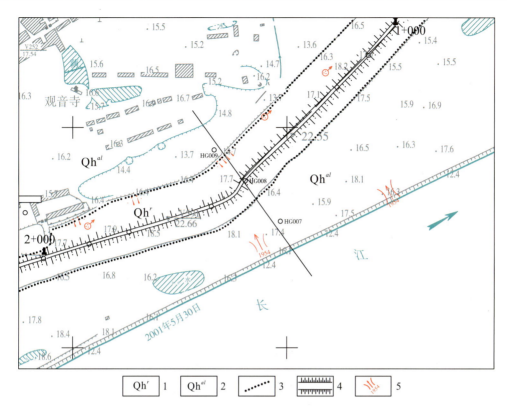

1.第四系全新统人工堆积；2.第四系全新统冲湖积；3.地质界线；4.堤防；5.溃口位置

图 2.6.3 黄广大堤段窑溃口出险点平面位置示意图

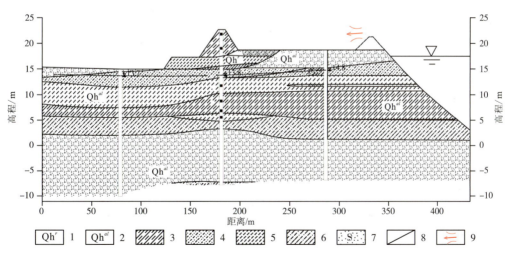

1.第四系全新统人工堆积；2.第四系全新统冲积；3.粉质黏土；4.粉质壤土；5.壤土；6.砂壤土；7.粉细砂；8.岩性界线；9.溃口位置示意

图 2.6.4 黄广大堤段窑溃口地质剖面图

表 2.6.2　黄广大堤段窑堤身与堤基土主要物理力学性质及渗透性参数建议值

土层名称		天然含水率/%	干密度/(g·cm^{-3})	孔隙比	黏聚力/kPa	内摩擦角/(°)	渗透系数/(cm·s^{-1})
堤身	粉质黏土	27.4	1.53	0.79	25～29	15～20	$i\times 10^{-6}$
	粉质壤土	30.1	1.47	0.86	14～18	20～24	$i\times 10^{-5}$
	壤土	25.0	1.54	0.79	8～12	22～25	$i\times 10^{-4}$
	砂壤土	26.8	1.49	0.82	0	18～20	$i\times 10^{-3}$
堤基	粉质黏土	26.5	1.46	0.87	28～30	14～17	$i\times 10^{-6}$
	粉质壤土	30.6	1.44	0.89	13～19	24～26	$i\times 10^{-5}$
	壤土	29.1	1.49	0.82	11～13.4	17～22	$i\times 10^{-4}$
	砂壤土	26.9	1.54	0.75	0	27～28	$i\times 10^{-3}$
	粉细砂	20.5	1.64	0.65	0	30～32	$i\times 10^{-3}$

2.6.2.3　险情分析

段窑地处长江北汊道左岸，江中张家洲顶托，水流条件较复杂，主流线摆动频繁、水文条件较复杂，形成江水紧贴坡脚冲刷及局部迎流顶冲的不利水流条件。该堤段地层为第四系全新统冲湖积层，岸坡中上部主要为黏性土或为黏性土与砂性土互层，下部以粉细砂为主，粉质黏土、粉质壤土呈软—可塑状、强度低、遇水易软化，砂性土层结构疏松、渗透系数大。在深泓逼岸的情况下，坡脚砂性土层易被冲刷，中上部土体易被软化，易发生岸坡失稳，导致崩岸剧烈、岸线不稳定，是黄广大堤重点险段。崩岸是堤防溃口的主要原因。

1954年洪水位高，持续时间长，在江水长期浸泡下，堤身和堤基土体软化，堤基砂性土极易被洪水淘蚀，导致崩岸的发生。

2.6.3　九江长江干堤市区堤溃口

2.6.3.1　险情概况

1998年8月7日13时10分，九江长江干堤4～5号闸口间（桩号1+815.5～1+875.5）发生溃口，溃口长61.5m，溃口冲刷坑最深7.0m，是1998年长江中下游发生的最重大险情之一。险情发生时外江水位22.82m。溃口之前，当地居民首先发现堤内坡脚有3个冒水泉眼，流水声响亮，水柱高度约20cm，孔径不详；1h后堤顶塌陷，出现2m左右大坑，随后发展为溃口，溃口位置见图2.6.5。经2万多军民奋战5个昼夜，于8月12日堵口成功。

2.6.3.2　地形地质

溃口段为土堤，堤顶高程21.6～23.2m，堤顶外侧筑有防浪墙，墙顶高程25.25m。

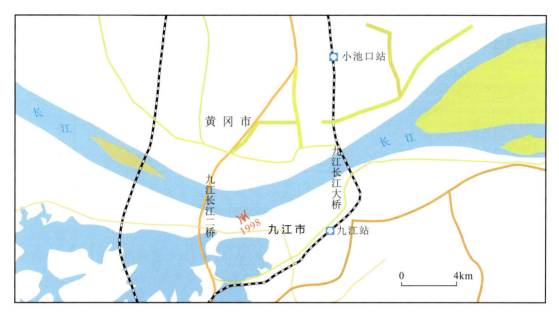

图 2.6.5　九江长江干堤 1998 年市区堤溃口位置示意图

溃口段堤防处于长江Ⅰ级阶地前缘,地势平坦,阶地面高程 17.0～19.5m。堤内距堤脚 20m 范围内分布有坑塘,深度大于 5m。堤外漫滩宽 20～30m,3 号闸口以西最窄处在 10m 左右,滩面高程 16.8～18.5m。大堤弯道处为原永安河故道,已被填埋。

1996 年,在堤外兴建一座码头时,围堰取土挖穿了上游堤脚的黏性土覆盖层,挖深达 3.7m,回填材料含有块石等强透水材料,未曾恢复地形原貌。堤内距堤脚 2～20m,分布一污水塘,为永安河故道,根据地形条件和当时塘水需抽排入江的情况,估计塘水位在 18.2～19.0m 之间。

工程地质勘察表明,堤身填土厚 4.5～6.8m,以粉质黏土为主,少量粉质壤土,夹碎块石等,结构以稍密为主,局部松散。

堤基为 Ⅱ$_2$ 类地质结构(图 2.6.6),表层分布有厚 0.7～1.0m 的粉质壤土,呈不连续分布,上部为灰黄色、深灰色粉质黏土,厚度 7.6～11m;下部为粉细砂、中粗砂层,局部夹黏土,厚度 5.6～12m。

堤基土主要物理力学性质及渗透性参数建议值列于表 2.6.3。

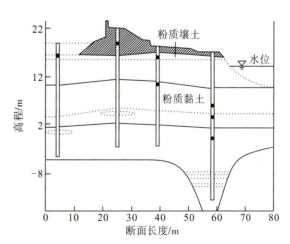

图 2.6.6　1998 年九江溃口段地质剖面图

(据吴昌瑜等,2001)

表 2.6.3　九江市区堤上段堤基土主要物理力学性质及渗透性参数建议值

岩性	天然含水率/%	干密度/(g·cm⁻³)	孔隙比	压缩系数/MPa⁻¹	压缩模量/MPa	黏聚力/kPa	内摩擦角/(°)	渗透系数/(cm·s⁻¹)
粉质黏土	34.1	1.39	0.979	0.46	4.6	29.5	24	
粉质壤土	27.1	1.54	0.752	0.23~0.3	6~7.16	14.4~17.9	27~28.7	2.5×10^{-3}
灰黄色粉质黏土	30.5	1.48	0.854	0.37~0.51	4~5.2	14.4~18.9	22~25	9.02×10^{-5}
深灰色粉质黏土	30.9	1.49	0.857	0.39~0.49	4.2~5	16.2~21.5	22.3~24.1	6.96×10^{-5}

为了研究溃口原因，在溃口段上、下游侧各挖了一个探坑，地质剖面见图 2.6.7。在探坑中取土样进行了室内试验，结果列于表 2.6.4。

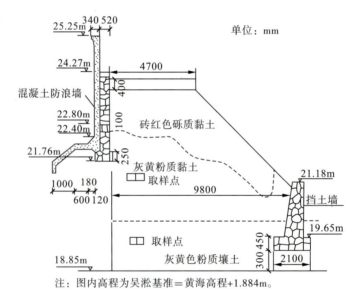

图 2.6.7　1998 年九江溃口段探坑地质剖面图（据吴昌瑜等，2001）

表 2.6.4　九江溃口段堤基土主要物理性质及渗透性参数（据吴昌瑜等，2001）

土样编号	位置	土层名称	取样高程/m	取样深度/m	干密度/(g·cm⁻³)	压缩系数/MPa⁻¹	抗剪强度		渗透系数/(cm·s⁻¹)	临界比降	破坏比降
							黏聚力/kPa	内摩擦角/(°)			
JX1	上游侧	堤基粉质黏土	18.00	6.10	1.48	0.272	9.3	29.0	$(1.38\sim65.4)\times10^{-5}$	10.11	12.85
JX2	上游侧	堤基中粉质壤土	19.40	4.47	1.43	0.350	10.5	31.7	$(1.39\sim10.0)\times10^{-4}$		

续表 2.6.4

土样编号	位置	土层名称	取样高程/m	取样深度/m	干密度/(g·cm^{-3})	压缩系数/MPa^{-1}	抗剪强度 黏聚力/kPa	抗剪强度 内摩擦角/(°)	渗透系数/(cm·s^{-1})	临界比降	破坏比降
JX4	下游侧	堤身粉质黏土	19.95	3.92	1.48	—	—	—	$(8.81\sim47.0)\times10^{-4}$	4.16	5.18
JX5	下游侧	堤基中粉质壤土	19.40	4.47	1.43	—	—	—	$(2.72\sim26.2)\times10^{-4}$	0.99	1.22

2.6.3.3 险情分析

九江长江干堤溃口险情发生后，长江水利委员会组织了地质、渗流、水工、施工等各方面专家赶赴现场调查，对溃口原因进行了分析，形成如下一致意见：

(1)地形测量显示，该段堤防处于长江凹岸，江滩有落淤，表明汛期长江对岸坡没有特别的淘刷作用，可排除溃口原因为江水动力淘刷引起的破坏。

(2)九江堤防土体的矿化分析指标和抗剪强度指标表明，土质条件较好，且下游堤坡设有浆砌块石挡土墙，正常条件下，堤坡不易产生强度破坏，由此可排除因为堤身剪切失稳破坏引起溃口。

(3)由于没有发现生物活动迹象，可排除由生物洞穴造成的堤防结构性缺陷而引起溃口。

(4)试验表明，该堤段堤身填土不均匀，上游探坑粉质黏土试样与下游探坑同类土试样的渗透系数相差10倍以上。堤基与堤身之间的粉质壤土薄层除了层厚和渗透性分布不均匀外，其渗透系数大于粉质黏土，抗渗性能低于粉质黏土，并处于堤防最敏感的出逸段，因此在堤防整体结构中是工程性质最差并可能产生渗透变形的土层。可见这段堤防在渗透稳定方面确实存在薄弱环节。

长江科学院进行的渗流分析表明，墙脚 A 处的出逸比降大于土层的临界比降，如图 2.6.8 所示，堤防溃口的原因主要是渗透破坏，并得出如下几点认识：

(1)下游出口段挡墙墙脚处承受的水平出逸比降均超过粉质壤土的临界比降，表明挡土墙段采用弱透水的下游面对堤防整体的渗透稳定性不利。

(2)根据粉质壤土层渗透性的变化范围，渗流分析得出，墙脚出逸比降均大于粉质壤土的临界比降，说明其具备发生渗透破坏的条件；根据粉质壤土层厚度变化(4~23cm)，渗流分析得出，水平出逸比降随粉质壤土厚度的减小而增大，变化范围为 0.72~2.38；当粉质壤土层厚度小于 23cm 时，出逸比降基本上均大于临界比降。

(3)堤防填筑土的出逸比降为 1.33~1.76，填筑土不密实时，超出了破坏比降，增加了堤防整体的不安全性。

(4)汛期江水位超过 21.5m 时，出逸比降大于坡脚土体的临界比降，堤防存在渗透稳定问题。溃堤前，堤防已超警戒水位运行 45d，最高水位 23.03m(1998 年 8 月 2 日)。

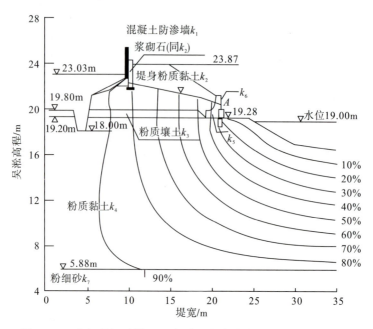

图 2.6.8　九江长江干堤1998年溃口段渗流分析(据吴昌瑜等,2001)

(5)天然条件下,下游坡脚出逸比降小于外滩开挖后的出逸比降,表明江滩开挖加剧了堤防的不安全性。

1998年底至1999年5月底,对九江长江干堤溃口段进行了复堤,堤防采用钢筋混凝土防洪墙,包括复堤段长62m、上连接段长135m、下连接段长282m。堤基采用水泥土搅拌桩防渗墙进行防渗处理,桩径70cm,桩体搭接长度20cm。

1999年,九江站最高洪水位达到了22.39m,为历史第二高洪水位。根据堤基渗流监测资料,各监测点的渗透压力基本上随长江水位的涨落而增大或减小,防渗墙前的渗压变化与江水位变化基本同步,变化量较大;防渗墙后的渗压变化滞后于江水位的变化,变化量小。在14m高程处,测得墙后的渗透压力水位比墙前低1～2m,防渗墙的隔渗作用明显,如图2.6.9所示。

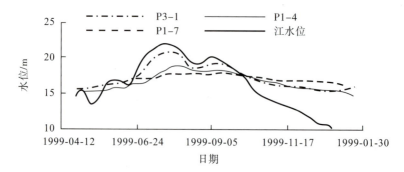

图 2.6.9　复堤后(1999年)堤基渗压水位过程线(据李小平等,2000)

需要指出的是,溃口发生后所做的钻探、坑探、取样等工作,均是在溃口段上游或下游进行的,并不能完全代表溃口段的地质条件。在本书编撰过程中,搜集了九江长江干堤溃口的所有资料,进一步分析发现,溃口原因有待商榷,并初步得出以下几点认识:

(1)1998年溃口段为原永安河故道,由于城市开发建设等,已被填埋,溃口险情发生前残存的一些水塘可以作为永安河故道的佐证。填埋永安河的物质成分无从得知,但永安河故道的填埋是为了城市建设,不可能满足堤防防渗的要求。溃口的发生,形成了深达约7m的冲坑。冲刷坑底部是灰褐色粉质黏土层,其上的土层均已被洪水冲刷殆尽,现在无从得知溃口段堤基渗透破坏是粉质壤土层引起的还是永安河填埋料引起的。

(2)长江中下游堤基普遍分布粉质壤土,不同地区粉质壤土的物理力学性质大体相近。而九江市区堤防溃口段的粉质壤土渗透系数达到了 10^{-3} cm/s,与物理力学性质明显不匹配。

(3)九江市区堤发生的溃堤险情极有可能是由永安河故道的填埋料发生渗透破坏引起的,而非粉质壤土层渗透破坏引起。在溃口后的复堤工程中,已设置了防渗墙,防渗墙深入到了弱透水的粉质黏土层中,无论是粉质壤土还是永安河填埋料渗透破坏导致的溃堤,防洪墙下的防渗墙已完全隔断了江水入渗的通道,新建的防洪墙是可以保证防洪安全的。

2.6.4　九江长江干堤马湖堤漫顶

2.6.4.1　险情概况

马湖堤漫顶位于九江长江干堤马湖堤桩号0+000～1+743防洪墙段。据统计,1998年汛期马湖堤(桩号0+000～4+000)出现堤身渗漏、溃决险情3次;堤基渗漏险情2次,穿堤建筑物底板漏水1次,险情严重。

1998年汛期,桩号0+000～1+050段防洪墙浆砌石墙破裂,堤身填土下陷,造成漫顶。1998年汛期后将堤线后退2.0～5.0m,改建为钢筋混凝土防洪墙。险情位置见图2.6.10。

2.6.4.2　地形地质

原堤为土石混合堤,堤顶高程21.5m,顶宽0.5m,内外两侧均为浆砌块石墙,中间回填防渗黏土。堤内分布有少量的渊塘,堤外无漫滩,深泓近岸。

防洪墙地基为杂填土,多为采石场砂砾土及居民生活垃圾,由细粒土夹碎石、砖瓦、石灰和生活垃圾等组成。由于设计标准低,墙体施工时未灌浆,部分堤段回填土料质量低劣,夹杂煤渣和建筑垃圾,没有进行任何处理。

堤基以Ⅱ$_2$类地质结构为主(图2.6.11),局部为Ⅰ$_1$类地质结构。主要由第四系全新统粉质黏土、粉质壤土及含淤泥质黏土组成,夹含淤泥质粉细砂透镜体,连续性较好,厚1.10～5.20m。上游端下伏下二叠统茅口组灰岩,岩面高程12.45m。

2.6.4.3　险情分析

工程地质勘察表明,该段堤基工程地质条件较好,但堤身填筑物质混杂。由于浆砌石墙

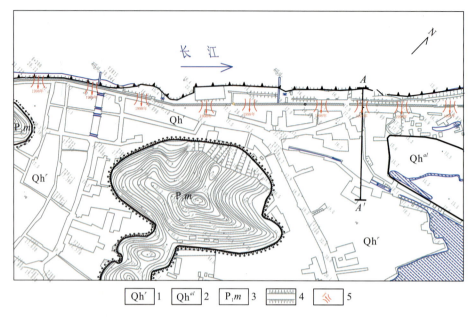

1. 第四系全新统人工堆积；2. 第四系全新统冲积；3. 下二叠统茅口组；4. 堤防工程；5. 溃口位置

图 2.6.10　九江长江干堤马湖堤漫顶险情位置示意图

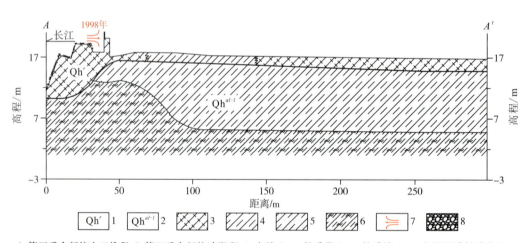

1. 第四系全新统人工堆积；2. 第四系全新统冲湖积；3. 杂填土；4. 粉质黏土；5. 粉质壤土；6. 含淤泥质粉质黏土；
7. 堤身漫顶溃决位置示意；8. 浆砌石墙

图 2.6.11　九江长江干堤马湖堤漫顶险情地质剖面示意图

存在裂缝，汛期江水从墙体裂缝渗入墙后的填土，受江水浸泡填土产生沉降变形，堤身下沉导致堤顶高程低于设计洪水位，洪水漫顶。

汛期后，在原堤位置后退 2~5m 新建钢筋混凝土防洪墙，彻底解决原堤身质量差的问题，运行到现在再未出现新的类似险情。

3 堤基险情

3.1 堤基险情综述

堤基引发的险情由堤基的地质条件(即堤基地质结构)决定。根据堤基险情产生的机制,可以将堤基险情分为如下几种:①堤基管涌险情;②堤基散浸险情;③堤基漏水洞险情;④堤基滑动险情;⑤堤基鼓包险情。

堤基发生管涌险情的地质条件主要是浅、表层分布砂层等中等及以上透水性的土层,从地质结构的角度考虑,即单一砂性土堤基、上薄黏性土和上砂层的双层结构堤基、上薄黏性土和上砂层的多层结构堤基。对于上厚黏性土的双层或多层结构堤基,如果堤内分布有坑塘、沟渠,致使上部黏性土厚度减薄,在坑塘、沟渠内也可发生管涌险情;人工打井、钻孔也可导致沿井、钻孔发生管涌险情。

堤基散浸险情往往发生在表层分布有砂性土的堤段,一般出现在近堤内脚的地表,有时散浸与管涌相伴发生,有时散浸发展到一定程度才发生管涌。

堤基漏水洞险情一般发生在堤基上部为黏性土的堤段,产生漏水洞的原因主要为鼠、蛇等动物洞穴和植物根孔,或者其他孔洞。

堤基滑动险情多发生在堤基分布有软土的堤段,特别是软土分布在堤基表层或浅层的情况。当软土埋深较大,堤内、堤外近堤脚分布有坑塘、沟渠时,也可发生堤基滑动险情。

堤基鼓包是堤基表层有一定厚度的黏性土,下部砂层中地下水位随江水位上升时,黏性土层自身重力低于地下水压力的情况下,发生的向上抬动现象,堤基鼓包也可能与散浸相伴发生。当江水位进一步升高,堤基鼓包险情可能会发展成为管涌。

3.2 堤基管涌险情

3.2.1 松滋江堤王家大路管涌

3.2.1.1 险情概况

王家大路堤段属于松滋江堤灵钟寺—沨市段,桩号 16+400～17+300,堤段长度

900m。1998年堤内灌渠和藕塘内发生2处管涌,堤内平台发生1处散浸;1999年堤内的藕塘内发生1处管涌。王家大路堤段险情统计见表3.2.1。

表3.2.1 松滋江堤王家大路堤段历史险情统计表

序号	桩号	险情类型	发生时间	险情描述
1	16+850	管涌	1998年7月16日	距堤脚210m的灌渠内有2处管涌
2	16+840	管涌	1998年7月16日	距堤脚216m的藕塘里
3	16+848	管涌	1999年7月8日	距堤脚外208m
4	16+650~800	散浸	1998年8月9日	内平台宽50m

王家大路管涌险情发生于1998年7月16日,险情位于桩号16+840处藕塘内,距堤内脚216m,险情位置见图3.2.1。

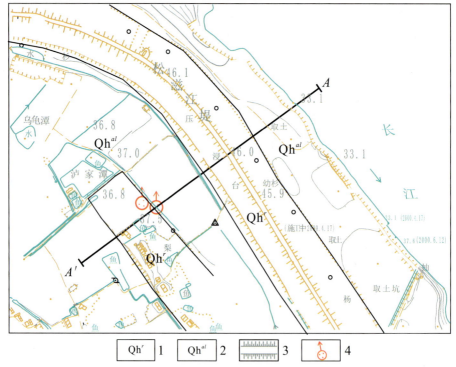

1.第四系全新统人工堆积;2.第四系全新统冲积;3.堤防工程;4.管涌位置

图3.2.1 松滋江堤王家大路管涌险情位置示意图

3.2.1.2 地形地质

该段堤防堤顶高程45.0~47.0m,堤高5~9m,堤顶宽度6~8m,堤内、外坡比均为

1∶2.5～1∶3.0。外滩宽80～120m,高程40～41m;堤内地面高程36.4～37.1m,距堤脚150～200m有水塘分布,如图3.2.1所示。

该段堤基地质结构为Ⅱ₂类,上部黏性土盖层厚度约11.9m,主要为粉质黏土,少量粉质壤土与壤土。堤基面以下10m分布较连续的砂壤土与壤土互层,呈千层饼状,厚2～4m。从堤外江边至堤内,砂壤土与壤土互层厚度逐渐增大,埋深逐渐变浅,工程地质评价将该段堤防分为工程地质条件较差(C类)。工程地质示意剖面见图3.3.2,各土层物理性质及渗透性参数建议值见表3.2.2。

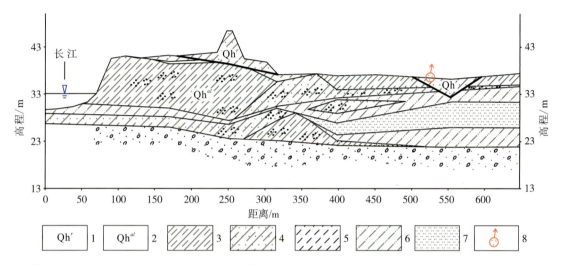

1.第四系全新统人工堆积;2.第四系全新统冲积;3.粉质黏土;4.砂壤土;5.壤土;6.粉质壤土;7.细砂;8.管涌位置示意

图3.2.2 松滋江堤王家大路管涌险情剖面示意图

表3.2.2 松滋江堤王家大路管涌段堤身土主要物理性质及渗透性参数建议值

土层名称	天然含水率/%	干密度/(g·cm⁻³)	孔隙比	渗透系数/(cm·s⁻¹)	临界比降
粉质黏土	29.9	1.48	0.856	$3×10^{-6}$～$4×10^{-5}$	0.5
粉质壤土	28.8	1.50	0.823	$7×10^{-6}$～$2×10^{-4}$	1.0～1.2
壤土	25.9	1.6	0.8	$2×10^{-5}$～$7×10^{-4}$	—

3.2.1.3 地质评述

工程地质勘察将该段堤基地质结构分类为上厚黏性土的双层结构(Ⅱ₂),但从图3.2.2可以看出,虽然埋深10m左右的砂壤土与壤土互层在堤基下厚度较薄,但往堤内方向,不仅厚度逐渐增大,而且埋深也逐渐变浅,到藕塘处更是接近于藕塘底部,在该层之下还多出了一层厚约6m的砂层。由此可见,在进行堤基地质结构分类时,应考虑相对不透水层和透水层在水平方向上的变化,只考虑堤基下的情况往往会得出错误的结论。值得指出的是,在工程地质评价中,充分考虑了堤内、堤外地质条件的变化情况,所做评价符合实际情况,合理地解释了此处管涌险情发生的原因:一是藕塘切割致使黏性土盖层减薄;二是透水层向堤内方向抬升。

在长江中下游地区,坑塘内发生管涌险情的案例占有相当大的比例。历史上由于没有系统的科学知识作指导,筑堤时往往就近取土,沿堤防两侧留下了大量的坑塘,也有堤防历史溃口形成的坑塘。这些坑塘的存在增加了堤基发生险情的概率,而且坑塘内往往有水,发生险情时不易被发现,坑塘内抢险也多有不便。

堤防设计规范规定,堤基两侧地面的天然黏性土层因近堤取土遭受破坏,迎水坡侧宜用黏性土回填加固,背水坡侧宜用砂性土回填加固。1998年在发生洪水后的堤防加固中,对近堤分布的坑塘均进行了填塘固基处理。

3.2.2 南线大堤康家岗管涌

3.2.2.1 险情概况

康家岗堤段为南线大堤安乡河堤防,是历年险情多发堤段。1998年,发生5处管涌险情;1999年,发生4处管涌和1处散浸险情,详见表3.2.3。

表 3.2.3 南线大堤康家岗堤段历史险情统计表

序号	桩号	险情类型	出险时间	出险时江水位/m	险情描述	抢险措施
1	595+600~595+639	管涌	1998年9月1日	36.745	在内平台与水田交界处的沟内,桩号595+600、595+600、595+635、595+635、595+638,最大洞径15mm,流量最大2.5L/min,形成沙盘直径最大20cm,水头高20cm	围井导滤,蓄水反压
2	595+600	管涌	1999年7月6日	35.335	在距堤脚60m的平台与水田交界的水沟中,出现了管涌险情,洞径1cm,形成直径为50cm的沙盘,流量1L/min	粗砂填压导滤
3	595+775~595+795	散浸、管涌	1999年7月21日	37.045	距堤脚9m平台面渗水、积水,并有洞径为0.5cm的小管涌3个,流量1.5L/min	开沟排水

1998年9月1日,在长江水位为38.55m时,在康家岗附近内平台与水田交界处的水渠内发生5个管涌险情,桩号分别为:595+600、595+600、595+635、595+635、595+638,其中1处直径15mm,2处为10mm,其他2处为5mm。出水量最大为2.5L/min,最小为0.5L/min。形成沙盘直径最大20cm,最小5cm,管涌口涌水水头高20cm。抢险措施为围井导滤,蓄水反压。险情位置见图3.2.3。

3.2.2.2 地形地质

该段堤防堤顶高程为43.1m,堤高9~10.5m,堤顶宽度8~10m,堤内、外坡比均为

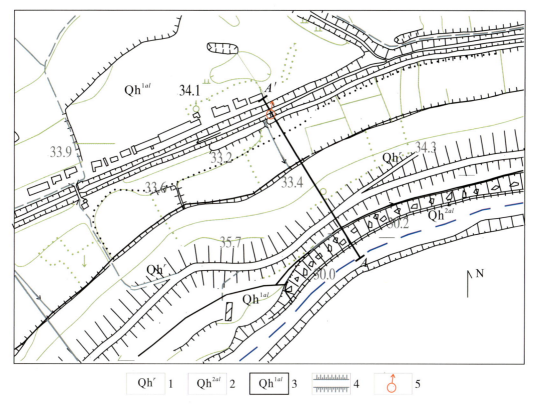

1.第四系全新统人工堆积;2.第四系全新统上段冲积;3.第四系全新统下段冲积;4.堤防;5.管涌位置

图 3.2.3 南线大堤康家岗管涌险情位置示意图

1∶3。两侧一般有宽约50m的压浸台或人工铺盖,厚0.5～2m,台面高程30.5～34.5m。

堤内地面高程33～34.5m,渊塘众多,沟渠纵横交织,距堤脚100～250m,分布有幸福渠,开口宽15～25m,深1.5～3m,桩号594+480～595+570段为窄外滩。

该段堤基地质结构为III_1类,上部为黏性土夹薄层砂性土透镜体,厚2～5m;中部为砂壤土及粉细砂,厚1～2m;下部为深厚黏性土。各土层物理性质及渗透性参数建议值见表3.2.4,工程地质剖面见图3.2.4。

表 3.2.4 南线大堤堤基土主要物理性质及渗透性参数建议值

土层名称	天然含水率/%	湿密度/(g·cm^{-3})	干密度/(g·cm^{-3})	孔隙比	渗透系数/(cm·s^{-1})	临界比降
粉质黏土	33.1	1.90	1.43	0.892	9×10^{-6}～9.5×10^{-5}	0.7～1.0
粉质壤土	29	1.94	1.50	0.784	4.8×10^{-5}～9.7×10^{-5}	0.6～0.7
砂壤土	23.8	2.00	1.60	0.688	4.7×10^{-4}～4.3×10^{-3}	0.5
粉细砂	22.0	1.85	1.51	0.771	8.3×10^{-4}～7.3×10^{-3}	0.5

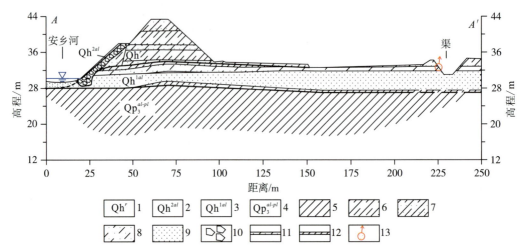

1. 第四系全新统人工堆积；2. 第四系全新统上段冲积；3. 第四系全新统下段冲湖积；4. 第四系上更新统冲洪积；5. 黏土；6. 粉质黏土；7. 粉质壤土；8. 砂壤土；9. 粉细砂；10. 块石；11. 实测/推测岩性界线；12. 实测/推测地层界线；13. 管涌位置示意

图 3.2.4　南线大堤康家岗管涌险情剖面示意图

3.2.2.3 地质评述

由于该段堤防堤基表层黏性土盖层较薄，历史管涌险情较多，分类为工程地质条件差（D类）。管涌险情发生在水渠中，从图3.2.4可以看出，水渠已将地表黏性土盖层切穿，砂壤土和粉细砂直接出露在水渠渠坡下部和底部。水渠底高程31.4m，比出险时江水位（36.745m）低约5.6m，而实测砂壤土和粉细砂的临界比降值仅为0.5。

如果考虑水渠中一定的水深，则发生管涌险情时的水头不足5.0m，可知当砂性土一旦出露，发生管涌险情不需要很高的水头压力。

在长江中下游堤防中，水渠出险也占有一定的比例，险情的表现形式和特征与坑塘险情相似。本例中，堤基表层的黏性土盖层本身就很薄，而水渠揭露砂性土，使之成为周围最为薄弱的地带。险情往往发生在最薄弱的地方，将地下水压力消散后，相对来说周围一定范围内则变得安全了。

该险情处堤基上部砂性土厚度不大，下部为厚层的黏性土，处理起来相对简单，设置防渗墙将砂性土层完全截断，可从根本上消除管涌险情的发生。

3.2.3　荆南长江干堤公安麻口管涌

3.2.3.1 险情概况

公安麻口堤段位于荆南长江干堤中段，1998年发生5处堤基管涌险情，主要发生在水渠底部或水塘底部，详见表3.2.5。

表 3.2.5　荆南长江干堤公安麻口堤段历史险情统计表

序号	桩号	险情类型	出险时间	出险时江水位/m	险情描述	抢险措施
1	628+670	管涌	1998 年	41.8	距堤脚 65m 的水塘底部,直径达 2m,向外翻砂严重,出险点高程 31.7m	围井导滤,蓄水反压
2	630+090	管涌群	1998 年、1999 年	—	距堤脚 405～430m 的水塘底部,直径 10cm 的管涌有 3 处,向外翻砂严重	围井导滤,蓄水反压
3	631+000	管涌	1998 年 8 月 11 日	41.8	距堤脚 495m 渠道底部,孔径 0.4m 一处,出险点高程 31.7m	围井三级导滤,蓄水反压出清水
4	631+015	管涌	1998 年 8 月 16 日	41.8	距堤脚 500m 渠道底部,孔径 0.8m 一处,0.3m 一处,出险点高程 31.7m	围井导滤堆,蓄水反压
5	631+800	管涌群	1998 年 11 月	41.8	距堤脚 570～670m 与堤线近于垂直的渠道底部出现 3 处管涌,其中两孔孔径 40cm,一孔 30cm,出险点高程 32.0m	围井导滤,蓄水反压

1998 年 8 月 16 日,在长江水位为 41.8m 时,在公安麻口(桩号 631+015)处,距离堤内脚 500m 的渠道底部发生管涌 2 处,孔径分别为 0.8m 和 0.3m。采取的抢险措施为建导滤堆蓄水反压。险情位置见图 3.2.5。

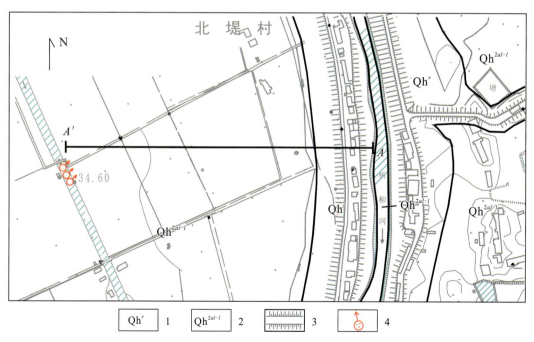

1.第四系全新统人工堆积;2.第四系全新统冲湖积;3.堤防;4.管涌位置

图 3.2.5　荆南长江干堤公安麻口管涌位置示意图

3.2.3.2 地形地质

该段堤防堤顶高程为 41.0~42.37m，堤高 5.5~7.3m，堤顶宽度 6~8m，堤内、外坡比均为 1:2.5~1:3.0。

堤内地面高程 32.41~35.78m，分布有 4 条水渠，其中涂鲁干渠、南平干渠与干堤轴向近一致，距干堤 160~700m；二千八干渠、一千六干渠与干堤近垂直，渠宽一般为 6~8m，深 3~5m。此外，在离堤脚 60~300m 的范围内还分布有大小堰塘多处，单个面积一般 40~3500m^2，水深 0.8~3.5m。

干堤与长江主河道之间为杨柳河与南五洲，杨柳河紧邻堤外脚，河宽 20~40m，河床高程 31.63~32.06m，汛期分流，枯水期则不过流。南五洲一般宽 3~4km，最窄处 1.5km，地面高程 33.4~35.6m，周边均修建有民堤。

该段堤基为 $Ⅲ_2$ 类地质结构，上部粉质壤土厚 4~8m，最薄处仅 1.5m；中部砂壤土与粉质壤土互层，厚 13~16m，其中砂壤土单层厚 0.5~4.0m；下部青灰色粉细砂层。工程地质示意剖面图见图 3.2.6，各土层物理性质及渗透性参数建议值见表 3.2.6。

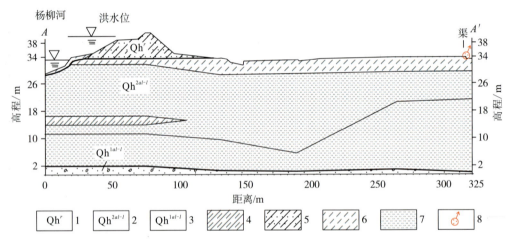

1. 第四系全新统人工堆积；2. 第四系全新统上段冲湖积；3. 第四系全新统下段冲湖积；4. 粉质壤土；5. 砂壤土；6. 壤土；7. 粉细砂；8. 管涌位置示意

图 3.2.6　荆南长江干堤公安麻口管涌地质剖面示意图

表 3.2.6　荆南长江干堤公安麻口管涌段堤基土主要物理性质及渗透性参数建议值

土层名称	天然含水率/%	干密度/(g·cm^{-3})	孔隙比	渗透系数/(cm·s^{-1})	临界比降
粉质壤土	28.8	1.50	0.82	$8×10^{-5}$~$6×10^{-4}$	0.6
壤土	27.9	1.59	0.68	$9×10^{-5}$~$9×10^{-4}$	—
砂壤土	22.7	1.66	0.63	$1×10^{-3}$~$5×10^{-3}$	—
粉细砂	21.6	1.64	0.64	$1×10^{-3}$~$5×10^{-3}$	—

3.2.3.3 地质评述

该段堤防堤基粉质壤土厚度基本可阻止管涌险情的发生,但涂鲁干渠和二千八干渠已揭穿盖层,工程地质分类为工程地质条件较差(C类)。水渠底板高程31.7m,比出险时江水位低约10m。由于中部的砂壤土与粉质壤土互层和下部的粉细砂层均属相对透水层,厚度大,难以采取垂直防渗措施。

坑塘险情处理起来相对比较容易,只要地质条件较好,把坑塘填起来即可。但水渠发生险情处理起来则比较困难,一方面要保证堤防防洪的安全,另一方面又要保证水渠的正常安全运行。临堤水渠的处理有两种方法:一种是设置减压井,另一种是在水渠内设置反滤层。

3.2.4 岳阳长江干堤民生垸新沙洲管涌

3.2.4.1 险情概况

民生垸堤防位于岳阳长江干堤最上游端。1998年和1999年,新沙洲堤段发生堤基管涌险情11处,1999年险情多与1998年险情发生在同一位置(表3.2.7)。

表3.2.7 岳阳长江干堤民生垸新沙洲堤段管涌统计表

序号	桩号	险情发生时间	险情类型	险情描述
1	6+900	1998年8月6日	管涌	孔径0.02m,砂盘0.4m,堤脚处
2	7+300	1998年8月31日	管涌	孔径0.1m,出砂0.3m^3,距堤脚55m
3	7+335	1998年8月19日	管涌	孔径0.2m,砂盘1.5m,距堤脚200m
4	7+335	1999年7月18日	管涌	孔径0.4m,砂盘1.5m,距堤脚500m
5	7+335	1999年7月20日	管涌	孔径0.08m,砂盘0.3m,距堤脚500m
6	7+400	1998年7月30日	管涌	冒水带砂,砂盘1.0m,距堤脚70m
7	7+500	1998年7月19日	管涌	孔径0.1m,出砂1m^3,堤脚处
8	7+650	1999年7月7日	管涌	冒水带砂,距堤脚80m
9	7+800	1998年7月3日	管涌	孔径0.25m,砂盘0.6m,距堤脚70m
10	7+900	1998年8月31日	管涌	管涌群,出砂0.3m^3,距堤脚260m
11	7+900	1999年7月20日	管涌	冒水带砂,距堤脚180m

1999年7月7日,在桩号7+650处,距离堤脚80m处发生管涌险情,冒水带砂,险情位置在堤内的水渠里,见图3.2.7。

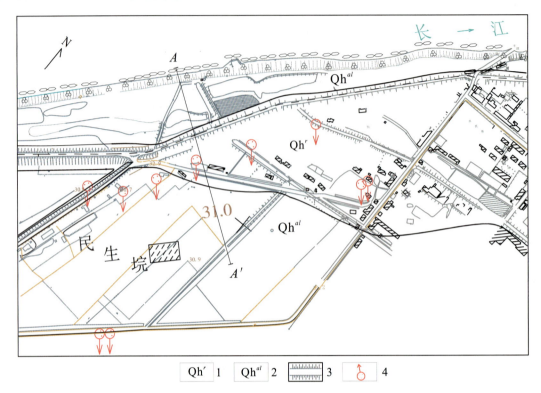

1. 第四系全新统人工堆积;2. 第四系全新统冲积;3. 堤防工程;4. 管涌位置

图 3.2.7 岳阳长江干堤民生垸新沙洲管涌位置示意图

3.2.4.2 地形地质

该段堤顶高程为 35.5~36.0m,堤高 6~8m,堤顶宽度 5~7m,堤内、外坡比均为 1∶2.5~1∶3.0,内坡设有一级平台。外滩宽度小于 40~160m,局部基本无外滩。典型地质剖面见图 3.2.8,堤基土物理性质及渗透性参数建议值见表 3.2.8。

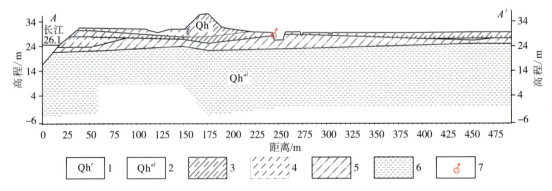

1. 第四系全新统人工堆积;2. 第四系全新统冲积;3. 粉质黏土;4. 壤土;5. 砂壤土;6. 细砂;7. 管涌位置示意

图 3.2.8 岳阳长江干堤民生垸新沙洲管涌剖面示意图

表 3.2.8　民生垸新沙洲管涌堤基土主要物理性质及渗透性参数建议值

土层名称	天然含水率/%	干密度/(g·cm^{-3})	孔隙比	渗透系数/(cm·s^{-1})	临界比降
粉质壤土	28.43	1.48	0.783	$4.6×10^{-6}$~$4.7×10^{-4}$	0.85
粉质黏土	32.48	1.50	0.868	$4.3×10^{-6}$~$1.5×10^{-5}$	1.25~1.50

3.2.4.3　地质评述

该段堤防堤基上部黏性土盖层较薄,下部分布连续深厚砂性土,工程地质分类为工程地质条件较差(C类)。本段堤基工程地质条件本身较差,再加上距堤内脚70m处分布有水渠,水渠渠坡下部与渠底已揭露下伏砂壤土层,更易发生管涌险情。

3.2.5　岳阳长江干堤建设垸新垸子管涌

3.2.5.1　险情概况

1998年和1999年,岳阳长江干堤建设垸新垸子堤段发生22处管涌险情,险情多分布在距离堤防20~600m的池塘中,有些险情在1998年和1999年重复出现,具体情况见表3.2.9。

表 3.2.9　建设垸新垸子堤段历史险情统计表

序号	桩号	出险日期	险情类型	险情描述
1	43+474	1999年7月27日	管涌	距堤200m,直径0.1m的出口翻砂鼓水,池塘水深1.4m
2	43+474	1999年7月29日	管涌	距堤200m,距27日晚处理的管涌仅8m远又出现一直径0.3m管涌,大量翻砂鼓水,流量约0.05m³/s,池内当时水深1.8m
3	43+574	1999年7月27日	管涌2处	距堤600m,低注地出现管涌,大孔直径0.15m,出水量较大,翻黑砂,处理前已翻砂约0.7m³;小孔为直径0.1m的鼠洞,带砂约0.1m³
4	45+224	1998年7月13日	管涌	距堤500m孔径5cm管涌
5	45+224 五支渠电排	1999年7月16日	跌窝、管涌	进口北边八字跌窝直径2m,深3m,距跌窝20m渠道中管涌口直径0.3m,黑砂4m³
6	45+424	1998年7月27日	管涌	距堤50m菜地中孔径20cm管涌
7	45+524	1998年8月15日	管涌	距堤40m翻砂鼓水
8	45+574	1998年7月28日	管涌	距堤50m水塘中孔径10cm管涌
9	K45+624	1999年7月24日	管涌	压水井冒水黑砂

续表 3.2.9

序号	桩号	出险日期	险情类型	险情描述
10	45+694	1999年7月22日	管涌	平台边翻砂鼓水
11	45+724	1998年7月7日	管涌	距堤脚20m孔径5cm管涌
12	45+724	1998年7月27日	管涌	距堤50m水塘孔径10cm管涌
13	45+724	1999年7月23日	管涌	离堤50m水塘内冒黑砂,砂厚0.1m,翻砂0.6m³,流砂面积1.5m²
14	45+744	1999年7月24日	管涌	池塘内翻砂鼓水,离堤50m
15	45+774	1999年7月22日	管涌	池塘中直径为0.1m管涌出口,鼓水带黑砂,已出黑砂1m³左右,水流量不大
16	45+774	1999年7月24日	管涌	直径1.5cm的小孔出清水,距堤10m
17	45+824	1998年8月9日	管涌	距堤60m水塘中孔径30cm管涌
18	45+824	1998年8月18日	管涌	距堤60m孔径30cm管涌
19	45+874	1998年8月26日	管涌	距堤60m水塘中管涌群
20	45+924	1998年8月11日	管涌	距堤50m水塘中孔径30cm管涌
21	46+124	1998年7月9日	管涌	堤脚孔径10cm管涌
22	46+124	1998年8月26日	管涌	距堤60m水塘中孔径10cm管涌

1999年7月27日,距堤脚600m低洼地发生2处管涌,大者直径0.15m,出水量较大,处理前已出砂量约0.7m³;小者直径0.1m,出砂量约0.1m³。险情位置见图3.2.9。

3.2.5.2 地形地质

该堤段堤顶高程36~36.3m,堤防高度6~8m,堤顶宽度5~6m,堤内、外坡比1:2.5~1:3,内坡设有一级平台。外滩宽度大于200m,堤内、外地面高程均约为30.60m,堤内100m范围内分布有水塘、鱼塘。

堤基地质结构类型为Ⅱ₁类。上部以粉质壤土为主,夹有砂壤土和粉细砂层,厚度一般为6~9m;下部为粉细砂和砂壤土。各土层物理性质及渗透性参数建议值见表3.2.10,工程地质剖面见图3.2.10。

表3.2.10 建设垸新垸子管涌段堤基土主要物理性质及渗透性参数建议值

土层名称	天然含水率/%	干密度/(g·cm⁻³)	孔隙比	渗透系数/(cm·s⁻¹)	临界比降
粉质黏土	31.10	14.5	0.873	$6.1×10^{-6}$~$7.5×10^{-5}$	1.25~1.30
粉质壤土	30.30	15.0	0.817	$9.6×10^{-6}$~$8.6×10^{-5}$	1.00
砂壤土	25.88	15.8	0.695	$5.9×10^{-4}$~$3.7×10^{-3}$	—
粉细砂	24.00	16.1	0.666	$4.8×10^{-3}$~$5.2×10^{-3}$	—

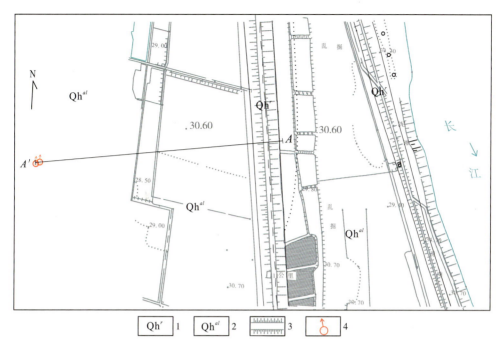

1.第四系全新统人工堆积；2.第四系全新统冲积；3.堤防工程；4.管涌位置

图 3.2.9 岳阳长江干堤建设垸新垸子管涌位置示意图

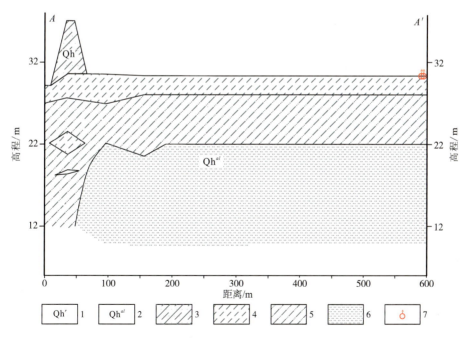

1.第四系全新统人工堆积；2.第四系全新统冲积；3.粉质壤土；4.壤土；5.砂壤土；6.细砂；7.管涌位置示意

图 3.2.10 岳阳长江干堤建设垸新垸子管涌示意剖面图

3.2.5.3 地质评述

该堤段管涌险情频发,主要是因为堤基上部的粉质壤土中夹有砂壤土和粉细砂层。但险情距堤内脚较远,而且距该管涌险情点约 400m、距堤内脚 200m 处还有 2 处管涌险情点。这有两种可能:

(1)关于砂夹层发生管涌险情的情况比较复杂,几处管涌险情是通过同一砂性土夹层发生还是通过不同的砂性土夹层发生不得而知。一般而言,先发生一处管涌,则同一砂性土夹层附近的水压力已经得到消散,再发生另一处管涌的可能性不大,另外 2 处管涌险情点位于池塘内,相距仅 8m,发生时间先后相差 2d,说明 2 处管涌点发生在同一砂性土层的可能性不大。

(2)管涌险情发生前,水压力封闭在土层中,几乎相当于是静水压力,因此各处的水压力大小几乎相同,等于江水的水头。在这种情况下,江水可通过同一砂性土层,在不同的地方几乎同时产生管涌险情,如上述一大一小 2 处管涌。

根据有关研究成果,粉质壤土夹砂层水平方向的综合渗透系数应比垂直方向的大,水平方向的综合渗透系数取决于砂性土层的累计厚度以及砂性土与黏性土渗透系数差值的大小;而垂直方向的综合渗透系数只取决于两种土层渗透系数的差值,差值越大则综合渗透系数越接近于黏性土的渗透系数。就该险情堤段的土层而言,水平方向的综合渗透系数是垂直方向的几倍至几十倍。

综上所述,该堤段防渗处理可采取垂直防渗墙的措施,截断上部粉质壤土中的水平渗漏通道(砂性土夹层)。由于粉质壤土夹砂性土层的厚度较大,江水通过下部粉细砂层渗透至堤内,再垂直渗透通过上部粉质壤土夹砂性土层时,其所起到的作用相当于黏性土盖层,因此不会产生管涌险情。

3.2.6 咸宁长江干堤赤壁螺丝咀管涌

3.2.6.1 险情概况

1998 年和 1999 年,咸宁长江干堤赤壁螺丝咀堤段共发生管涌险情 6 处,险情点分布在距堤内脚 26~170m 范围内,管涌多成群出现,多者 100 多处,少者 20 余处,见表 3.2.11。其中,桩号 338+125~338+412 段在长江水位达到 28.4m(吴淞高程)时,开始发生管涌险情,当江水位上升至 32.1m 时,距堤脚 26~171m 范围内共见管涌 103 处,出险部位地面高程 24.5~27.2m。采取的抢险措施是围护二级导滤。管涌险情位置见图 3.2.11。

表 3.2.11 咸宁长江干堤赤壁螺丝咀堤段历史险情统计表

序号	出险年代	桩号	险情类型	出险时江水位/m	险情描述	抢险措施
1	1998年	338+292	管涌	29.47	出险高程24.50m,距堤脚26m,翻砂鼓水	砂石料导滤加高加宽压浸台
2	1998年	338+125～338+412	管涌	28.4/32.1	距堤内脚26～171m共出现管涌103处,出险高程24.5～27.2m	二级导滤
3	1998年	337+310	管涌		距堤内脚75m,共出现管涌孔20处,出险高程26.0m	三级围井导滤
4	1998年	335+668～335+678	管涌	32.39	距堤脚102m,高程21.8～22.0m,在老电排港内,长10m,宽3m范围内出现22个管涌孔,最大孔径12cm冒细灰砂	多次用砂石料三级配导滤
5	1999年	338+258	管涌	33.1	出险高程27.0m,距堤脚80m,共5孔,孔径5～10cm	二级导滤
6	1999年	338+250	管涌	31.87	距堤脚160m,出险高程25m,出险面积10m²,共6孔,孔径6～10cm,翻砂鼓水	三级配砂石料导滤

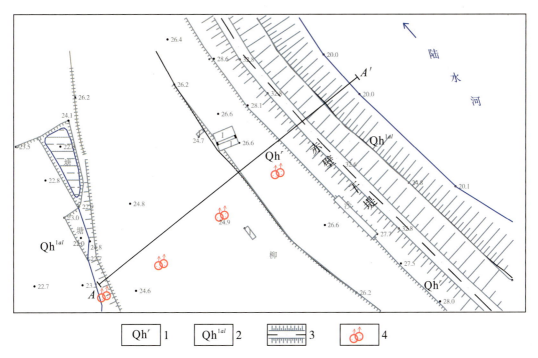

1.第四系全新统人工堆积;2.第四系全新统下段冲积;3.堤防工程;4.管涌群位置

图 3.2.11 咸宁长江干堤赤壁螺丝咀管涌位置示意图

3.2.6.2 地形地质

该段堤防堤顶高程 32.9~33.4m,堤防高 6.6~9.0m,堤顶宽 9~10m,堤内坡比 1∶3,内坡设有一级平台,压浸台宽 25~30m。堤内地形平坦,地面高程 24.8~26.6m,堤外陆水河口外滩宽 20~30m。

堤基由第四系冲积成因黏性土和砂性土组成,堤基地质结构属上厚层黏性土的双层结构(II_2)。上部粉质黏土与黏土不规则渐变分布,夹有粉细砂层,整体堤外厚 5.6~8.5m,堤内厚 5.6~4.0m;下部粉细砂在堤外较薄,向堤内厚度由 7.0m 逐渐增至 19.8m;底部为砂砾卵石,局部为粉细砂夹层。地质剖面见图 3.2.12,各土层主要物理性质及渗透性参数建议值见表 3.2.12。

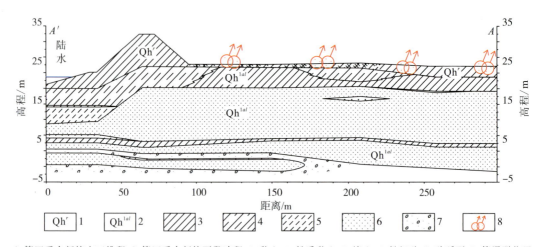

1.第四系全新统人工堆积;2.第四系全新统下段冲积;3.黏土;4.粉质黏土;5.壤土;6.粉细砂;7.砂砾石;8.管涌群位置

图 3.2.12　咸宁长江干堤赤壁螺丝咀管涌剖面示意图

表 3.2.12　赤壁干堤堤基土主要物理性质及渗透性参数建议值

土层名称	天然含水率/%	干密度/(g·cm^{-3})	孔隙比	渗透系数/(cm·s^{-1})	临界比降
粉细砂	32.7	1.44	0.899	8.41×10^{-4}~4.33×10^{-3}	—
壤土	20.6	1.72	0.577	1.40×10^{-5}~4.48×10^{-5}	—
粉质黏土	31.9	1.45	0.882	3.12×10^{-6}~3.64×10^{-5}	0.8~1.0
黏土	31.8	1.45	0.889	4.21×10^{-6}~1.37×10^{-5}	

3.2.6.3 地质评述

螺丝咀段堤基黏性土盖层较厚,但其中夹有砂性土薄层,工程地质条件较差(C 类)。从表 3.2.12 可知,险情发生过程中,江水位较管涌险情点地面高 4~8m,特别是在管涌初发生时,水头差仅约 4m。由此判断,管涌险情不是通过下部砂层发生的,而是通过上部黏性土中的砂性土夹层发生。

根据地质资料,螺丝咀堤段堤基上部黏性土盖层厚度变化较大,最薄仅 3m,最厚达 19m。因此在上覆黏性土盖层较薄的部位,当江水位较高时,也可通过下部砂层导致管涌险情的发生。第四系总厚度 20 余米,下伏下侏罗统武昌组粉砂岩。

综上所述,为安全起见,螺丝咀堤段的防渗处理应采用垂直防渗墙,截断第四系各土层,防渗墙可进入下伏基岩。

3.2.7 黄冈长江干堤赤东堤扎营港管涌

3.2.7.1 险情概况

1998 年和 1999 年赤东堤分别发生散浸险情 33 处、14 处,管涌险情 17 处、5 处。散浸主要发生在堤内脚和距内堤脚 20 多米范围内的地面,管涌主要发生在距离内堤脚 100m 以内,最远达 230m。其中,在扎营港堤段险情最为集中,1998 年和 1999 年共发生管涌险情 10 处,散浸险情 16 处,见表 3.2.13。

表 3.2.13　黄冈长江干堤赤东堤扎营港堤段 1998 年和 1999 年险情统计表

序号	出险年份	险情桩号	险情类型	出险时江水位/m	险情描述
1	1998 年	106+310	管涌	24.16	距内堤脚 3m、高程 22.0m 的平台上,孔径 6cm,水量 6L/min
2	1999 年	108+430		24.41	距堤脚 30.5m、高程 21.0m 的平台上,孔径 6cm,浑水带砂
3	1998 年	110+300		24.12	内平台脚高程 20.3m 的水田中,孔径 2cm,浑水、水量 2L/min
4	1998 年	110+420		25.17	距内堤脚 2m、高程 20.3m 的平台上,孔径 3cm,清水、水量 2.8L/min
5	1998 年	111+120		25.53	内堤脚高程 23.0m 平台,孔径 8cm,浑水带砂夹黄土,水量 25L/min
6	1998 年	113+450		25.16	距内堤脚 3m、高程 22.0m 的平台上,孔径 3cm,水量 8L/min
7	1998 年	113+610～113+612		25.16	距内堤脚 4m、高程 22.0m 的平台上,孔径 7cm,孔径 4cm;水量 10L/min,6L/min
8	1998 年	113+620		25.16	距内堤脚 4m、高程 22.0m 的平台上,孔径 4cm,浑水、水量 12L/min
9	1998 年	113+640		24.71	距内堤脚 16m、高程 22.0m 的平台上,孔径 3cm,浑水带砂
10	1999 年	112+770		24.71	距堤脚 1m、高程 22.5m 的平台上,孔径 3cm

续表 3.2.13

序号	出险年份	险情桩号	险情类型	出险时江水位/m	险情描述
11	1998年	106+700~106+710	散浸	24.15	内堤坡脚下,高程22.0m,长10m,宽2m散浸
12	1998年	107+400~107+416	散浸	25.17	内堤脚高程22.0~23.5m处,发生长16m、宽4m的散浸
13	1998年	109+020~109+025	散浸	24.9	距堤脚28m、高程22.0m的平台上,长5m、宽2m散浸
14	1998年	111+710~111+830	散浸	25.43	内平台上,高程22.5m,长120m、宽20m,面积2400m² 散浸
15	1998年	111+840~111+850	散浸	24.12	内坡脚高程22.40m,长10m、宽2m,面积20m² 的散浸
16	1998年	112+700~112+750	散浸	24.12	内坡堤脚高程22m,长50m、宽2m的散浸
17	1998年	112+700~112+780	散浸	25.46	内堤坡高程22.6~23m,长80m的散浸
18	1998年	112+750~112+752	散浸	24.9	距堤脚30m、高程22.0m的平台上,5m² 的散浸
19	1998年	112+780	散浸	25.12	距堤脚20m、高程22.0m的平台上,5m² 的散浸
20	1998年	112+820	散浸	25.25	内堤脚高程22m,长4m、宽2m,散浸集中孔径3cm
21	1999年	113+100~113+200	散浸	24.90	堤脚散浸,长120m、宽3m,高程22.30m
22	1998年	113+250~113+500	散浸	24.12	内坡堤脚高程22.4m,长250m、宽2m的散浸
23	1998年	113+450~113+670	散浸	25.25	内堤脚高程23m至内平台边,长220m、面积3750m² 散浸
24	1998年	113+615	散浸	25.25	内堤脚高程22.5m的平台,长5m、宽2m,散浸集中孔径2cm
25	1999年	105+564~105+800	散浸	24.24	距堤脚10m、高程19.5m的平台上,长100m,3处散浸集中
26	1999年	112+780~112+810	散浸	24.87	一级平台脚散浸,长30m、宽8m,高程21.0m

1998年,当长江水位25.53m(吴淞高程)时,在赤东堤扎营港(桩号111+120)内堤脚平台上发生管涌险情,管涌出水口直径8cm,浑水带砂夹黄土,水量25L/min,管涌点高程23.0m。险情位置见图3.2.13。

3.2.7.2 地形地质

该段堤顶高程25.2~27.38m,堤高5.0~7.0m,堤顶宽度7~9m,堤内、外坡比均为1:3。该段堤防外滩较窄、局部无外滩;堤内脚分布水塘,距堤内脚600~1000m断续分布有剥蚀残山。

该段地质结构类型为Ⅲ$_3$类,堤基为多层结构,上部为厚3.0~5.3m的砂壤土,下部为

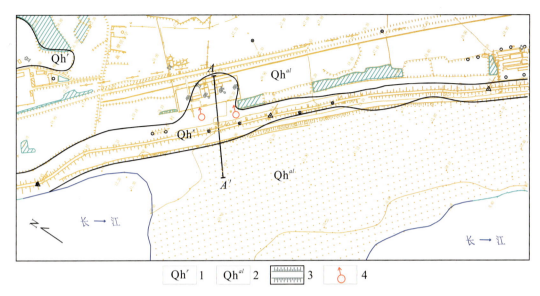

1. 第四系全新统人工堆积；2. 第四系全新统冲积；3. 堤防工程；4. 管涌位置

图 3.2.13　黄冈长江干堤赤东堤扎营港管涌位置示意图

粉质壤土、粉质黏土或黏土夹砂壤土透镜体。典型工程地质剖面见图 3.2.14，各土层物理性质及渗透性参数建议值见表 3.2.14。

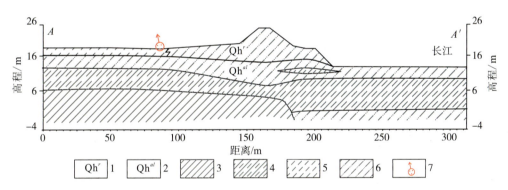

1. 第四系全新统人工堆积；2. 第四系全新统冲积；3. 黏土；4. 粉质黏土；5. 壤土；6. 砂壤土；7. 管涌位置示意

图 3.2.14　黄冈长江干堤赤东堤扎营港管涌地质剖面示意图

表 3.2.14　赤东堤扎营港管涌段堤基土主要物理性质及渗透性参数建议值

土层名称	天然含水率/%	干密度/(g·cm^{-3})	孔隙比	渗透系数/(cm·s^{-1})	临界比降
粉质壤土	29.8	1.473	0.849	$3.2 \times 10^{-5} \sim 6.3 \times 10^{-5}$	0.6
黏土	32.1	1.454	0.897	$3.9 \times 10^{-6} \sim 6.6 \times 10^{-6}$	0.8
砂壤土	27.1	1.537	0.760	$1.3 \times 10^{-4} \sim 3.3 \times 10^{-4}$	0.4
粉细砂	24.1	1.572	0.696	$3.4 \times 10^{-4} \sim 5.0 \times 10^{-4}$	0.2

3.2.7.3 地质评述

该段堤防堤基为多层结构，上部为厚3.0～5.3m砂壤土层，中部为黏性土，下部为砂壤土。显然，管涌险情发生与堤基上部砂壤土有直接的关系。从历史险情也可以看出，由于堤基表层分布的这一层砂壤土，散浸和管涌险情层出不穷。工程地质勘察将该段堤防分为工程地质条件较差(C类)，建议利用中部黏性土层作防渗依托，进行垂直防渗。2001年对该堤段进行了防渗处理，效果良好，20年多来再未出现险情。

对于堤基表层为砂性土的双层和多层地质结构而言，险情发生的原因显而易见，处理也比较容易。利用中部或者下部的黏性土为依托层，采取防渗墙将砂性土截断就可以彻底消除管涌、散浸险情的发生。由于防渗墙深度不大，施工相对而言比较容易。需要注意的是，当保护区后靠山丘时，由于防渗墙不仅截断了江水内渗的通道，也同时截断了保护区内地下水向江河排泄的通道，处理后会加重内涝的风险，并导致保护区地下水位抬升，引起环境水文地质问题。

3.2.8 阳新长江干堤海口堤月亮湾管涌

3.2.8.1 险情概况

据不完全统计，在1995—1998年间，海口堤发生各种渗透险情高达105处，包括管涌和散浸，其中1998年汛期发生险情多达44处。

月亮湾是阳新长江干堤险情多发段，历史险情主要为管涌、散浸，详见表3.2.15。

表 3.2.15　阳新长江干堤月亮湾段历史险情统计表

序号	桩号	险情类型	出险日期	江水位/m	险情描述
1	27+400～27+300	翻砂鼓水	1998年7月27日	25.05	内平台下长40m、宽7m范围有30多处翻砂鼓水
2	27+400～27+300	管涌	1998年7月29日	25.34	出现直径为20cm的管涌
3	26+900～26+800	严重散浸	1998年7月28日	25.19	
4	26+850～26+830	集中散浸	1995年7月15日	23.66	

1998年7月27日，当长江水位上涨到25.05m时，在海口堤桩号27+300～27+400段出现管涌群，出险位置在堤内戗台下坡脚部位(图3.2.15)，在长40m、宽7m范围内分布有30多处管涌、翻砂鼓水，就像煮粥时粥在锅中沸腾一样，俗称"砂沸"。1998年7月29日，江水位进一步上涨到25.34m时，该段又出现新的管涌险情，管涌口径达20cm。

3.2.8.2 地形地质

出险段江堤堤顶高程24m左右，堤顶宽约8m，堤身高6～7m。堤外无滩，处于长江凹

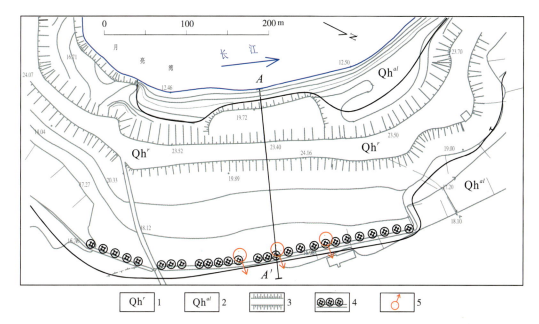

1.第四系全新统人工堆积;2.第四系全新统冲积;3.堤防工程;4.已建减压井及排水沟;5.管涌位置

图3.2.15　阳新长江干堤月亮湾管涌险情位置示意图

岸。堤内地面高程17~18m。堤内距堤脚100m范围内分布有大小坑塘15个,坑塘深度1~3m,农户家中还有水井。

该段江堤坐落在长江冲积平原上,堤基由第四系冲积物组成,堤基地质结构属多层结构(Ⅲ类)。表层粉质黏土厚2~3m;其下第二层砂壤土及粉细砂厚1~2m;第三层粉质壤土厚4~8m;第四层粉细砂夹粉质壤土层厚度大于12m。地质剖面示意见图3.2.16,各土层主要物理性质及渗透性参数建议值见表3.2.16。

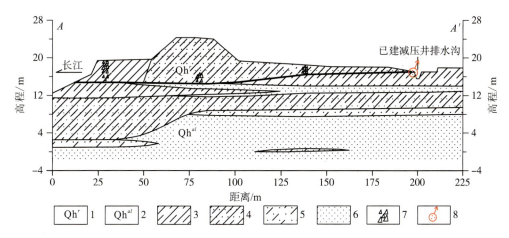

1.第四系全新统人工堆积;2.第四系全新统冲积;3.粉质黏土;4.粉质壤土;5.砂壤土;6.粉细砂;7.碎石;8.管涌位置示意

图3.2.16　阳新长江干堤月亮湾管涌险情地质剖面示意图

表 3.2.16　海口堤堤基土主要物理性质及渗透性参数建议值

土层名称	天然含水率/%	干密度/(g·cm^{-3})	孔隙比	渗透系数/(cm·s^{-1})	临界比降
砂壤土	21.8	1.70	0.596	$6.74\times10^{-4} \sim 1.51\times10^{-3}$	—
粉质壤土	30.7	1.94	1.490	$1.04\times10^{-5} \sim 6.46\times10^{-5}$	
粉质黏土	32.6	1.45	0.879	$1.02\times10^{-6} \sim 6.26\times10^{-6}$	2.0
粉细砂	21.3	1.65	0.643	2.83×10^{-3}	—

3.2.8.3　地质评述

总体来看，该段堤基上部为互层状黏性土与砂性土，但砂性土与黏性土层变化较大，水平向与垂直向分布较复杂，不像地质剖面示意图所示的那样层序稳定，各砂层互相连通，水文地质条件复杂。汛期，长江水位高出堤内地面6~8m，加之堤外无滩，渗径短，易在薄弱部位发生管涌险情，工程地质评价为工程地质条件差（D类）。

由于此段堤防堤基上部砂性土层互相连通，下部粉细砂层厚度大，下伏防渗依托层埋深大，采用垂直防渗措施施工难度大，工程量大。1998年洪水期后，采用堤内水平铺盖＋减压井（沟）的防渗处理措施，目前运行情况良好。

减压井的缺点是容易淤堵。1995—2001年，阳新长江干堤共实施减压井164口，运行几年后发生了不同程度的淤堵，汛期减压井出水流量逐渐减少，排水效果持续降低，易致险情复发。2019年对淤堵的减压井进行了清洗，清洗后减压井的减压效果最大可提升4倍以上。

近些年，针对减压井淤堵的问题，一些研究人员开发出了可置换滤芯和可拆换过滤器的新型减压井，有效地解决了减压井淤堵问题，使得减压井在堤防工程中的使用迈上了一个新的台阶。

3.2.9　九江长江干堤赤心堤管涌

3.2.9.1　险情概况

九江长江干堤赤心堤长10.56km，位于桩号5+540~16+100段。1998年和1999年，堤基共发生险情14处，其中管涌5处、漏水洞4处、水井出险5处。赤心堤历年险情统计见表3.2.17。

1999年，当长江水位为20.7m时，在桩号13+100处两口水井冒水，且带有泥砂，抢险措施主要为反滤处理。险情位置如图3.2.17所示。

表 3.2.17　九江长江干堤赤心堤历史险情统计表

序号	桩号（地点）	险情类型	江水位/m	出险日期	险情描述	抢险措施
1	5+400	管涌	22.83	1998年	堤脚处,2个管涌	围堰,砂反滤
2	7+855～8+205	漏水洞				开沟导渗
3	9+545～9+690	漏水洞				开沟导渗
4	10+100～10+350	管涌	23.25	1998年	距堤脚2～5m,5个泉眼,砂盘直径5cm,厚5～10cm	开沟导渗
5	10+900～12+500	管涌	23.25	1998年		开沟导渗
6	江边村新水井	井险	20.50	1998年	距堤脚7m,沟中	三级反滤围井
7	江边老水井	井险	20.50	1998年	堤内脚下沟内,险点距堤脚33.8m,3个眼,直径0.03～0.005m,砂盘直径70cm,厚10cm	三级反滤
8	叶金荣水井	井险	20.50	1998年	距堤脚80m,涌水冒砂,砂盘直径80cm,厚30cm	三级反滤压渗
9	叶金荣下游150m	管涌	20.50	1998年	距堤脚80m,涌水冒砂,砂盘直径80cm,厚20cm	三级反滤压渗
10	老坝头文经如水井	井险	21.14	1998年	距堤脚300m内形成3个泡泉	反滤导渗
11	8+500	漏水洞	20.50	1998年		开沟导渗
12	13+100	井险	20.70	1999年	2口水井冒水带泥砂	反滤处理
13	14+200	管涌	19.60	1999年	距堤脚180m内形成1个泡泉	按级配作反滤
14	15+250	漏水洞	20.70	1998年		开沟导渗

3.2.9.2　地形地质

该段堤防堤顶高程为23.2～23.8m,堤防高度7m,堤顶宽度8m,堤防内外坡比均为1:3,堤内无戗台。堤外上游段漫滩宽20～35m;堤内地面高程16.25～20.5m,在距堤内脚10～20m处分布有水塘。

堤基土体表层为人工填土,成分复杂,主要有黏土夹砖块、碎块石及煤渣等,局部有腐烂植物,厚2～4m。上部为第四系全新统粉质黏土,局部夹砾石透镜体,厚3～14m;下部为壤土和砂砾卵石,厚度大于20m。各土层物理性质及渗透性参数建议值见表3.2.18,地质剖面见图3.2.18。

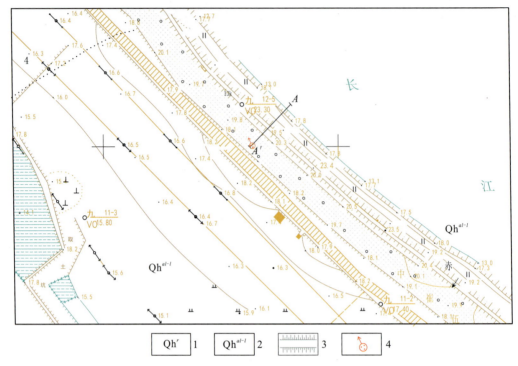

1.第四系全新统人工堆积；2.第四系全新统冲湖积；3.堤防工程；4.管涌位置

图 3.2.17　九江长江干堤赤心堤管涌位置示意图

表 3.2.18　赤心堤桩号 13+100 处堤基土主要物理性质及渗透性参数建议值

土层名称	天然含水率/%	干密度/(g·cm^{-3})	孔隙比	渗透系数/(cm·s^{-1})	临界比降
粉质黏土	28.5	1.53	0.790	$5.47×10^{-5}$ ~ $7.20×10^{-5}$	0.4~1.0
壤土	27.4	1.52	0.790	$8.25×10^{-6}$ ~ $1.42×10^{-4}$	0.4~0.8
粉细砂	24.7	1.57	0.692	$2.86×10^{-4}$ ~ $3.76×10^{-4}$	—

3.2.9.3　地质评述

该险情发生时,长江水位并不是很高,约高出堤内地面 3.0m。险情的发生主要是民用水井所致,显然水井深入到下部砂层中,又没有设置反滤措施,从水井发生管涌险情是显而易见的事情。

该堤段水井险情所占比例较高,险情发生的条件或者原因基本相同。处理措施比较简单,但回填水井需要注意的是,下部砂土段宜用砂土回填并捣实;上部黏性土段宜用黏性土回填,并采取有效措施将回填土压实,防止险情的再次发生。

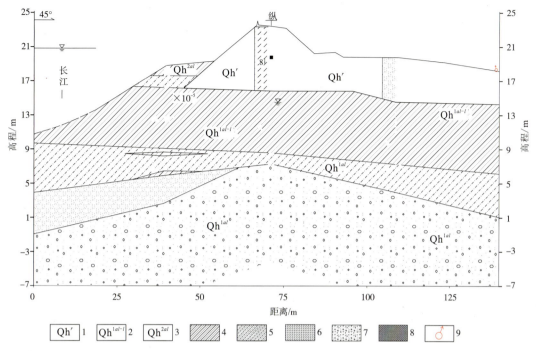

1.第四系全新统人工堆积;2.第四系全新统下段冲湖积;3.第四系全新统上段冲积;4.粉质黏土;5.粉质壤土;6.壤土;7.粉细砂;8.砂砾卵石;9.管涌位置示意

图 3.2.18　九江长江干堤赤心堤桩号 13+100 处地质横剖面示意图

3.2.10　安庆市江堤丁家村管涌

3.2.10.1　险情概况

1998 年汛期,安庆江堤出现较严重险情 31 处,其中桩号 11+7878~15+137 段由于堤基黏性土盖层比较薄,险情比较集中,具体情况见表 3.2.19。

表 3.2.19　安庆江堤丁家村 1998 年险情统计表

序号	桩号	险情类型	险情描述
1	11+787~13+487	散浸	内堤脚至护堤地散浸、软脚,宽 8~10m
2	14+737	管涌	距内堤脚约 200m 的水塘发生 7 个直径为 10~35cm 管涌
3	14+937	渗水	北侧墙基渗水,渗水量较大,约有直径 5cm 管涌
4	15+987	管涌	距内堤脚 480m,汪家墩 7 号测压管墩周边渗水,带基砂
5	15+037~15+137	散浸	内堤脚散浸宽 30m

丁家村管涌发生在桩号14+737处,地理位置详见图3.2.19。1998年8月7日上午10时,距内堤脚约200m水塘相继发生7处管涌,管涌群面积约1000m²,管涌口直径10～35cm,水头上冲约20cm,塘边一民宅沉陷67cm,房基裂缝有5cm左右。1998年9月4日,安庆站长江水位15.70m时,仍有新管涌发生。

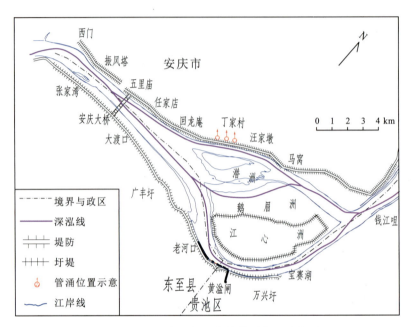

图3.2.19　安庆江堤丁家村管涌位置示意图

3.2.10.2　地形地质

该段江堤堤顶高程18～19m,堤顶宽约6m,堤身高7～9m,堤内地面高程10～12m。距堤内100～200m范围内分布众多鱼塘,塘深1.0～3.0m。堤外滩宽80～100m,地面高程10～12m。长江深泓高程-18.0～-6.0m。

丁家村堤段,堤基上部为黏性土夹少量粉细砂透镜体,厚度一般为3.6～4.8m;中部砂壤土断续分布;下部为厚度较大的粉细砂,属Ⅱ₁类堤基。堤基各土层物理性质及渗透性参数建议值见表3.2.20,地质剖面见图3.2.20。

表3.2.20　丁家村堤段土层主要物理性质及渗透性参数建议值

土层名称	天然含水率/%	干密度/(g·cm⁻³)	渗透系数/(cm·s⁻¹)	允许渗透比降
砂壤土	23.0	1.63	$i \times 10^{-4}$	0.25～0.30
粉质壤土	32.8	1.42	$i \times 10^{-5}$	0.40～0.50
粉质黏土	32.7	1.42	$i \times 10^{-6}$	0.60～0.70
粉细砂	22.4	1.60	$i \times 10^{-3}$	0.20～0.25

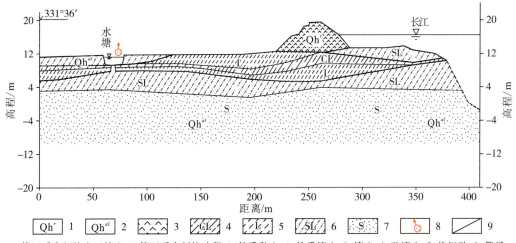

1. 第四系全新统人工填土；2. 第四系全新统冲积；3. 粉质黏土；4. 粉质壤土；5. 壤土；6. 砂壤土；7. 粉细砂；8. 管涌位置示意；9. 岩性界线

图 3.2.20 丁家村管涌地段堤质剖面示意图

3.2.10.3 地质评述

工程地质勘察表明，本段堤防堤基上部黏性土盖层较薄，存在深部砂层渗透稳定问题；江岸为冲刷岸，岸坡陡峻，有崩岸发生。工程地质评价为差（D类），需要对堤身、堤基进行防渗处理。

安庆江堤丁家村堤基为上薄黏性土的双层结构，下部砂层厚度大。地质建议采取填塘、盖重及减压井等防渗处理措施。1998 年汛期后，对堤内外渊塘进行了回填，堤内 150～200m 范围内普遍进行了铺盖压重，填筑高程 13.5～15.0m，接高了原有减压井，并延长了排水系统。处理后，堤防防渗效果较好。

该险情发生的水头并不大，江水位高出堤内地面 3.0～5.0m。险情发生的原因有两种：一是堤基上部黏性土盖层薄；二是堤内有坑塘切割。因此，在处理措施上仅仅填塘是不够的，必须在填塘的同时在堤内加填盖重平台，才能保证堤防的渗流安全。

减压井的作用除了释放水压力外，还有防止盖重后险情向堤内较远处转移的作用。因为盖重的增加只是保证了堤防较近范围内的安全，水压力会向盖重以外的区域发展，如果不采用减压井释放地下水压力，离堤较远处仍有发生管涌险情的风险。

3.2.11 广济圩江堤夹厢圩新建村管涌

3.2.11.1 险情概况

广济圩江堤夹厢圩段位于桩号 18+613～23+620 段，在正常年份内由外护圩直接挡水,1998年汛期因江水持续迅猛上涨,为避免外护圩自然溃破造成对江干堤破坏性冲刷,安庆市郊区防汛指挥部采取果断措施,于1998年7月26日18时30分(安庆站长江水位18.02m)人工掘开外护圩堤行洪,7月27日3时,夹厢圩段长江干堤已全面抵挡洪水。夹厢圩挡水后6h左右,发生散浸、流土等险情共9处,详见表3.2.21。

表 3.2.21　广济圩江堤夹厢圩 1998 年汛期险情统计表

序号	桩号	险情类型	险情描述
1	18+837～21+287	散浸	堤内 30～50m 呈沼泽,逸出点高于堤内脚 0.5～1.0m,后作养水盆抢险
2	22+637～23+387	散浸	堤内 10～50m 呈沼泽,堤身逸出点高于堤内脚 0.5～1.0m,直径 2cm 的泉眼及小型流土密布,距堤 100～150m 棉田散浸积水
3	19+747～21+487	流土散浸	养水盆中渗水量加大,放水后发现直径 1～3cm 的带砂冒水孔,密度达 20 个/m²
4	22+687～22+787	流土	距堤脚 40～90m 的水塘中直径 2～5cm 的带砂冒水孔 8 个,近 10 亩水塘渗水量达 30m³/h
5	22+787～22+867	流土	距堤脚 30～90m 的水塘中发现带砂冒水孔 31 个,直径 2～20cm,集中分布在 2000m² 范围内,总涌水量达 22.5m³/h
6	22+887	流土	内堤脚直径 3cm 带砂冒水孔 3 个,带基砂
7	22+987	流土	内堤脚直径 3～4cm 带砂冒水孔 5 个,带砂
8	23+037	流土	内堤脚 40m 民房后侧直径 3cm 带砂冒水孔 3 个
9	23+047	流土	内堤脚 50m² 范围内直径 2～3cm 带砂冒水孔 18 个

1998年8月4日,在桩号22+687～22+787段,距堤脚最近的新建村堤内池塘中,发现3处间断性翻水花现象,水花高出水面1～2cm,通过摸探发现,在距堤脚40～90m的水塘中有8处管涌点,直径2～5cm,面积近10亩的水塘中,渗出水量达30m³/h。桩号22+787～22+867段,距堤脚30～90m的水塘中发现管涌点31处,其中1处直径20cm,10处直径10～20cm,其余直径2～10cm,沙丘或沙带高5～20cm,捞取砂样均为黑色细粉砂,管涌点集中分布在2000m²范围内,总涌水量达22.5m³/h。地理位置详见图3.2.21。

险情发生后,在各管涌口投放厚0.3～0.5m的瓜子片压渗导滤,使涌出的细泥砂在瓜子片周围逐渐凝结,减少出流量又不使其形成连贯管涌口,同时围埝水塘,抬高塘水位,蓄水反压,并对距离堤脚最近的塘角全部用砂壤土填平,保证塘水面距堤脚最近距离在60m以上。至8月14日,险情基本得到控制。1998年汛期后,实施了堤防除险加固工程,在内堤脚建30m宽平台,平台高程为13.8～14.0m,横向坡比1:50,平台以外采用500m³/h绞吸式

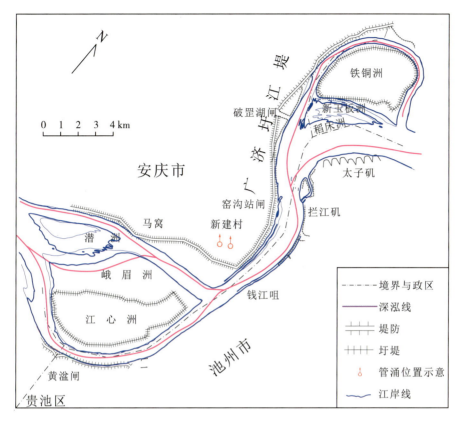

图 3.2.21 广济圩江堤夹厢圩新建村管涌位置示意图

挖泥船吹填盖重,盖重宽度150m,高程13.5～13.9m,横向坡比1:150,盖重末端以1:5边坡与地面相接。

3.2.11.2 地形地质

该段江堤堤顶高程18.1～18.7m,堤顶宽约6m,堤身高7～9m。堤内地面高程9.5～11.5m,近堤地段较高,距堤内50～150m范围内分布众多鱼塘及取土坑,深1.5～2.5m。堤外为民垸前江圩,滩宽500～1500m,地面高程10～12m。

堤基上部为冲积粉细砂,厚0.5m,呈透镜体状分布,中部为粉质黏土、粉质壤土,夹有较多粉细砂、砂壤土等砂性土透镜体,厚5.0～8.0m,下部为厚度较大的粉细砂。堤基地质结构分类属Ⅲ类,地质剖面示意见图3.2.22,堤基各土层物理性质及渗透性参数建议值见表3.2.22。

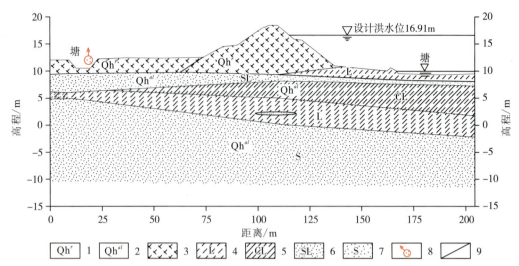

1. 第四系全新统人工填土；2. 第四系全新统冲积；3. 素填土；4. 砂壤土；5. 粉质壤土；6. 粉质黏土；7. 粉细砂；8. 管涌位置示意；9. 岩性界线

图 3.2.22　广济圩江堤夹厢圩新建村管涌地质剖面示意图

表 3.2.22　广济圩江堤夹厢圩堤基土主要物理性质及渗透性参数建议值

土层名称	天然含水率/%	干密度/(g·cm^{-3})	孔隙比	渗透系数/(cm·s^{-1})	允许渗透比降
砂壤土	25.5	1.57	0.65	$i\times10^{-4}$	0.25~0.30
粉质壤土	32.3	1.44	0.84	$i\times10^{-5}$	0.40~0.50
粉质黏土	31.0	1.47	0.85	$i\times10^{-6}$	0.60~0.70
粉细砂	24.4	1.52	0.7	$i\times10^{-3}$	0.20~0.25

3.2.11.3　地质评述

总体而言，该段堤防堤基具二元结构，上部以黏性土为主，其中夹有砂性土透镜体；下部为深厚的砂性土。出险原因可能是上部黏性土中的砂性土透镜体连通了堤内、外，再加上堤内、外有坑塘切割，缩短了渗径，在高水位时发生了渗透破坏。1999 年底，对堤内坑塘进行了吹填，吹填高程 14m，宽度 150m。工程地质勘察建议，进一步采取防渗措施，对堤身及堤身与堤基接触带进行防渗处理。

从地质结构的角度来分析，上部的砂性土透镜体分布较为复杂，规律性较差，因此只是采取吹填方法填塘，似乎不足以彻底解决渗透破坏问题。如果砂性土透镜体分布较浅，而且连通了堤防内、外，则仍有发生管涌险情的可能性。比较可靠的处理应该是在上部黏性土中设置垂直防渗墙，截断其中砂性土透镜体可能的水平渗流通道。前已述及，这种黏性土夹砂或者黏性土与砂互层的地层，水平方向的渗透系数比垂直方向的渗透系数要大得多，只要截断水平方向的渗流通道，则江水通过深部砂层，再通过黏性土夹砂层垂直向上渗透，是不可能发生渗透破坏的。而且在这种情况下,土层的综合临界比降主要取决于黏性土的临界比降,其值相对而言较大。

3.2.12 枞阳江堤永丰圩桂家坝管涌

3.2.12.1 险情概况

枞阳江堤中,永丰圩(桩号25+210～43+755)为管涌、崩岸及堤身险情多发段。历史上永丰圩曾多次发生溃口,据历史记载,1931年6月桂家坝(桩号35+500)发生溃口、1949年6月三百丈上窑墩(桩号28+900)发生溃口、1954年7月拖船沟(桩号26+720)发生溃口。桩号27+700～36+000堤段,近50年岸线崩退1000余米,江堤曾3次退建。1998年,该堤发生规模较大的险情39处,详见表3.2.23。

表3.2.23　枞阳江堤永丰圩历史险情统计表

序号	出险日期	长江水位/m	桩号	险情类型	险情描述
1	1998年7月3日	14.14	25+210～25+610	散浸	
2	1998年7月3日	14.14	25+900～26+300	散浸	堤脚2m以下
3	1998年7月3日	14.14	27+000～28+000	散浸	堤脚2m高以下
4	1998年7月3日	14.14	28+100～29+010	散浸	堤脚10m内
5	1998年8月3日	14.78	28+500	管涌	塘内
6	1998年8月6日	14.56	30+291	管涌	距堤800m渠道内管涌群,砂环最大直径20cm
7	1998年7月3日	14.14	31+800～33+000	散浸	堤脚150m内大面积散浸
8	1992年	13.03	31+800～32+000	管涌	距堤脚40m塘内多处冒砂,砂环直径10～20cm
9	1992年	13.20	32+130～32+310	管涌	距堤脚70m塘内多处管涌,冒黑砂
10	1998年7月10日	13.94	32+150	管涌	距堤脚160m管涌,冒水直径10cm
11	1998年8月2日	14.77	34+400	管涌	堤脚,砂环直径30cm
12	1998年6月29日	15.88	34+500	管涌	砂环直径1cm
13	1992年	14.86	34+550～34+850	散浸	地面40m内潮湿发软能见水
14	1998年6月29日	15.88	35+050	管涌	砂环直径1.5～2.0m
15	1998年7月18日	14.07	34+200～35+200	散浸	堤脚
16	1998年8月2日	14.77	35+700～35+800	散浸	
17	1992年	14.92	35+730～35+820	管涌	距堤脚38m处砂环,出水孔13个,直径5～7cm
18	1998年8月2日	14.77	35+750	管涌	距堤脚20m
19	1998年7月1日	14.11	35+984	闸险	闸站前池鼓水严重

续表 3.2.23

序号	出险日期	长江水位/m	桩号	险情类型	险情描述
20	1998年8月6日	14.56	36+200	管涌	距堤脚1m处,两处砂环,直径均为2cm
21	1998年8月3日	14.78	36+200～36+300	散浸	堤脚发软
22	1998年7月31日	14.75	36+400	管涌	距堤脚170m水塘中,直径60cm
23	1983年	14.88	37+290		桂家坝站抢险
24	1998年8月2日	14.77	37+500	管涌	堤脚15m处砂环直径1cm
25	1998年8月4日	14.71	37+500～37+900	散浸	开导渗沟50条
26	1998年7月31日	14.75	37+550～37+700	散浸	
27	1998年8月4日	14.71	37+700	管涌	堤脚15m处,2处管涌,直径3cm
28	1998年8月4日	14.71	37+740	管涌	距堤脚25m处浅塘内,直径8cm
29	1998年8月4日	14.71	37+800	管涌	距堤脚20m处浅塘内,直径10cm
30	1998年7月3日	14.14	39+550～39+750	散浸	
31	1998年7月1日	14.15	39+850	管涌	距堤脚5m处,砂环直径1～5cm
32	1998年8月3日	14.78	40+350～40+400	散浸	堤脚发软
33	1998年8月3日	14.78	40+400	管涌	3处,直径1cm
34	1998年7月30日	14.71	40+500～40+600	散浸	堤脚发软
35	1998年7月26日	14.22	40+600	管涌	直径10cm
36	1998年7月30日	14.71	42+150～43+200	散浸	堤脚积水
37	1992年	12.97	42+500～42+550	散浸、管涌	堤脚40m内地面沼泽化,有3处冒砂
38	1992年	13.14	43+463～43+560	散浸、管涌	堤内地面沼泽化,距堤脚40m塘内多处管涌
39	1998年8月14日	14.34	43+600	管涌	距堤脚120m水塘中,4处,砂环直径40cm

1998年8月2日,当长江水位上涨到14.4m时,桩号35+750处先是堤脚沿线出现散浸现象,随后在堤脚20m处产生管涌,见图3.2.23。

3.2.12.2 地形地质

此段江堤堤顶高程约16.8m,堤顶宽约10.0m,堤身高约7.1m。 戗台高程14.6m,宽4.0m。堤内戗台以下坡比1:4,以上坡比1:3,堤外坡比1:2.5。堤内地面高程8.0～10.3m,近堤处沟塘密布,塘底高程5.9～6.1m,水深1～3m。堤外地面高程10.0～12.4m,外滩宽300～500m,分布较多沟塘,塘底高程8.4～9.6m,水深1～2.5m不等。

堤基地质结构为Ⅲ$_4$类,上部为连续分布的砂壤土或粉细砂等砂性土层,连通堤内外,厚

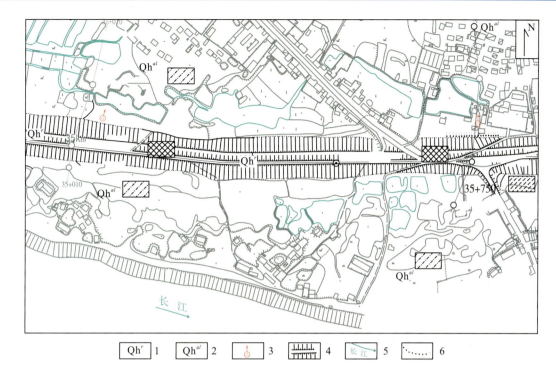

1.第四系全新统人工堆积;2.第四系全新统河流冲积;3.管涌位置示意;4.堤防;5.水系;6.岩性界线

图 3.2.23 永丰圩桂家坝管涌险情位置示意图

度一般为 1.5～4.6m;中部为粉质壤土、黏性土夹薄层粉细砂,厚度一般为 8.0～13.0m;下部为厚层粉细砂、中粗砂组成的砂性土。各土层物理性质及渗透性参数建议值列于表 3.2.24,地质剖面示意见图 3.2.24。

表 3.2.24　永丰圩桂家坝管涌险情堤基土主要物理性质及渗透参数建议值

土层名称	天然含水率/%	干密度/(g·cm^{-3})	孔隙比	渗透系数/(cm·s^{-1})	临界比降
粉质黏土	41.7	1.28	1.15	$3.3×10^{-6}$	0.85～1.25
粉质壤土	33.3	1.43	0.91	$3.5×10^{-6}$	0.65～0.85
壤土	38.5	1.32	1.07	$1.7×10^{-5}$	0.47～0.63
细砂	29.8	1.44	0.85	$3.7×10^{-4}$	0.20～0.30

3.2.12.3　地质评述

该管涌险情发生在堤内 20m 处的地面,而在管涌点数米远处分布有坑塘。从地质结构和坑塘分布位置来分析,管涌险情的发生应该与堤基浅表分布有透水性较强的砂性土层有关,因此管涌发生在地面,而不是坑塘内。但表层的砂性土层厚度不大,其下为厚度较大的黏性土夹砂层,因此采取垂直防渗墙的处理措施时一定要注意防渗墙的合理深度,防渗墙不仅要截断堤基上部砂性土层,还必须截断一定厚度的黏性土夹砂层。如果防渗墙只截断表

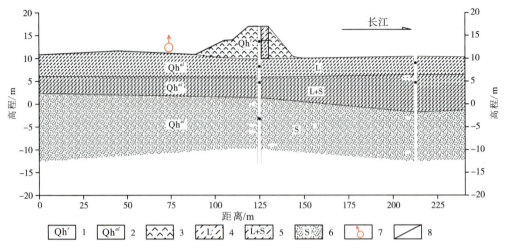

1.第四系全新统人工填土；2.第四系全新统冲积；3.素填土；4.壤土、粉质壤土；5.黏土夹薄层粉细砂互层；
6.粉细砂；7.管涌位置示意；8.岩性界线

图 3.2.24　永丰圩桂家坝管涌险情工程地质剖面示意图

层砂性土层，江水仍然可以通过中部的黏性土夹砂层发生渗透破坏。考虑到堤高 7m 多，表层砂性土层最大厚度为 3.7m，则防渗墙应截断 4m 左右的黏性土夹砂层，防渗墙总深度约 8.0m 比较合适，同时对堤内坑塘应进行填塘固基。工程地质勘察将该段堤防分类为 D 类，建议进行防渗处理。在隐蔽工程加固处理中，该段堤防采取了水泥搅拌桩垂直防渗措施，效果良好。

3.2.13　枞阳江堤永丰圩—心村管涌

3.2.13.1　险情概况

1998 年 7 月 31 日，在桩号 36+400、距堤脚 170m 水塘中发生管涌险情，管涌口直径 60cm；8 月 3 日，在桩号 36+200～36+300 堤脚发生散浸，堤脚发软；8 月 6 日，在桩号 36+200 距堤脚 1m 处发生管涌，2 处管涌砂环直径均为 2cm，出险时长江水位 16.45m。平面位置见图 3.2.25。

3.2.13.2　地形地质

该段堤顶高程 17.5m、宽 11.6m，堤高 7.5m，堤内戗台高程 14.2m，宽度 3.5m。堤内坡比 1∶3～1∶4，堤外坡比 1∶2.5。堤内地面高程为 8.3～10m，堤脚一带沟塘密布，塘底高程 6.6～8.3m，水深 1～3.0m。堤外地面高程 8.9～11.3m，近堤脚一带分布较多池塘，塘底高程 7.6～8.6m，水深 1～2.5m，大者长 50～100m，小者长 5～10m。外滩宽 500～700m。

该段江堤坐落在长江冲湖积平原上，堤基地质结构为 I_2 类，上部以粉质壤土为主，夹粉质黏土，局部为粉质壤土夹薄层状粉细砂，厚度一般为 0.7～2m，局部堤段厚度稍大于 2m，

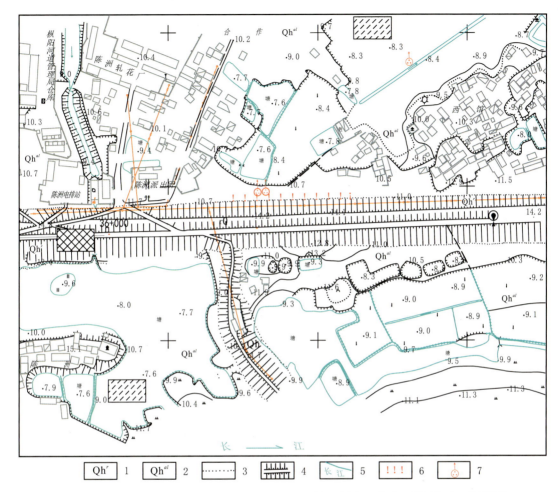

1.第四系全新统人工填土；2.第四系全新统冲积层；3.地层界线；4.堤防；5.水系；6.散浸位置；7.管涌位置

图 3.2.25　永丰圩一心村管涌位置示意图

下部为厚层粉细砂、中粗砂。各土层物理性质及渗透性参数建议值见表3.2.25，地质剖面示意见图3.2.26。

表 3.2.25　永丰圩一心村管涌段堤基土主要物理性质及渗透参数建议值

土层名称	天然含水率/%	干密度/(g·cm^{-3})	孔隙比	渗透系数/(cm·s^{-1})	临界比降
黏土	37.7	1.3	1.10	1.0×10^{-6}	0.85～1.25
粉质黏土	38.7	1.33～1.45	0.62～1.056	5.0×10^{-6}	
壤土	28.0	1.48～1.53	0.77～0.90	5.0×10^{-6}	0.47～0.63
砂壤土	25.3	1.44～1.83	0.60～0.80	1.0×10^{-4}	
细砂	28.0	1.41～1.62	0.70～0.90	1.0×10^{-3}	0.20～0.30

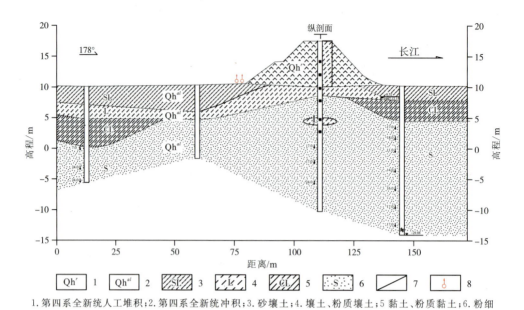

1. 第四系全新统人工堆积；2. 第四系全新统冲积；3. 砂壤土；4. 壤土、粉质壤土；5. 黏土、粉质黏土；6. 粉细砂或中细砂；7. 岩性界线；8. 管涌位置示意

图 3.2.26　永丰圩一心村管涌地质剖面示意图

3.2.13.3　地质评述

该段堤防堤基地质结构分类为 I_2 类，表层黏性土厚度小于 2m，而且其中还夹有砂性土薄层，一般容易在汛期出现险情。由于砂层深厚，采用防渗墙将之截断不仅造价高，而且难度大。采用堤内填塘＋盖重的处理措施具有一定的风险性，一般情况下险情会随着盖重向堤内延伸，在盖重前沿仍有发生渗透破坏的可能性。比较可靠的方法是在盖重以外再增设减压井，消散盖重前沿的水压力。工程地质勘察将该段堤基分为 D 类，堤防加固主要采取了填塘固基和堤后盖重的措施，对堤后 100m 范围内的渊塘全部填平。

3.2.14　枞阳江堤永丰圩湖东村管涌

3.2.14.1　险情概况

1998 年 7 月 26 日，长江水位 16.11m，在永丰圩尾部（桩号 40＋600）湖东村发生管涌，管涌直径 10cm；8 月 3 日，桩号 40＋400 处又发生 3 处管涌，管涌直径 1cm。平面位置见图 3.2.27。

3.2.14.2　地形地质

该段堤顶高程 17.4m、宽 8.8m，堤高 7.9m，堤内戗台高程 13.8m、宽度 3.3m，戗台以上坡比 1∶3，以下坡比 1∶4，堤外坡比 1∶2.5。堤内外地面高程为 8.2～11.5m，坑塘密布，塘

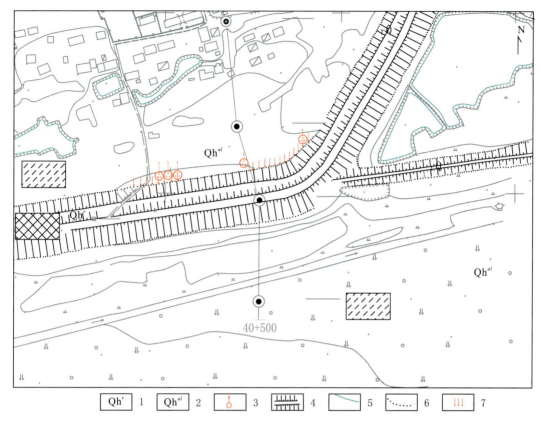

1.第四系全新统人工堆积;2.第四系全新统冲积;3.管涌位置;4.堤防;5.鱼塘界线;6.堤防界线;7.散浸位置

图 3.2.27 枞阳江堤永丰圩湖东村管涌位置示意图

底高程 7.5～9m,水深 1～2.5m。堤外地面高程 8.3～10.6m,分布有排水渠,外滩宽 500～700m。

堤基地质结构为 II_2 类,上部为粉质壤土、黏性土夹薄层细砂,厚度一般 8～10m,最厚可达 17m;下部为厚层粉细砂、中粗砂等,见图 3.2.28。

3.2.14.3 地质评述

前已述及,黏性土夹砂或者黏性土与砂互层的地层,水平方向可以看作透水层,而垂直方向则可以作隔水层。从堤基地质结构可以看出,堤基上部粉质壤土、黏性土夹薄层细砂总厚度大于 5m,最厚可达十数米,因此一般情况下不大可能通过下部砂层发生管涌险情。

该管涌险情的发生与黏性土中的砂夹层有关,特别是浅层的砂夹层,在被堤外的沟渠和堤内的水塘揭穿的情况下,渗径缩短,导致险情发生。由于砂夹层分布的复杂性,防渗处理以垂直防渗措施为佳,不难看出,只要截断上部 5～6m 的粉质壤土、黏性土夹薄层细砂,就可以起到消除管涌险情的目的。

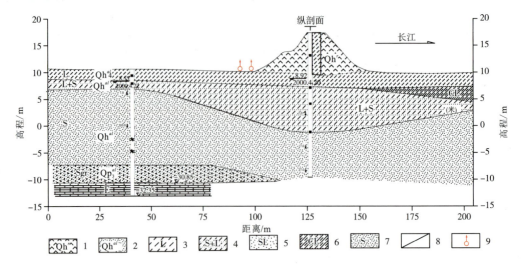

1.第四系全新统人工堆积;2.第四系全新统冲积;3.壤土、粉质壤土;4.黏性土夹薄层粉细砂;5.砂壤土;6.黏土、粉质黏土;7.粉细砂或中细砂;8.岩性界线;9.管涌位置示意

图 3.2.28　枞阳江堤永丰圩湖东村管涌地质剖面示意图

3.2.15　枞阳江堤永久圩王家套管涌

3.2.15.1　险情概况

枞阳江堤永久圩长 28.168km（桩号 43+755～71+923），历史记录险情共 43 处，其中管涌 21 处，散浸 20 处，老洲头段（桩号 55+100～56+100、桩号 57+750～59+650）崩岸严重，部分堤段发现有白蚁活动。历史险情见表 3.2.26。

表 3.2.26　枞阳江堤永久圩历史险情统计表

序号	出险时间	长江水位/m	出险桩号	险情描述
1	1998 年 7 月 29 日	14.61	44+200	堤脚 4 处管涌
2	1998 年 7 月 20 日	14.20	44+750～800	堤脚散浸、软化
3	1992 年	13.14	44+920	距堤脚 30m 塘边 3 处翻砂冒水，砂径 3～4cm
4	1998 年 6 月 30 日	14.11	46+000～47+000	堤脚散浸
5	1998 年 8 月 17 日	14.15	46+220	距堤脚 200m 管涌，砂环直径 20cm
6	1998 年 7 月 26 日	14.22	46+830	距堤脚 10m 的地方有 3 处管涌，砂环直径 10cm
7	1998 年 7 月 27 日	14.38	46+830	距堤脚 70～100m 管涌冒砂
8	1998 年 7 月 29 日	14.61	47+000	堤脚管涌渗水
9	1998 年 7 月 29 日	14.61	47+600	堤脚管涌渗水
10	1998 年 8 月 9 日	14.50	48+200	沿堤脚 40m 渗漏

续表 3.2.26

序号	出险时间	长江水位/m	出险桩号	险情描述
11	1998年6月30日	14.11	48+850	散浸、渗漏
12	1999年7月19日	14.15	49+100	堤脚严重散浸
13	1998年		49+225	王家套站闸室内渗水
14	1999年7月21日	14.23	49+500	堤脚20m内散浸，堤坡软化
15	1998年7月29日	14.61	49+750	管涌
16	1999年7月18日	14.17	49+850	堤脚管涌，出现砂窝
17	1992年	13.14	49+980	散浸、管涌，堤脚大面积冒水、冒砂，砂环直径5~8cm
18	1998年7月6日	14.22	50+200	散浸、堤脚渗水
19	1998年7月29日	14.61	50+500	散浸、堤脚渗水
20	1998年7月31日	14.74	50+500	管涌，堤脚直径6cm的管涌
21	1998年7月6日	14.22	50+600~950	散浸，堤脚5处渗水
22	1998年7月29日	14.61	50+850	堤脚管涌
23	1998年7月29日	14.61	51+930	堤脚渗漏
24	1999年7月24日	14.26	53+850	堤脚散浸
25	1998年6月30日	14.11	54+000	管涌、渗漏，堤后出现小砂窝
26	1998年8月8日	14.51	55+300~420	散浸，距堤脚5m散渗
27	1998年8月4日	14.71	56+080	散浸，堤脚渗水发软
28	1998年8月12日	14.44	56+800	渗漏，堤脚渗漏严重
29	1998年7月26日	14.22	57+390	堤脚管涌，冒水携带青灰色细砂，直径1~2cm，砂砾石作反滤抢险
30	1998年7月29日	14.61	57+410	管涌，冒水携带青灰色细砂，直径1~2cm，砂砾石作反滤抢险
31	1998年7月26日	14.22	57+500	散浸，堤脚严重散浸，长16m
32	1998年8月24日	14.19	57+600~960	管涌，距堤脚50~120m的两水塘有冒水现象
33	1998年8月24日	14.19	58+000	管涌，距堤脚50m处管涌4点，直径1~2cm
34	1998年8月24日	14.19	58+500	管涌，管涌直径1cm
35	1998年8月24日	14.19	58+840~860	渗漏，距堤脚20~30m水塘冒清水
36	1998年8月24日	14.19	58+935~945	渗漏，距堤脚5m渗水
37	1998年8月24日	14.19	59+030~080	散浸，距堤脚10~20m严重散浸，涌水量较大
38	1998年7月26日	14.19	59+400~410	渗漏，堤脚下有10m×10m范围渗水
39	1998年7月26日	14.19	59+450~460	渗漏，堤脚下有10m×10m范围渗水

续表 3.2.26

序号	出险时间	长江水位/m	出险桩号	险情描述
40	1998年7月26日	14.19	59+450~510	管涌,堤脚顺堤向直线排列32处管涌,向上冒水,携带青灰色细砂
41	1998年8月4日	14.71	61+000	管涌,距堤脚15m处浅塘内管涌直径8cm,浅塘现已填平
42	1998年8月2日	14.88	61+400	管涌,距堤脚500m管涌砂环直径3m
43	1999年7月18日	14.07	61+400	距堤脚500m,30m×10m范围内管涌8处

1998年7月29日,当江水位达到14.61m时,王家套(桩号49+750)堤脚发生管涌,平面位置见图3.2.29。

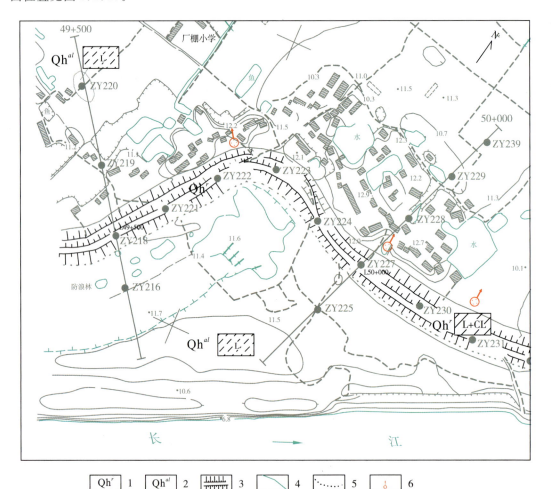

1.第四系全新统人工堆积;2.第四系全新统冲积;3.堤防;4.河流;5.岩性界线;6.管涌位置

图3.2.29 枞阳江堤永久圩王家套管涌位置示意图

3.2.15.2 地形地质

该段堤顶高程16.9m,堤高5.1m、宽6.2m,堤内戗台高程13.9m,宽度4.4m。戗台以下坡比1:4,以上坡比1:3,堤外坡比1:3。堤内地面高程为10.3～12.1m,100m范围内断续分布有坑塘及沟槽,水深1～2m,个别深达5m。堤外地面高程10.6～11.7m,外滩宽100～300m。

王家套堤基地质结构为$Ⅲ_4$类,上部为砂壤土、粉细砂或粉质壤土夹粉细砂薄层,厚度2～3m;中部为粉质壤土和粉质壤土夹薄层细砂,厚度6.0～8.0m;下部为厚层粉细砂,见图3.2.30。各土层物理性质及渗透参数建议值见表3.2.27。

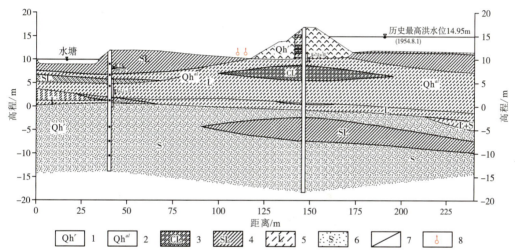

1.第四系全新统人工堆积;2.第四系全新统冲积;3.黏土、粉质黏土;4.砂壤土;5.壤土、粉质壤土;6.粉细砂或中细砂;7.岩性界线;8.管涌位置示意

图3.2.30 枞阳江堤永久圩王家套管涌地质剖面示意图

表3.2.27 枞阳江堤永久圩堤基土主要物理性质及渗透性参数建议值

土层名称	天然含水率/%	干密度/(g·cm^{-3})	孔隙比	渗透系数/(cm·s^{-1})	临界比降
粉质黏土	35.9	1.38	0.980	$2.0×10^{-6}$	0.85～1.43
粉质壤土	28.7	1.50	0.820	$5.0×10^{-5}$	0.40～0.66
砂壤土	27.1	1.50	0.800	$3.0×10^{-4}$	0.30～0.45
细砂	26.0	1.55	0.74	$5.0×10^{-4}$	

3.2.15.3 地质评述

险情发生时江水位只高出堤内地面3～4m,可见该堤段的地质条件极易发生管涌险情。从堤基地质结构可以看出,该段管涌险情的发生主要是由于堤基上部砂性土产生的浅层渗透破坏。此外也应考虑到,中部的粉质壤土和粉质壤土夹薄层细砂,由于埋深较浅,也可能引发管涌险情。

此种地质结构采用垂直防渗墙效果最佳,但防渗墙只截断上部砂性土层显然是不够的。在天然情况下,管涌可能通过上部砂层发生;但当防渗墙将上部砂层截断后,则中部粉质壤土中所夹的细砂薄层就会成为主要的渗透通道,由于上覆砂层厚度有限,不足以压制住渗透水压力,渗透水通过中部的细砂夹层引发管涌险情是不可避免的。因此,防渗墙不仅要截断上部砂性土层,还要截断一定厚度的中部粉质壤土夹细砂层。

此段堤防高度只有 5.1m,汛期堤防所承受的水头并不是很高。但从安全的角度考虑,防渗墙应进入中部粉质壤土夹砂层 3~4m,这样即使不考虑上部砂性土的压重和反滤效果,也能保证不发生管涌险情。

3.2.16 枞阳江堤永久圩许棚管涌

3.2.16.1 险情概况

1998 年 7 月 29 日,枞阳江堤永久圩许棚发生管涌险情(桩号 61+000),管涌出现在距堤脚 15m 的浅塘内,直径 8cm,出险时长江水位 14.71m,见图 3.2.31。

图 3.2.31 永久圩许棚管涌位置示意图

3.2.16.2 地形地质

枞阳江堤永久圩堤顶宽度 5.5~8.0m,堤身高度一般 5.5~8.0m,外坡坡比 1∶3,内坡堤顶下 3m 设 4~5m 宽的平台,平台以上边坡 1∶3,平台以下边坡 1∶4~1∶5,堤脚一般设有压浸台。外滩宽 40~140m。上部 1~5m 为砂壤土,中部 3~6m 为粉质黏土或粉质壤土,其下 1~5m 为粉质壤土夹薄层粉细砂,下伏砂层。

许棚段堤基为多层地质结构(Ⅲ类),表层为中等透水的砂壤土,厚 1~5m;中部为弱—微透水的粉质壤土、粉质黏土层,厚 3~6m,其下为厚 1~5m 的粉质壤土夹薄层粉细砂;下伏砂层。本段存在浅层渗透稳定问题,宜进行垂直防渗处理。典型地质剖面如图 3.2.32 所示。堤基各土层物理参数及渗透系数建议值列于表 3.2.28。

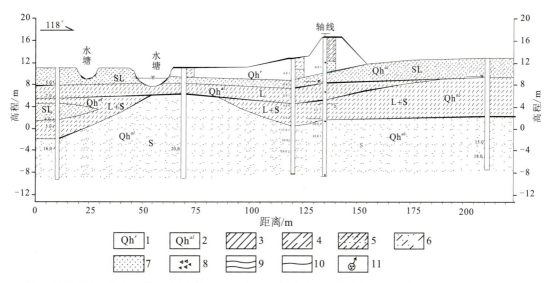

1. 第四系全新统人工堆积;2. 第四系全新统冲积;3. 黏土;4. 粉质黏土;5. 粉质壤土;6. 砂壤土;7. 粉细砂;8. 碎石;9. 岩性界线;10. 地层界线;11. 管涌位置示意

图 3.2.32 枞阳江堤永久圩许棚工程地质剖面示意图

表 3.2.28 枞阳江堤永久圩堤基主要土层物理性质及渗透性参数建议值

土层名称	天然含水率/%	湿密度/(g·cm^{-3})	干密度/(g·cm^{-3})	孔隙比	渗透系数/(cm·s^{-1})
黏土	40.0	1.83	1.30	1.1	1×10^{-6}
粉质黏土	34~38.7	1.85~1.94	1.33~1.45	0.62~1.05	
粉质壤土	30~36.5	1.85~1.90	1.30~1.41	0.9~1.0	5×10^{-5}
壤土	28.0~31.6	1.95	1.48~1.53	0.77~0.90	
砂壤土					1×10^{-4}
细砂					1×10^{-3}

3.2.16.3 险情分析

综合分析认为,这一管涌险情主要是江水通过浅层砂壤土层所发生,可以利用中部的粉质壤土、粉质黏土层作防渗依托，进行垂直防渗。尽管中部的黏性土层夹有砂性土层，但其垂直方向的渗透性主要受黏性土控制，可以起到防渗的作用，且其厚度也可以满足防渗要求，下部砂层中的水不至于突破而发生深层渗透破坏。

3.2.17 无为大堤桑园管涌

3.2.17.1 险情概况

无为大堤桑园段（桩号98+700～107+850），1998年，堤内脚发生3处散浸；1999年汛期，发生5处渗漏、2处散浸、1处管涌和1处堤外坡塌方，详见表3.2.29。

表3.2.29 无为大堤桑园段险情统计表

序号	出险时间	桩号	险情类型	险情描述	抢险措施
1	1998年	102+350～102+400	散浸	堤脚渗清水	开沟导渗，堤脚变硬
2		103+700～103+710	散浸	堤脚渗清水	开沟导渗，堤脚变硬
3		105+600～105+650	散浸	堤脚渗清水	开沟导渗，堤脚变硬
4	1999年	102+050	渗漏	堤脚有4处渗漏出水点，直径约1cm	开沟导渗，24h值班观察
5		102+157	渗漏	下沟站出水涵伸缩缝轻微渗漏	24h值班观察
6		102+400	散浸	二坝停车场二平台以下长约50m散浸	开沟导渗，24h值班观察
7		103+000	渗漏	堤脚水塘边有1处渗漏出水点	开沟导渗，24h值班观察
8		103+600	渗漏	立交桥4～6号墩堤脚处漏清水	24h值班观察
9		104+900	散浸	原铁路水线房南侧15m处堤脚散浸	开沟导渗，24h值班观察
10		105+000	渗漏	堤脚漏清水	开沟导渗，24h值班观察
11		106+800	管涌	距堤脚140m处，因芜湖长江大桥勘探孔封堵不实而引起管涌	筑反滤层控制险情，24h值班观察
12		106+800	滑坡	芜湖长江大桥桥墩基础施工引起堤外坡塌方	已处理，24h值班观察

1999年7月4日至7月27日，无为大堤桑园段（桩号106+800）发生管涌险情，当时长江水位11.95～12.66m，险情距堤脚140m，系由芜湖长江大桥勘探孔封堵不严造成。抢险措施为筑反滤层，并24h值班观察。

3.2.17.2 地形地质

该段堤防堤顶高程12.15～14.46m，堤内距堤顶3.5m以下设有平台，平台上、下堤坡坡比分别为1:3和1:5，堤外坡比1:3～1:4。堤内地面高程5.1～6.1m，距堤内脚40～70m分布有取土坑。

上游段堤外为大拐民圩，圩宽350～700m，圩内地面高程6.5～7.3m，临江侧筑有民堤。下游段堤外滩宽100～200m，最宽达300m，滩面高程5.5～8.2m。

堤基地质结构属Ⅱ₂类，上部为粉质黏土，厚度10.6～18.0m，下部为粉质黏土与粉细砂互层，局部夹2～10m的含有机质粉质黏土透镜体；下伏粉细砂层，其顶部局部为砂壤土，厚度大于13.2m。地质剖面示意见图3.2.33，堤基各土层主要物理性质及渗透性参数建议值见表3.2.30。

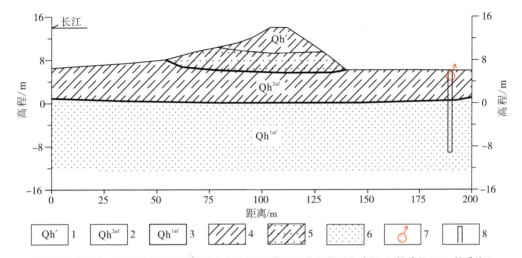

1.第四系全新统人工堆积；2.第四系全新统上段冲积；3.第四系全新统下段冲积；4.粉质黏土；5.粉质壤土；6.粉细砂；7.管涌位置示意；8.钻孔位置示意

图3.2.33 无为大堤桑园管涌地质剖面示意图

表3.2.30 无为大堤堤基土主要物理力学性质及渗透性参数建议值

土层名称	天然含水率/%	干密度/(g·cm⁻³)	孔隙比	渗透系数/(cm·s⁻¹)	临界比降
粉细砂	25.7	1.55	0.733	$7.26 \times 10^{-4} \sim 3.79 \times 10^{-3}$	—
砂壤土	27.4	1.52	0.770	$4.18 \times 10^{-5} \sim 1.29 \times 10^{-4}$	—
粉质黏土与粉细砂互层	32.8	1.38	0.957	$6.29 \times 10^{-6} \sim 8.72 \times 10^{-5}$	—
粉质黏土	34.8	1.40	0.945	$9.48 \times 10^{-7} \sim 9.20 \times 10^{-6}$	0.64

3.2.17.3 地质评述

该段堤防堤基工程地质评价为工程地质条件较好的B类，上部黏性土盖层厚度较大，正常情况下不可能发生管涌险情。因此,工程地质勘察建议,对堤内脚附近取土坑予以平整;对堤身及其与堤基接触部位、穿堤建筑物与土体接触带进行防渗处理。

本管涌险情因芜湖长江大桥勘探孔封堵不严而引起的,此类险情在长江中下游堤防中屡见不鲜。工程勘察钻孔的实施,相当于在上覆黏性土中人为制造了一个管涌通道,在长江汛期高水位时,下部砂层可通过钻孔发生管涌,水流将下部砂层中的砂颗粒冲出孔口,在砂层上部逐渐形成空洞,发展到一定程度则会导致地面塌陷,对堤防安全造成威胁。

3.2.18 铜陵江堤西联圩钟仓管涌

3.2.18.1 险情概况

铜陵江堤西联圩钟仓段(桩号 16+250～16+900),1998 年 7 月 2 日,长江水位 14.21m 时,在钟仓距堤脚 30～40m 远的水塘内发生多处管涌,距堤内脚最远 100m,管涌直径 8～15cm。1999 年 7 月 1 日,在同一位置发生几乎同样的险情,只不过出险时长江水位比 1998 年出险水位降低了 1m 多,为 13.1m,见图 3.2.4。

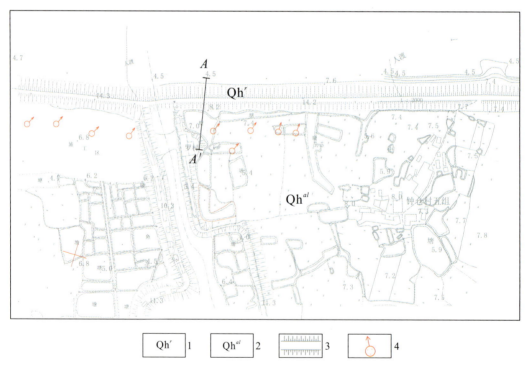

1.第四系全新统人工堆积;2.第四系全新统冲积;3.堤防工程;4.堤身管涌位置

图 3.2.34 铜陵江堤西联圩钟仓管涌地质平面图

3.2.18.2 地形地质

该段堤防堤顶高程 13.8~14.6m,堤高 7.4~9m,堤顶宽度 7~10m,内、外坡比 1∶2~1∶2.5,堤内外无戗台。堤内地面高程 8.0~8.5m,堤外基本无滩。

以桩号 16+250~16+390 为界,上游段堤基主要为双层地质结构($Ⅱ_1$ 类),上部为含有机黏土、含有机质壤土、壤土与砂壤土互层,厚 1.8~4.0m;下部为砂壤土、粉细砂层,钻探揭露最大厚度 24.2m,未揭穿。下游段堤基为多层地质结构(Ⅲ 类),上部为粉质黏土、壤土、含有机质黏土层,厚 3.4~5m;中部为砂壤土、粉细砂层,厚 2.1~8.6m;下部为粉质黏土、含有机质黏土、含有机质壤土层,厚度大于 10m。工程地质剖面见图 3.2.35,堤基各土层物理参数及渗透性参数建议值见表 3.2.31。

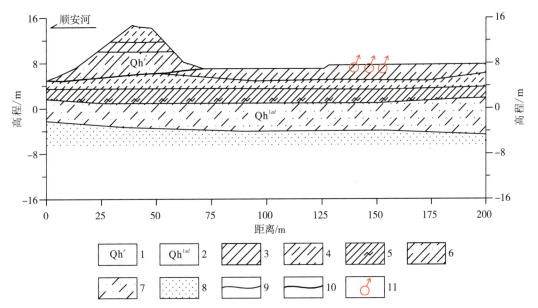

1.第四系全新统人工堆积;2.第四系全新统冲积;3.黏土;4.粉质黏土;5.含淤泥质黏土;6.粉质壤土;7.砂壤土;8.粉细砂碎石;9.岩性界线;10.地层岩性界线;11.管涌位置示意

图 3.2.35 铜陵江堤西联圩钟仓管涌地质剖面示意图

表 3.2.31 铜陵江堤西联圩堤基土主要物理性质及渗透性参数建议值

土层名称	天然含水率/%	干密度/(g·cm^{-3})	孔隙比	饱和度	渗透系数/(cm·s^{-1})	临界比降
粉质黏土	33.6	1.38	0.92	98	$5.3×10^{-5}$	0.85~1.30
壤土	27.7	1.47	0.80	98	$1.5×10^{-5}$~$5.3×10^{-4}$	—
砂壤土	—	—	—	—	—	0.50

3.2.18.3 地质评述

工程地质勘察认为,该段堤防堤基工程地质条件分属两类。桩号16+250～16+390段上部黏性土盖层较薄,因堤内坑塘而缺失,可视为砂基,堤基工程地质条件差,属D类,防渗处理只能采用堤内平台+减压井的措施。而桩号16+390～16+960段上部黏性土盖层同样厚度不足,但下部分布可作防渗依托的黏性土层,堤基工程地质条件较差,属C类,采用防渗墙处理稳妥可靠。

需要注意的是,在分界处的两段防渗衔接段需要采取特殊的处理措施。桩号16+390～16+960段防渗墙处理后,截断了正面江水的渗透通道,但依然存在来自砂基段的侧向绕渗问题,在靠近分界处附近一定范围内仍然存在发生管涌险情的风险。因此,需要将上游段平台+减压井的处理措施向下游段防渗墙后延伸,延伸的距离可通过渗流分析确定。

3.3 堤基散浸险情

3.3.1 岳阳长江干堤君山农场二洲子散浸

3.3.1.1 险情概况

岳阳长江干堤君山农场垸长22.825km,堤防桩号53+975～76+800。据统计,1996年、1998年和1999年,共发生管涌和散浸险情19处,以管涌为主(17处),散浸险情仅2处,详见表3.3.1。

表3.3.1 岳阳长江干堤君山农场历史险情统计表

序号	桩号	出险日期	险情类型	险情描述
1	53+975～54+375	1998年7月1日	散浸	堤内脚100m范围内大面积散浸
2	59+488	1998年7月17日	管涌	北闸引水渠底距堤脚300～800m范围砂眼
3	63+087	1998年7月1日	管涌	距堤脚50m,孔径10cm大管涌,翻砂鼓水
4	63+187	1999年7月10日	管涌	距大堤50m孔径20cm管涌
5	63+237	1998年7月4日	管涌	距堤脚40m住房中孔径3cm管涌
6	63+587	1999年7月22日	管涌	距堤脚60m孔径15cm管涌

续表 3.3.1

序号	桩号	出险日期	险情类型	险情描述
7	63+638	1998年7月26日	管涌	距堤脚80m砂眼群,面积6m²
8	65+687	1999年7月15日	管涌	距大堤150m孔径20cm管涌
9	65+737	1999年7月11日	管涌	距大堤180m孔径20cm管涌
10	66+087	1998年8月5日	管涌	距堤脚400m鱼塘中孔径20cm管涌
11	67+287	1998年7月27日	管涌	距堤脚60m处孔径15cm管涌
12	67+367	1998年7月28日	管涌	大堤脚孔径20cm管涌
13	67+987～68+200	1999年7月10日	散浸	距堤40m范围内大面积散浸
14	68+237	1998年8月20日	管涌	堤脚孔径10cm管涌
15	68+734	1999年7月21日	管涌	距堤脚10m孔径3cm管涌
16	69+278	1998年7月2日	管涌	矮围电排前池约孔径5cm大管涌
17	71+040～71+200	1996年7月	管涌	距堤脚100m范围内翻砂鼓水
18	75+500	1996年7月	管涌	距堤脚50m,孔径30cm
19	76+200	1996年7月	管涌	距堤脚50m,孔径10cm

1999年7月10日,君山农场二洲子(桩号67+987～68+200)发生大面积散浸险情,出险范围在距堤内脚40m范围内,险情位置见图3.3.1。

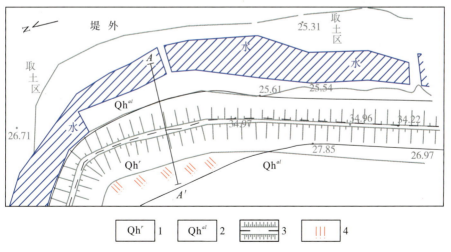

1.第四系全新统人工堆积;2.第四系全新统冲积;3.堤防;4.散浸位置

图 3.3.1 岳阳长江干堤君山农场二洲子散浸位置示意图

3.3.1.2 地形地质

此段江堤堤顶高程 35m 左右,堤顶宽约 6m,堤身高 8m,堤内、外坡比均为 1∶2.5～1∶3,堤内地面高程 25～27m。地处长江凹岸,外滩宽度大于 300m,距堤外 100m 范围沿堤分布有水塘。

堤基地质结构为单一砂性土结构(I_3),上部为砂壤土,厚度 10～15m,夹有薄层粉质壤土;下部为粉细砂,厚度大于 15m。地质剖面示意见图 3.3.2,各土层物理性质及渗透性参数建议值见表 3.3.2。

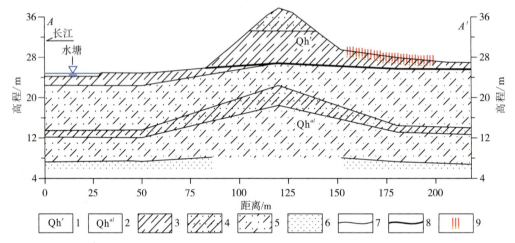

1.第四系全新统人工堆积;2.第四系全新统冲积;3.粉质黏土;4.粉质壤土;5.砂壤土;6.粉细砂;7.岩性界线;8.地层界线;9.散浸位置示意

图 3.3.2 岳阳长江干堤君山农场二洲子散浸地质剖面示意图

表 3.3.2 君山农场二洲子散浸段堤基土主要物理性质及渗透性参数建议值

土层名称	天然含水率/%	干密度/(g·cm^{-3})	孔隙比	渗透系数/(cm·s^{-1})	临界比降
粉细砂	20.80	1.61	0.642	2.5×10^{-4}～7.4×10^{-3}	—
粉质壤土	27.67	1.53	0.817	1.5×10^{-6}～2.8×10^{-5}	0.36～0.85
砂壤土	21.13	1.74	0.597	6.3×10^{-4}～3.4×10^{-3}	—

3.3.1.3 地质评述

工程地质勘察将该堤段评定为工程地质条件差的 C 类,并建议对堤基进行防渗处理。

对于砂土堤基而言,散浸和管涌险情往往是相伴发生的。从表 3.3.1 可以看出,在该散浸堤段附近,1998 年曾发生多处管涌险情。

散浸和管涌险情的发生,取决于出逸点的水力梯度,由于砂土属中等透水性,在很小的水力梯度下,就会发生渗透现象,即散浸。而管涌的发生,则是在水力梯度大于砂土的临界比降时才会发生。根据诸多渗透变形试验结果,长江中下游地区砂土的允许水力比降很小,经验值仅为0.10～0.25。

散浸险情的危害在于,水浸湿了堤身下部填土和堤基表层土体,使其抗剪强度降低,进而引起堤身土体变形,造成堤身裂缝,更严重的会造成脱坡险情。此外,当散浸险情发生时,只采取散浸险情的抢险措施是不够的,还应考虑江河水位继续上涨而发生管涌险情。因此,在采取抢险措施时,应提前做好继续发生各种险情的应急准备,有备而无患。

该段堤基砂性土深厚,不宜采取防渗墙的处理措施,2002年实施了压重＋减压井的工程措施,效果明显。

3.3.2　武汉市武惠堤沿江散浸

3.3.2.1　险情概况

武惠堤位于武汉市洪山区长江南岸,长24.422km,属1级堤防。1998年汛期,武惠堤发生各类险情66处,下游段(桩号0+000～10+334)发生险情18处,以散浸险情为主;上游段(桩号10+334～24+422)发生险情48处,以管涌险情为主。下游段险情见表3.3.3。

表3.3.3　武汉市武惠堤下游段1998年险情统计表

序号	位置	桩号	险情类型	出险时间	险情描述
1	沿江	1+010～1+040	散浸	8月1日	一级压浸台坡脚严重散浸,地面发软,有明流,高程24.5～25.5m
2	沿江	1+500～1+650	散浸	7月27日	二级压浸台坡脚潮湿,有清水流出,局部积水,高程约24.5m
3	联丰	3+800	散浸	8月7日	二级压浸台坡脚有一处管涌(直径为1.5cm),清水带砂,高程24.5m
4	十八段	5+430～5+450	散浸	7月27日	二级压浸台坡脚潮湿,局部积水,高程24.5m
5	十八段	5+500～6+000	散浸	8月1日	二级压浸台坡脚潮湿,沟内积水,高程24.5～25m
6	北湖闸	8+050～8+250	散浸	8月1日	二级压浸台坡脚浸水,禁脚地积水,局部地面发软,高程约24.5m
7	北湖闸	8+500	散浸	7月5日	闸门左上角闸皮破裂,散射状渗水

续表 3.3.3

序号	位置	桩号	险情类型	出险时间	险情描述
8	北湖闸	8+650～8+710	散浸	7月6日	二级压浸台坡脚散浸,禁脚地局部积水,有明流,局部稀泥状,高程23.5～24.0m
9	向家尾	8+960～9+050	散浸	7月8日	一级压浸台坡脚,禁脚地浸湿,有明流,局部发软,散浸,高程23.5～24.0m
10	向家尾	8+985～9+050	散浸	7月8日	二级压浸台坡脚地有清水渗出,低洼处积水或稀泥状,高程24.0m
11	向家尾	9+000	水井	7月31日	原封死水井周围冒清水,高程24.5m
12	向家尾	9+350～9+620	散浸	7月8日	二级压浸台坡脚散浸,禁脚地有积水,局部发软,高程23.5～24.0m
13	向家尾	9+550	管涌	7月29日	二级压浸台坡脚一纵沟内翻砂,清水管涌,直径为1.5cm,高程23.0m
14	向家尾	9+550～11+000	散浸	8月7日	一级压浸台坡脚、禁脚地、村民房前,渗水严重,局部地面发软为弹簧土
15	向家尾	10+000～10+100	散浸	8月21日	压浸台旁原居民房基前地垫低洼,坑多,排水不畅,散流严重,地面发软
16	向家尾	10+030	管涌	8月25日	距压浸台脚12m处发生管涌,清水带砂,直径为3cm,高程25.0m
17	向家尾	10+042	管涌	8月5日	二级压浸台坡脚、禁脚地散浸,堤脚有管涌,管径直径为1cm,清水带砂,高程25.5m
18	向家尾	10+080	浸漏	8月22日	距压浸台脚10m处房屋坡脚旁严重渗水,有积水坑,高程25.5m

1998年7月27日,武惠堤沿江(桩号1+500～1+650)二级压浸台坡脚出现散浸现象,有清水渗出,局部积水,出水点地面高程约24.5m。险情位置见图3.3.3。

3.3.2.2 地形地质

该段堤防堤顶高程为28.5～29.6m(黄海高程),堤高5～8m,堤顶宽8m,堤内坡比为1:3,外坡比为1:2.5～1:3,外滩宽度80～120m。堤外侧设有一级压浸台和浆砌块石护坡。内侧多设有二级压浸台。

该段堤防堤基地质结构属单一黏性土结构(Ⅰ₁类),主要为粉质黏土、粉质壤土,厚度一般大于20m。堤基各土层主要物理性质及渗透性参数建议值见表3.3.4,地质剖面示意见图3.3.4。

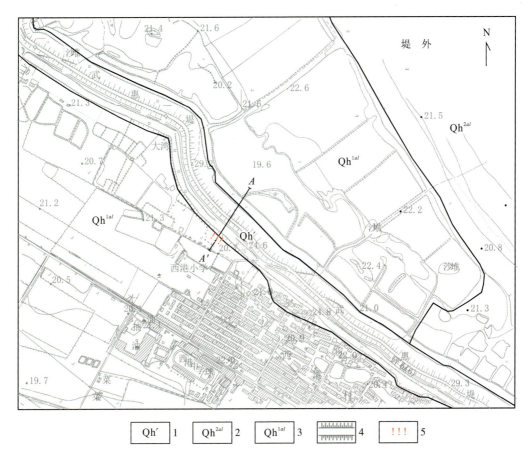

1.第四系全新统人工堆积;2.第四系全新统上段冲积;3.第四系全新统下段冲积;4.堤防工程;5.散浸险情位置

图 3.3.3　武汉市武惠堤沿江散浸险情位置示意图

表 3.3.4　武惠堤主要土层物理性质及渗透性参数建议值

土层名称	天然含水率/%	干密度/(g·cm^{-3})	孔隙比	渗透系数/(cm·s^{-1})	临界比降
粉质黏土	35.7	1.38	0.97	$6\times10^{-6}\sim 2\times10^{-5}$	0.85～1.00
粉质壤土	30.9	1.46	0.84	$7\times10^{-6}\sim 3\times10^{-5}$	0.60～0.70

3.3.2.3　地质评述

根据堤基地质结构和历史险情,以桩号 10+334 为界,武惠堤总体可以分为上、下游两段,上游段为Ⅲ类地质结构,浅层分布砂性土,历史险情频发,为武汉市重大险段,工程地质条件较差(C 类)或差(D 类),占武惠堤总长的 53.3%,需要对堤身、堤基进行防渗处理。下游段为Ⅰ$_1$ 和Ⅱ$_2$ 类地质结构,上部黏性土厚度大,历史险情多为堤内坡脚散浸,工程地质条件好(A 类)或较好(B 类),占武惠堤总长的 46.7%。

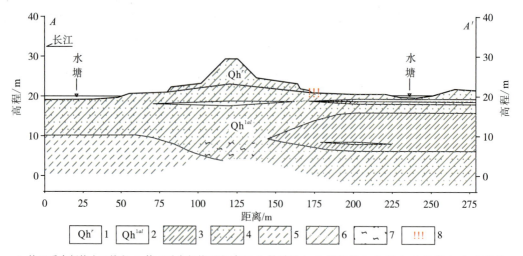

1.第四系全新统人工堆积;2.第四系全新统下段冲积;3.粉质黏土;4.粉质壤土;5.壤土;6.砂壤土;7.含有机质;8.散浸位置

图 3.3.4　武汉市武惠堤沿江散浸险情剖面示意图

武惠堤系在民堤的基础上,经多年不断加高培厚形成,清基不彻底,堤身与堤基接触部位渗透性较强,易发生散浸险情。从险情特点可以看出,堤身与堤基接触带渗透性不是很大,渗透临界比降比较大,因而在1998年整个汛期只发生散浸险情,而没有出现管涌险情。

3.3.3　武汉市武惠堤万人凼散浸

3.3.3.1　险情概况

万人凼位于武惠堤桩号上游段,1998年汛期,发生险情6处,其中散浸1处、管涌5处,详见表3.3.5。

表 3.3.5　武汉市武惠堤万人凼1998年汛期险情统计表

序号	桩号	险情类型	出险日期	险情描述
1	13+800~13+830	散浸	8月23日	大堤脚散浸,地面发软,高程26.5~27.0m
2	14+110	管涌	8月21日	距一级压浸台脚150m处上堤道路坡脚旁一浑水管涌,直径为4.5cm,高程22.5m
3	14+110	管涌	8月25日	距压浸台脚50m处上堤道路脚小管涌3处,直径为2.5cm,高程23.5m
4	14+110~14+450	管涌	8月26日	距压浸台脚50m处上堤道路脚小管涌3处,直径为1cm,高程23.5m
5	14+440	管涌	8月11日	一级压浸台坡脚2处小管涌,直径为0.5cm,清水带砂,高程约25m
6	14+750	管涌	8月23日	一级压浸台脚纵沟内翻砂管涌1处,直径为2cm,高程23.5m

1998年8月23日,武惠堤桩号13+800～13+830段,堤脚出现散浸险情,地面发软,出水点地面高程26.5～27.0m,险情位置见图3.3.5。

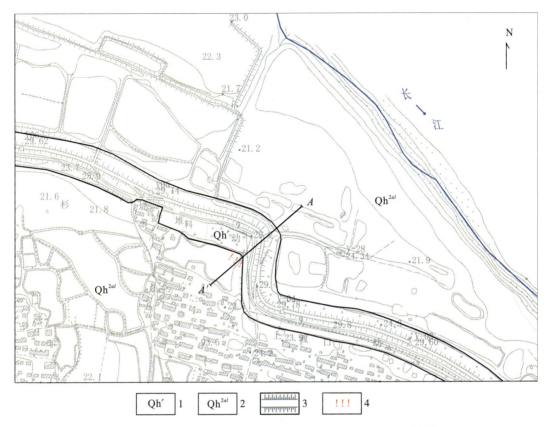

1.第四系全新统人工堆积;2.第四系全新统上段冲积;3.堤防工程;4.散浸位置

图3.3.5　武汉市武惠堤万人凼散浸险情位置示意图

3.3.3.2　地形地质

该段堤防堤顶高程28.5～29.6m,堤高5～8m,堤顶宽度8m,堤内坡比1:3,堤外坡比1:2.5～1:3,外滩宽度80～120m。堤外侧设有一级压浸台和浆砌块石护堤,堤内侧多设有二级压浸台。

该段堤防堤基由第四系黏性土和砂性土组成,堤基地质结构属多层结构,上部为砂壤土夹粉质壤土透镜体,厚5～8m;中部为粉质黏土,夹薄层粉砂,厚2～7m不等,局部约1.0m;下部为粉细砂,地质剖面示意见图3.3.6,主要土层物理性质及渗透性参数建议值见表3.3.6。

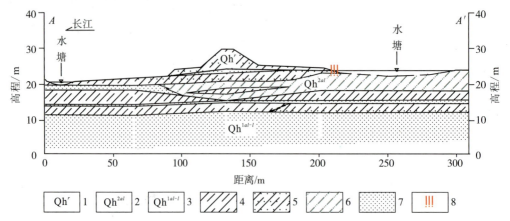

1.第四系全新统人工堆积;2.第四系全新统上段冲积;3.第四系全新统下段冲湖积;4.粉质黏土;5.粉质壤土;6.砂壤土;7.粉细砂;8.散浸位置示意

图 3.3.6　武汉市武惠堤万人凼散浸险情地质剖面示意图

表 3.3.6　武惠堤万人凼散浸段堤基土主要物理性质及渗透性参数建议值

土层名称	天然含水率/%	干密度/$(g \cdot cm^{-3})$	孔隙比	渗透系数/$(cm \cdot s^{-1})$	临界比降
粉质黏土	35.7	1.38	0.97	$6 \times 10^{-6} \sim 2 \times 10^{-5}$	0.85~1.00
粉质壤土	30.9	1.46	0.84	$7 \times 10^{-6} \sim 3 \times 10^{-5}$	0.60~0.70
砂壤土	26.2	1.55	0.76	6×10^{-4}	
粉细砂	27.2	1.49	0.82	$2 \times 10^{-4} \sim 6 \times 10^{-3}$	

3.3.3.3　地质评述

工程地质勘察将该段堤防分类为工程地质条件差(D类),需要进行防渗处理。从1998年汛期险情来看,该堤段仅有此一例散浸险情,其余均为管涌险情。险情发生的地形地质条件具有以下特点:

(1)在散浸险情发生堤段,堤外滩宽度大于500m;而在管涌险情发生堤段,堤外滩宽度大于100m,局部较窄。

(2)堤外滩至堤内压浸台边缘,表层分布有厚度不大的粉质壤土层,覆盖在砂壤土层之上,起到了不透水铺盖的作用。

(3)散浸险情发生的地方,地面高程多在26.5~27.0m间;而管涌险情发生的地方,地面高程多在23.5m及以下。

综上所述,散浸险情发生位置,渗径较长,渗透水力坡降较小;而在管涌险情发生位置,渗径较短,渗透水力坡降较大。

3.3.4 粑铺大堤罗湖堤上李湾散浸

3.3.4.1 险情概况

罗湖堤位于粑铺大堤中段,长4.87km,属2级堤防。1998年汛期,罗湖堤发生4处散浸险情,如表3.3.7所示。1999年,桩号133+900～134+800段距堤脚50.0m出现严重散浸。

表3.3.7 粑铺大堤罗湖堤1998年汛期险情统计表

序号	桩号	险情类型	出险江水位/m	险情描述	抢险措施
1	133+900～134+800	散浸	26.85	距堤脚50m屋基地严重散浸带长100m、宽30m,高程23.5～24m	砂石料导滤
2	134+950～93+925	散浸	27.71	距堤脚10m民房内大面积散浸,面积70m^2,高程23.0m	拆除民房,开沟导滤
3	134+920～93+775	散浸	27.71	距堤脚10m民房内大面积散浸,高程23.0m	拆除民房,开沟导滤
4	134+650	散浸	27.71	距堤脚15m三户民房内散浸,面积270m^2,高程23.0m	拆除民房,开沟导滤

1998年汛期,当长江水位27.71m时,在粑铺大堤罗湖堤上李湾(桩号134+650)处,距堤脚15m的三户民房内发生散浸,面积270m^2,地面高程23.0m,当时采取了拆除民房、开沟导滤的抢险措施。

3.3.4.2 地形地质

罗湖堤堤顶高程25.5～26.0m,堤身高5.0～7.0m,堤顶宽5～10m,堤坡比为1:3。大堤坐落于Ⅰ级阶地上,堤外滩宽约150m,滩面高程20.8～22.5m,堤内地面高程19.2～22.8m。

该段堤基地质结构为Ⅲ$_2$型,堤基上部为黏土、壤土、砂壤土互层,厚约12.0m;下部为细砂、砾石,厚20.0m;基岩为白垩系—新近系砂岩。堤内黏性土盖层厚1～2m。堤基主要土层物理性质及渗透性参数建议值见表3.2.8。

表 3.3.8　罗湖堤上李湾散浸段堤基土主要物理性质及渗透性参数建议值

土层名称	天然含水率/%	干密度/(g·cm^{-3})	孔隙比	渗透系数/(cm·s^{-1})	临界比降
黏土	32.2	1.42	0.85	4.7×10^{-5}	1.28～2.11
壤土	29.4	1.42	0.82	5.56×10^{-5}	0.5～0.7
砂壤土	24.4	1.60	0.67	3.75×10^{-4}	0.4
粉细砂	—	1.57	0.73	3.8×10^{-3}	—

3.3.4.3　地质评述

该段堤基存在贯通堤内外的砂壤土,堤内黏性土盖层薄,抗渗条件差。长江岸坡以10～15m/a的速度后退。工程地质勘察建议,对堤基采取防渗措施,截断上部黏性土中砂性土夹层的渗透通道。

散浸险情发生时,江水位比堤内地面高4～5m,实际渗流的水力梯度超过了黏性土盖层的起始水力梯度,但低于发生渗透破坏的临界比降值,因此只发生散浸,而没有发生管涌。如果江水位继续上涨,则有可能发生管涌险情。

3.3.5　黄冈长江干堤黄州堤周家窝子散浸

3.3.5.1　险情概况

1998年、1999年汛期,黄州堤共发生险情69处,其中管涌险情15处,主要位于桩号227+000以下堤段;散浸险情54处,其中本堤段(桩号229+150～234+534)22处,见表3.3.9。

1998年汛期,在长江水位27.61m(吴淞高程)、桩号231+350～231+960处,在堤内脚发生散浸险情,地面高程23.5m。险情位置见图3.3.7。

表 3.3.9　黄冈长江干堤黄州堤周家窝子堤段历史险情统计表

序号	桩号	出险日期	长江水位/m	险情类型	险情描述
1	229+200	1998年	27.42	散浸	堤内脚沟内发生散浸集中,直径2cm
2	229+320	1998年	27.45	散浸	堤内坡脚发生散浸,高程24.0m
3	229+700	1998年	27.39	散浸	堤内坡脚发生散浸长10m,高程25.0m
4	229+840～229+850	1999年	27.28	散浸	距堤内坡脚12m塘边陡岸散浸,长10cm
5	231+350～231+960	1998年	27.61	散浸	堤内脚发生散浸,长600m,高程23.5m

续表 3.3.9

序号	桩号	出险日期	长江水位/m	险情类型	险情描述
6	231+600	1998年	27.63	散浸	堤内脚散浸,长15m,高程24.5m
7	231+800～231+850	1999年	27.20	散浸	堤内脚散浸,长50m,高程24.8m
8	231+960	1998年	26.98	散浸	临江铺交通闸内侧八字底板与公路相接处,发生2处散浸,面积6m²
9	231+965～232+000	1999年	27.20	散浸	堤内挡土墙脚处散浸,长35m
10	232+000	1998年	26.6	散浸	堤内挡土墙脚处发生散浸,长30m
11	232+020～233+180	1998年	27.42	散浸	城区内挡土墙脚发生散浸集中
12	232+060	1998年	27.29	散浸	距堤内挡土墙8m,高程25.6m有散浸集中
13	232+640～232+740	1999年	27.30	散浸	堤内挡土墙脚处散浸,长100m
14	232+670～232+710	1999年	27.16	散浸	堤内脚挡土墙渗水,高程26.0m,清水
15	232+690	1998年	26.98	散浸	挡土墙处发生长30m散浸
16	232+863	1998年	26.6	散浸	堤内挡土墙发生散浸长20m
17	232+920	1998年	27.59	散浸	距堤脚21m,楼房基础处发生散浸集中险情,面积0.5m²
18	234+165～234+180	1999年	27.16	散浸	堤内脚挡土墙散浸,长15m,高程25.4m
19	234+165～234+185	1999年	27.16	散浸	距堤脚7m民房边散浸,长20m
20	234+175	1998年	27.52	散浸	集材交通闸上游堤内挡土墙脚发生散浸,长15m
21	234+230～234+530	1998年	27.69	散浸	堤内坡脚发生散浸长300m,出逸点高程24.2m
22	234+290～234+390	1999年	27.30	散浸	堤内坡脚散浸,长100m

3.3.5.2 地形地质

该段堤防堤顶高程25.2~27.38m,堤高5.0~7.0m,堤顶宽度7~9m,堤内、外坡比均为1∶3,外滩宽度300~400m。

堤基地质结构为I_2类,堤基为粉质壤土、粉质黏土、黏土夹砂壤土透镜体,上部黏性土厚7.6~20.0m。地质剖面示意见图3.3.8,堤基主要土层物理性质及渗透参数建议值见表3.3.10。

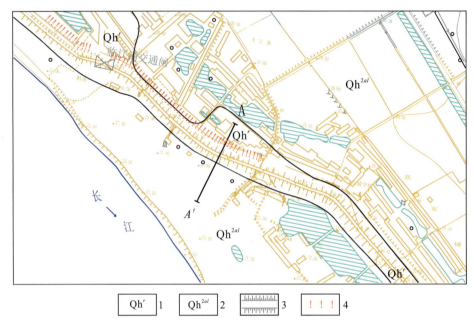

1. 第四系全新统人工堆积；2. 全新统上段冲积；3. 堤防工程；4. 散浸位置示意

图 3.3.7　黄冈长江干堤黄州堤周家窝子散浸位置示意图

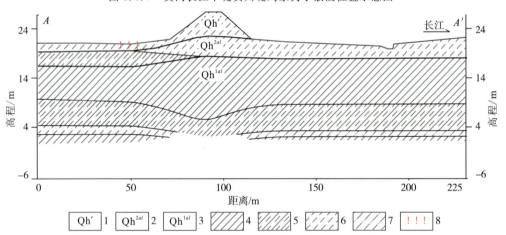

1. 第四系全新统人工堆积；2. 第四系全新统上段冲积；3. 第四系全新统下段冲积；4. 黏土；5. 粉质黏土；6. 壤土；
7. 砂壤土；8. 散浸位置

图 3.3.8　黄冈长江干堤黄州堤周家窝子散浸地质剖面示意图

表 3.3.10　黄州堤周家窝子散浸段堤基土主要物理性质及渗透性参数建议值

土层名称	天然含水率/%	湿密度/$(g \cdot cm^{-3})$	干密度/$(g \cdot cm^{-3})$	孔隙比	渗透系数/$(cm \cdot s^{-1})$	临界比降
粉质壤土	30.1	1.92	1.48	0.97	$1.7 \times 10^{-6} \sim 3.5 \times 10^{-6}$	0.6
粉质黏土	29.4	1.95	1.50	0.84	$9.9 \times 10^{-8} \sim 1.1 \times 10^{-7}$	0.7
黏土	35.6	1.88	1.39	0.86	$6.0 \times 10^{-8} \sim 1.1 \times 10^{-7}$	0.8

3.3.5.3 地质评述

工程地质勘察表明,该堤段工程地质条件较好(B类),堤基分布厚层黏性土,不具备发生险情的地质条件。导致险情发生的唯一原因,可能是筑堤之初,清基不彻底或者没有清基,在堤身填筑土与堤基接合部位存在渗透薄弱带。因此,堤基防渗处理的重点是堤身与堤基接触带,处理相对容易。2001年进行了防渗处理,处理后未再发生险情。

3.3.6 黄冈长江干堤茅山堤丝周散浸

3.3.6.1 险情概况

1998年、1999年汛期,茅山堤共发生险情35处,其中管涌10处、散浸25处。丝周堤段的险情28处,包括管涌9处、散浸19处,详见表3.3.11。

表3.3.11 黄冈长江干堤茅山堤丝周堤段1998年和1999年险情统计表

序号	桩号	出险日期	险情类型	水位/m	险情描述
1	146+550	1998年	散浸	25.8	距堤脚36m,散浸面积10m²,高程21.0m
2	146+980	1998年	管涌	25.82	距堤脚40m,高程20.5m,直径为2cm,浑水
3	147+110	1998年	管涌	25.8	距堤脚37m,直径为2cm,高程20.5m
4	147+180	1998年	管涌	25.82	距堤脚35m,直径为3cm,清水,高程21.0m
5	147+250~147+260	1999年	散浸	25.16	距堤脚33m 二级平台上,长10m,宽2m,高程23.0m
6	147+385~147+400	1998年	管涌	25.8	距堤脚25m,二级平台上管涌2个,直径分别为10cm、4cm,浑水带砂,险高程22.1m
7	147+400	1998年	管涌	25.8	距堤脚25m,直径为8cm,涌高4cm,浑水,高程22.0m
8	147+400~152+400	1998年	散浸	26.73	一级、二级平台散浸长5000m,宽10m,高程23.0~24.0m
9	147+700~147+800	1999年	散浸	25.66	距堤脚13m,长80m,宽4m,高程22.5m
10	147+950	1998年	散浸	24.85	二级平台脚散浸,长30m,高程22.5m
11	148+060~148+160	1999年	散浸	25.66	距堤脚13m,长100m,宽2m,高程22.5m
12	148+200~148+220	1999年	散浸	25.50	距堤脚13m,长20m,宽3m,高程22.5m
13	148+300	1998年	管涌	26.73	距堤脚14m 一级平台脚,直径为2cm,浑水,高程23.5m

续表 3.3.11

序号	桩号	出险日期	险情类型	水位/m	险情描述
14	148+700~148+900	1999 年	散浸	25.66	距堤脚 13m,长 200m,宽 2.5m,高程 22.5m
15	149+240~149+250	1999 年	散浸	25.16	距堤脚 13m 一级平台上,长 4m,宽 2m,高程 24.0m
16	150+100~150+110	1999 年	散浸	25.16	距堤脚 33m 二级平台上,长 10m,宽 5m,高程 23.0m
17	150+100~150+200	1999 年	散浸	25.66	距堤脚 36m,长 100m,宽 9.5m,高程 21.5m
18	151+100~200	1998 年	管涌	24.50	二级平台上,高程 20.5m,直径为 5cm,出浑水
19	152+400~159+000	1998 年	散浸	26.73	一级、二级平台散浸长 7500m,宽 15m,高程 23.0~24.0m
20	152+930	1998 年	管涌	26.39	距堤脚 16m,直径为 5cm,浑水,高程 23.0m
21	154+100~155+700	1999 年	散浸	25.66	距堤脚 13m,长 1600m,宽 2~3m,高程 22.5m
22	154+200~154+205	1999 年	散浸	25.16	距堤脚 33m 二级平台上,长 5m,宽 2m,高程 23.0m
23	155+900~157+400	1999 年	散浸	25.66	距堤脚 13m,长 1500m,宽 5m,高程 23.0m
24	156+460~156+470	1999 年	散浸	25.16	距堤脚 13m 一级平台上,长 10m,宽 2m,高程 24.0m
25	159+000~162+000	1998 年	散浸	26.73	一级、二级平台散浸长 3000m,宽 10m,高程 23.0~24.0m
26	161+900~162+000	1998 年	散浸	26.64	距堤脚 13m,散浸面积 1000m²,高程 23.0m
27	162+420~162+480	1998 年	散浸	26.64	距堤脚 33m,散浸面积 240m²,高程 22.5m
28	162+620	1998 年	管涌	26.64	距堤脚 36m,高程 21.0m,管涌 4 个,平均为 2cm

1998 年汛期,当长江水位上涨到 25.8m(吴淞高程)时,在桩号 146+550 处发生散浸险情,面积 10m²,距堤脚 36m,散浸处地面高程 21.0m。险情位置见图 3.3.9。

3.3.6.2 地形地质

该段堤顶高程 25.2~27.38m,堤高 5.0~7.0m,堤顶宽 7~9m,堤内、外坡比均为 1:3。外滩宽一般为 20~50m,局部无外滩。堤内地面高程 17.1~18.3m,水塘众多,塘深 1.0~1.5m。

在桩号 145+000~148+000 段,堤基地质结构为 Ⅱ₃ 类,上部为砂壤土,厚 1.8~4.4m;下部为粉质壤土、粉质黏土及黏土。工程地质剖面见图 3.3.10,堤基主要土层物理性质及渗透性参数建议值见表 3.3.12。

3 堤基险情

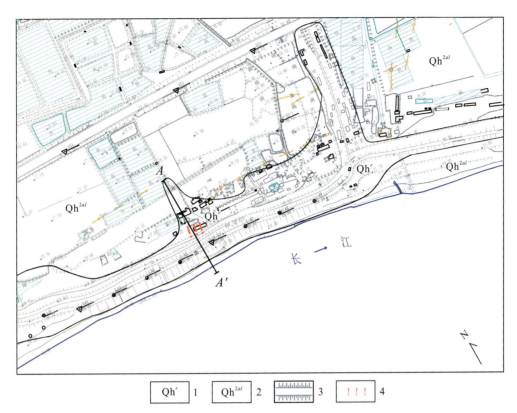

1.第四系全新统人工堆积;2.第四全新统上段冲积;3.堤防工程;4.散浸位置

图 3.3.9 黄冈长江干堤茅山堤丝周散浸位置示意图

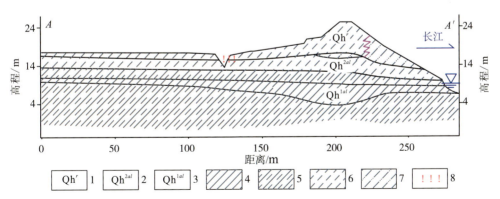

1.第四系全新统人工堆积;2.第四系全新统上段冲积;3.第四系全新统下段冲积;4.黏土;5.粉质黏土;
6.壤土;7.砂壤土;8.散浸位置示意

图 3.3.10 黄冈长江干堤茅山堤丝周散浸地质剖面示意图

表 3.3.14　同马大堤段窑散浸段堤基土主要物理性质及渗透性参数建议值

土层名称	干密度/ $(g \cdot cm^{-3})$	孔隙比	饱和度	渗透系数/ $(cm \cdot s^{-1})$	临界比降
黏土	1.39	0.97	96	$7.6 \times 10^{-8} \sim 1 \times 10^{-7}$	0.82～1.2
粉质黏土	1.43	0.907	96.1	$3.7 \times 10^{-7} \sim 2.3 \times 10^{-6}$	0.8～1.0
粉质壤土	1.46	0.858	94.6	$1.8 \times 10^{-6} \sim 5.5 \times 10^{-5}$	0.6～0.8
砂壤土	1.49	0.816	91.8	$8.0 \times 10^{-5} \sim 3.7 \times 10^{-3}$	0.3～0.4
细砂	1.54	0.751	93.9	$2.3 \times 10^{-4} \sim 1.9 \times 10^{-3}$	—

3.3.7.3　地质评述

工程地质勘察表明，该段堤防评定为工程地质条件较差的 C 类。1998 年汛期该段险情较多，可能与近地表堤基有厚 0～2.8m 的砂壤土有关。

从表 3.3.14 可知，砂壤土的渗透性差异较大，从中等透水至弱透水。这种透水差异性控制了险情发生的位置和险情类型。表 3.3.13 中 1998 年险情具有如下特点：

(1) 从 8 月 1 日至 6 日，散浸险情和管涌险情相伴发生。

(2) 当砂壤土的渗透性较弱时，险情主要表现为散浸，甚至有鼓包现象；砂壤土渗透性较强时，险情主要表现为管涌。

(3) 在发生管涌险情的位置，砂壤土的临界比降值较低，险情发生时的江水位较高；而在发生散浸险情的位置，砂壤土的临界比降值较高，险情发生时的江水位相对较低。

3.3.8　同马大堤复兴散浸

3.3.8.1　险情概况

同马大堤复兴堤段（桩号 46+750～47+250），1998 年发生散浸险情 2 处，1999 年发生散浸险情 1 处，详见表 3.3.15。散浸险情发生在堤内脚或距堤内脚一定距离，有的采取开沟导渗措施处理，有的只是观察防守。在整个汛期中，险情没有进一步发展。

表 3.3.15　同马大堤复兴堤段 1998 年和 1999 年险情统计表

序号	位置桩号	出险时间	出险类型	水位/m	险情主要内容	处理措施
1	47+000	1998 年 8 月 9 日	散浸	22.18	距堤脚 500m 处有一长 250m、宽 50m 的渗水带，水质较清	注意观察防守
2	47+000～47+200	1998 年 8 月 3 日	散浸	22.38	堤脚散浸	开沟排水
3	45+800～47+000	1999 年 7 月 13 日	散浸	20.82	堤脚散浸，沼泽化	局部开沟导渗

1998年8月9日,当长江水位达到22.18m时,在桩号47+000距堤脚500m处出现一长250m、宽50m的渗水带,水质较清,局部发生管涌险情。出险后采取了观察防守的措施。

3.3.8.2 地形地质

出险段堤顶高程19.5~23.4m,堤身高度6~10m,堤顶宽7.5~9.0m,堤内、外坡比1∶3,内侧设宽6.0m戗台,比堤顶低2.5m,平台下坡比1∶5,堤内脚设30m压渗台,出险点堤内外地面高程约17m。出险点处在长江凸岸,外滩宽265~645m,堤外顺堤脚一带沿线分布大量坑塘,堤内150m范围内为村落。

该段堤基地质结构为多层结构类(Ⅲ$_1$),表层有0.5~3.5m的砂性土;中部为黏性土隔水层,局部含水率高,呈软—流塑状,厚5~10m;下部为粉细砂。地质剖面见图3.3.12,堤基各土层主要物理性质及渗透性参数建议值见表3.3.16。

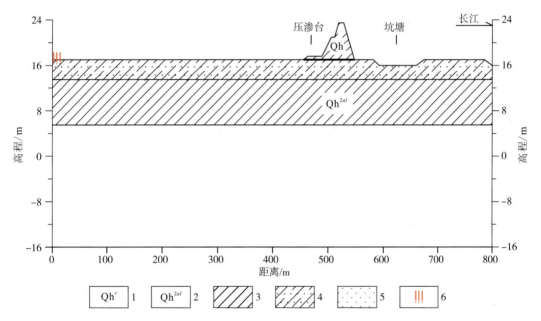

1.第四系全新统人工堆积;2.第四系全新统上段冲积;3.黏土;4.粉质壤土;5.粉细砂;6.散浸位置示意

图3.3.12 同马大堤复兴散浸险情地质剖面示意图

表3.3.16 同马大堤复兴堤段堤基土主要物理性质及渗透性参数建议值

土层名称	天然含水率/%	干密度/(g·cm^{-3})	孔隙比	渗透系数/(cm·s^{-1})	临界比降
粉砂	26.03	1.56	0.742	4.9×10^{-4}~8.2×10^{-4}	0.30
黏土	37.22	1.35	1.032	7.0×10^{-7}	0.82~1.20

3.3.8.3 地质评述

工程地质勘察表明,堤基散浸险情的发生主要与堤基表层分布的粉砂有关,堤防工程地质条件较差,属 C 类,建议对堤基进行防渗处理。

从表 3.3.15 中可以看出,1998 年 8 月 9 日该险情发生之前(1998 年 8 月 3 日),首先在堤内脚发生散浸险情,险情的发展有一个从堤内脚向堤内漫延的过程。根据险情的发展速度和江水的水头,估算粉砂渗透系数可达 10^{-3} cm/s,比钻孔注水试验测得的渗透系数大 1 个数量级。这说明粉砂层本身的渗透性是不均匀的,其中有较强的渗水带,正如同马大堤段窑散浸那样。砂性土渗透性的不均匀性和沉积时的微环境有关,在水流速度较快的位置,沉积的砂层颗粒较粗,砂层的渗透性也较强;而在水流速度较慢的位置,沉积的砂层颗粒较细,砂层的渗透性也较弱。因此,在堤防工程地质评价中,应注意土层的非均质性,充分估计由土层渗透性的差异导致的渗透与稳定的问题。

3.3.9 安庆市堤荷花塘散浸

3.3.9.1 险情概况

安庆市堤荷花塘堤段(桩号 8+097～9+805)长 1708m。1870 年,在桩号 8+587～8+837 段,曾发生过溃口险情。1998 年汛期,发生了两处险情,一处为散浸,一处为管涌,见表 3.3.17。

表 3.3.17 安庆市堤荷花塘堤段 1998 年险情统计

序号	出险桩号	长度/m	险情类型	险情描述
1	8+637～8+837	200	散浸	内堤脚至护堤地散浸、软脚,宽 8～10m
2	8+690	—	管涌	距堤脚 11m 发现 1 处管涌,直径 40cm

1998 年汛期,当安庆站长江水位达到 18.2m 后,在荷花塘(桩号 8+637～8+837)堤内脚至护堤地发生散浸险情,垂直堤线宽 8～10m,险情导致堤脚地面发软,位置详见图 3.3.13。

3.3.9.2 地形地质

该段地处长江高漫滩前缘,堤顶高程一般 18.00～19.00m。堤内地面高程 12.00～14.00m,多为工厂区,70～200m 范围内沟渠、水塘星罗棋布。堤外滩宽一般为 100～120m,高程 12.00～13.50m。

堤基上部为砂壤土、粉细砂(厚 1.0～3.6m)和粉质壤土、粉质黏土(厚 2.0～6.0m);中部为粉质黏土、粉质壤土,厚 2～4m;下部为粉细砂层,厚 5.5～12m。堤基地质结构属Ⅲ类。地质剖面见图 3.3.14,各土层物理性质及渗透性参数建议值见表 3.3.18。

3 堤基险情

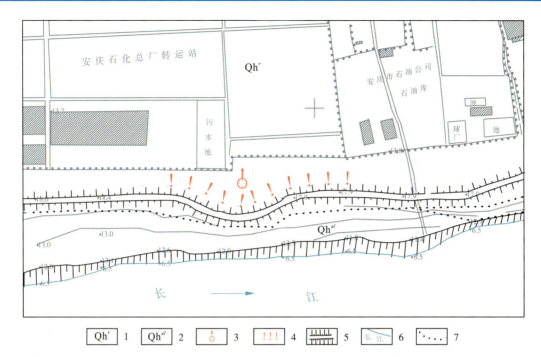

1.第四系全新统人工堆积;2.第四系全新统冲积;3.管涌险情位置示意;4.散浸位置示意;5.堤防;6.长江;7.岩性界线

图 3.3.13　荷花塘险情点平面位置示意图

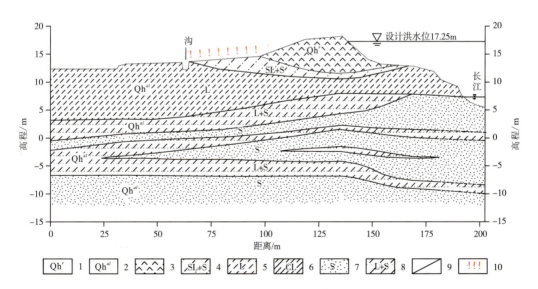

1.第四系全新统人工填土;2.第四系全新统冲积层;3.素填土;4.砂壤土夹粉细砂;5.粉质壤土;6.粉质黏土;7.粉细砂;8.黏性土夹粉细砂;9.岩性界线;10.散浸位置示意

图 3.3.14　安庆市堤荷花塘散浸地质剖面示意图

215

表 3.3.18 安庆市堤荷花塘散浸段堤基土主要物理性质及渗透性参数建议值

土层名称	天然含水率/%	干密度/(g·cm^{-3})	孔隙比	渗透系数/(cm·s^{-1})	临界比降
砂壤土	23.0	1.63		i×10^{-4}	0.25～0.30
粉质壤土	32.8	1.42		i×10^{-5}	0.40～0.50
粉质黏土	32.7	1.42	0.84	i×10^{-6}	0.60～0.70
粉细砂	22.4	1.60		i×10^{-3}	0.20～0.25

3.3.9.3 地质评述

工程地质勘察表明，该段浅层分布砂性土，存在渗透稳定问题，工程地质条件较差，属 C 类。

前已述及，砂基的渗透破坏往往是在大面积散浸中伴随有管涌发生。该堤段砂性土层相对较薄，防渗处理相对简单，可以将下伏的黏性土层作为垂直防渗的依托层，进行垂直防渗处理，截断表层砂壤土或粉细砂层渗漏通道。

1998 年特大洪水发生后，除了进行防渗墙处理外，在堤内还填筑了平台和压浸平台，对 100m 范围内的水塘进行了填塘固基，处理后堤防的防渗得到了明显改善。

3.3.10 安庆市堤民兵路下散浸

3.3.10.1 险情概况

安庆市堤民兵路下堤段（桩号 11+000～14+080）长 3.08km，历史上无其他险情记载。1998 年汛期，堤内脚出现大范围的散浸、堤脚发软，宽 8～10m。险情位置详见图 3.3.15。

3.3.10.2 地形地质

堤顶高程一般为 18.00～19.00m。堤内地面高程 10.00～13.50m，离堤 100～200m 范围内有较多渊塘分布，深 1.00～3.00m。堤外滩宽一般为 60～150m，滩面高程一般在 12.50m 左右。

堤基上部为砂壤土夹少量黏性土透镜体，厚度一般为 0.8～5m，最厚达 10m；中部为黏性土层，厚度一般为 0.5～4m；下部为黏性土夹砂性土薄层或透镜体，厚度一般为 6～8m，部分地段缺失；下伏为厚度较大的粉细砂。堤基地质结构属Ⅲ类，工程地质剖面见图 3.3.16。

3.3.10.3 地质评述

工程地质勘察表明，该段浅层分布砂性土，存在渗透稳定问题，工程地质条件较差到差，属 C 类、D 类。

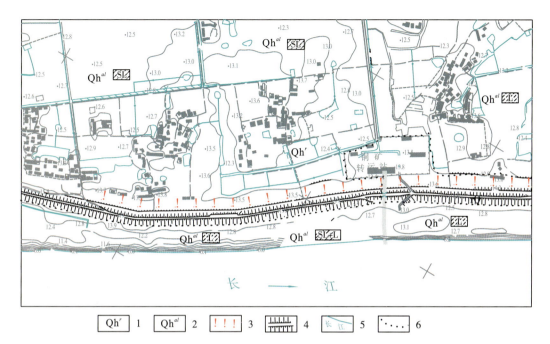

1.第四系全新统人工堆积；2.第四系全新统冲积层；3.散浸位置示意；4.堤防；5.长江；6.岩性界线

图 3.3.15　安庆市堤民兵路下散浸险情位置示意图

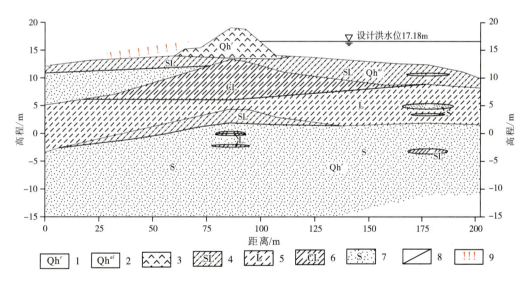

1.第四系全新统人工堆积；2.第四系全新统冲积层；3.素填土；4.砂壤土；5.粉质壤土；6.粉质黏土；7.粉细砂；8.岩性界线；9.散浸位置示意

图 3.3.16　安庆市堤民兵路下散浸工程地质剖面示意图

1998年汛期后,对堤基进行了垂直铺塑处理,截断了浅层砂壤土渗透通道,垂直处理深度6～10m。经后来的汛期考验,堤后散浸、泉眼现象消失,证明垂直铺塑形成的防渗帷幕连续性好、隔水性好,适应变形能力较强,防渗效果显著。

3.3.11 安庆市堤马窝散浸

3.3.11.1 历史险情

安庆市堤马窝堤段(桩号17+380～18+300)长0.92km,历史上无其他险情记载。1998年汛期,堤内脚及护堤地至沿堤脚散浸,一般逸出点高出内脚0.3m,散浸宽10～60m。在桩号18+187～18+337,距堤内脚60m附近的水田中全面渗水,并发现19个泉眼;在桩号18+287处,距堤内脚105m的塘中翻砂鼓泉。险情位置见图3.3.17。

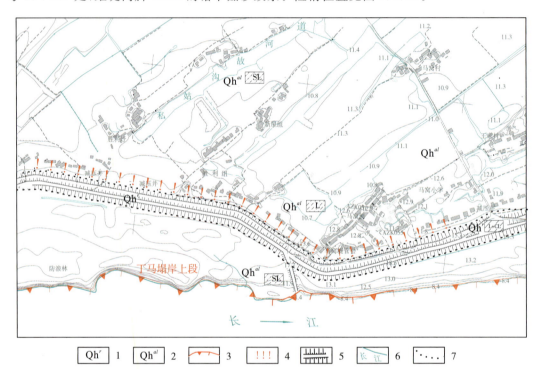

1.第四系全新统人工堆积;2.第四系全新统冲积;3.崩岸;4.散浸示意位置;5.堤防;6.长江;7.岩性界线

图3.3.17 安庆市堤马窝散浸险情位置示意图

3.3.11.2 地形地质

堤顶高程18.6m,堤身高5～8m,堤顶宽8～10m,堤内坡设有宽3～4m压浸平台,平台以上坡比1∶3、以下坡比1∶4,堤外坡比1∶3。

堤内地面高程10.00～12.00m,分布有私姑沟古河道,在桩号17+180处与大堤相交,近堤100m范围内已被填平,深3.00～5.00m。距堤50～200m范围内,分布坑塘,塘深

1.00～3.00m。外滩宽50～250m不等,滩面高程12.00～14.00m,长江深泓高程−27.80～−10.00m。

根据堤基地质结构,本段堤基可分为两段。桩号17+380～17+660段,上部为粉质壤土夹粉细砂透镜体,厚2～4m;下部为厚度较大的粉细砂,堤基地质结构属Ⅱ₁类。桩号17+660～18+300段,堤基上部为砂壤土,厚2.0～2.5m;中部以粉质壤土为主,间夹少量粉细砂薄透镜体,堤基范围内厚度一般为5～8m,在堤内变薄,一般不足5m;下伏厚度较大的粉细砂,堤基地质结构属Ⅲ类。马窝散浸工程地质剖面见图3.3.18。

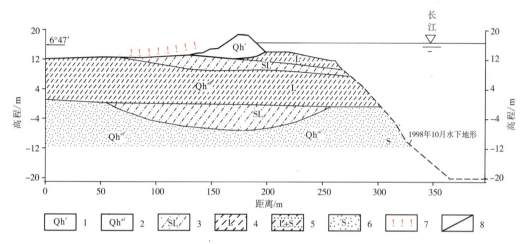

1.第四系全新统人工堆积;2.第四系全新统冲积;3.砂壤土;4.粉质壤土;5.黏性土夹粉细砂;6.粉细砂;7.散浸位置;8.岩性界线

图3.3.18 安庆市堤马窝散浸地质剖面示意图

3.3.11.3 地质评述

工程地质勘察表明,该段黏性土盖层薄或浅层分布砂性土,存在渗透稳定问题,工程地质条件较差、差,分属C类、D类。

桩号17+380～17+660段,堤基表层分布黏性土盖层,但其厚度不足,故在1998年汛期只发生了散浸险情。桩号17+660～18+300段,堤基表层分布砂壤土层,因此在1998年汛期既发生了散浸险情,也发生了管涌险情。

由于本段堤基地质结构分属两类,防渗处理应将两段分别独立地看待。对于桩号17+660～18+300段,中部的粉质壤土可作防渗依托,采取垂直防渗的措施比较合适,但中部粉质壤土的分布是不稳定的,且夹有粉细砂薄透镜体,上部砂壤土可能在某些地段与下部砂层贯通,因此,本段采取了填塘、铺盖及减压井等水平防渗措施,堤内平台宽30m,盖重宽200m,厚2m左右,新建了排水系统,通过一系列工程措施,防渗加固效果良好。

3.3.12 广济圩江堤岳王庙散浸

3.3.12.1 历史险情

广济圩江堤岳王庙堤段（桩号35+390～36+990）长1.60km，1995年汛期，岳王庙堤段（桩号35+612～36+831）距堤内脚35m范围内发生散浸，并伴有小泉眼。1998年汛期，该堤段发生大范围散浸险情。

1998年，在桩号35+612～36+831段堤内脚至堤内水塘间，出现散浸险情。险情位置见图3.3.19。

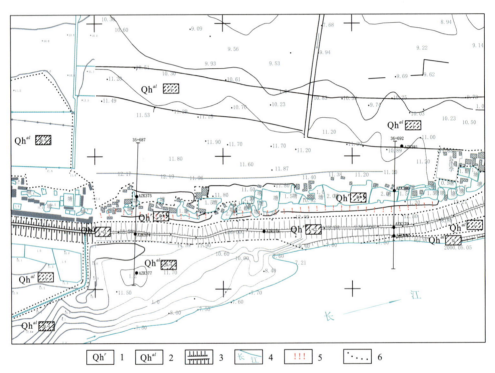

1.第四系全新统人工填土；2.第四系全新统冲积层；3.堤防；4.水系；5.散浸位置；6.地层界线

图3.3.19 广济圩江堤岳王庙散浸险情位置示意图

3.3.12.2 地形地质

该段江堤堤顶高程18.1～18.7m，堤顶宽约6m，堤身高7～9m。堤内地面高程9.5～11.5m，近堤地段较高，距堤50～150m范围内分布众多鱼塘及取土坑，深1.5～2.5m。堤外基本无滩，地面高程10～12m。

上部为粉质壤土夹砂壤土，厚0.2～3m；中部为粉质黏土，厚6～12m；下部为粉质壤土、黏性土夹薄层粉细砂、粉质黏土与粉细砂、砂壤土等砂性土透镜体,厚度大于 10m,底部为厚度较大的粉细砂,属Ⅲ类堤基地质结构,工程地质剖面见图 3.3.20,堤基各土层物理性质及渗透性参数建议值见表 3.3.19。

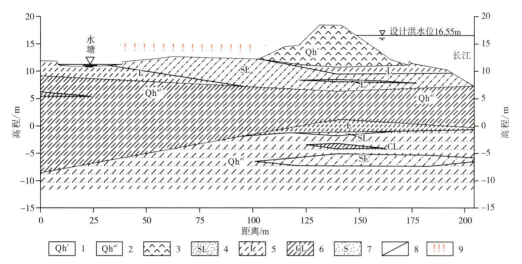

1.第四系全新统人工堆积;2.第四系全新统冲积;3.素填土;4.砂壤土;5.粉质壤土;6.粉质黏土;7.粉细砂;
8.岩性界线;9.散浸位置示意

图 3.3.20　岳王庙散浸点地质剖面示意图

表 3.3.19　广济圩江堤堤基土主要物理性质及渗透性参数建议值

土层名称	天然含水率/%	干密度/(g·cm^{-3})	孔隙比	渗透系数/(cm·s^{-1})	临界比降
砂壤土	25.5	1.57	0.65	$i×10^{-4}$	0.25～0.30
粉质壤土	32.3	1.44	0.84	$i×10^{-5}$	0.40～0.50
粉质黏土	31.0	1.47	0.85	$i×10^{-6}$	0.60～0.70
粉细砂	24.4	1.52	0.70	$i×10^{-3}$	0.20～0.25

3.3.12.3　地质评述

工程地质勘察表明,该堤段上部黏性土层中夹有较多砂壤土透镜体,存在堤基渗透稳定问题,工程地质条件较差,属 C 类。

根据险情记录,1995 年的散浸险情伴有小泉眼;而在 1998 年,长江中下游最高洪水位比 1995 年普遍高 2m 左右,险情只有散浸,没有小泉眼。江水位高时没有出现小泉眼,而在水位较低时却出现了,根据现有的资料很难解释这一现象。

1998 年洪水期后的堤防加固处理,采取了水平铺盖防渗处理,堤内平台宽 30m,盖重宽 120m、厚 2m 左右。

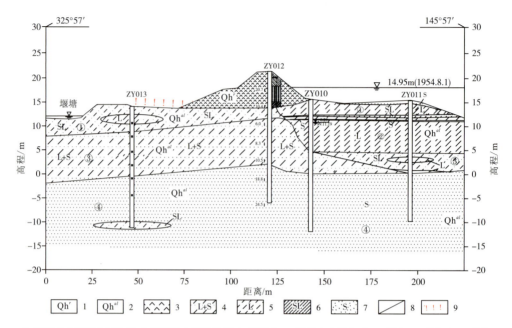

1.第四系全新统人工堆积;2.第四系全新统冲积;3.素填土;4.黏性土夹粉细砂;5.壤土;6.砂壤土;7.粉细砂;8.岩性界线;9.散浸位置示意

图 3.3.22　枞阳江堤永赖圩新开沟散浸工程地质剖面示意图

透性不是很强,因此尽管堤基为砂基,但没有发生管涌险情。

地质勘察表明,中部粉质壤土岩性相变较大,堤顶钻孔揭示堤基为厚 2.2m 的砂壤土和厚 8m 的黏性土夹薄层粉细砂。尽管中部粉质黏土、粉质壤土夹有砂性土层或者透镜体,这样的土层在垂直方向上仍可看作是相对不透水层,可以作为垂直防渗的依托层。

汛期后的防渗处理采用的是在堤外脚实施水泥搅拌桩防渗墙,桩长 11~16m 不等,进入下部粉质壤土层 1.5m。经后来多年汛期考验,该堤段再未发生过任何渗透破坏现象,深层搅拌桩垂直防渗墙防渗效果良好。

3.3.14　枞阳江堤永丰圩江厂村散浸

3.3.14.1　险情概况

永丰圩是枞阳江堤险情多发地段。历史上曾发生多次溃堤,桩号 27+700~36+000 堤段岸线崩退 1000 余米,江堤曾 3 次退建。1998 年以来有记录的险情共 38 处,其中管涌 22 处,散浸 16 处。

江厂村堤段(桩号 34+000~35+750),1992 年发生 2 处散浸和管涌险情,1998 年发生 3 处管涌和 2 处散浸险情,详见表 3.3.22。

表3.3.22　永丰圩江厂村堤段历史险情统计表

序号	出险日期	出险时江水位/m	桩号	险情类型	险情描述
1	1992年	14.86	34+550～34+850	散浸	散浸地面40m内潮湿发软能见水
2	1992年	14.92	35+730～35+820	散浸、管涌	距堤脚38m处砂环直径5～7cm，出水孔13个
3	1998年6月29日	15.88	34+500	管涌	砂环直径1cm
4	1998年6月29日	15.88	35+050	管涌	砂环直径1.5～2.0m
5	1998年7月18日	14.07	34+200～35+200	散浸	堤脚散浸
6	1998年8月2日	14.77	35+700～35+800	散浸	散浸
7	1998年8月2日	14.77	34+400	管涌	堤脚砂环直径30cm

1992年汛期，当长江水位上涨到14.86m时，江厂村堤段（桩号34+550～34+850）堤内地面发生散浸险情，沿堤长300m，垂直堤宽40m，地面潮湿发软，见水渗出。险情点位置见图3.3.23。

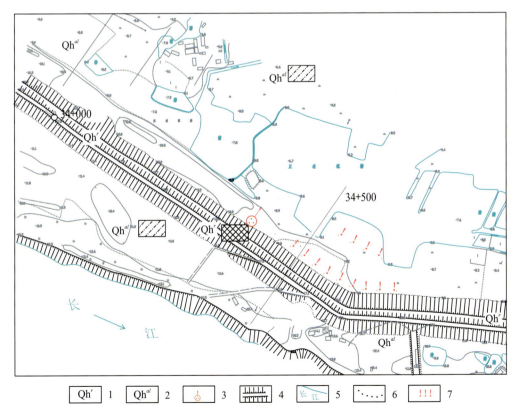

1.第四系全新统人工堆积；2.第四系全新统冲积；3.管涌位置；4.堤防；5.长江；6.岩性界线；7.散浸位置

图3.3.23　枞阳江堤永丰圩江厂村散浸险情位置示意图

3.3.14.2 地形地质

江厂村段江堤,堤顶高程约17.4m、宽约6.2m,堤身高约6.4m。内外坡比1:4.5~1:3。堤内地面高程一般为9.0~11.0m,近堤处沟塘绵延,基本形成一条长河,三百丈以下多处见有古河道的痕迹。堤外滩宽度小于100m,滩面高程一般为9.0~12.5m。

堤基地质结构为$Ⅲ_4$类,上部为较连续分布的砂壤土或粉细砂等砂性土层,沟通堤内外,厚度一般为1.5~4.6m;中部由粉质壤土、黏性土夹薄层粉细砂等,厚度一般为8.0~13.0m;下部为厚层粉细砂、中粗砂。地质剖面见图3.3.24,各土层物理性质及渗透性参数建议值见表3.3.23。

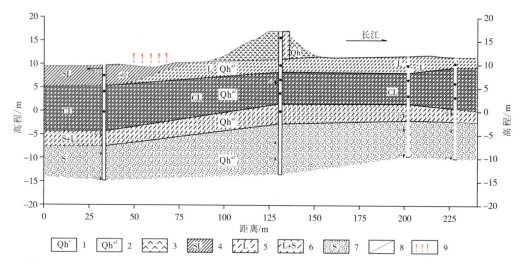

1. 第四系全新统人工堆积;2. 第四系全新统冲积;3. 人工填土;4. 砂壤土;5. 壤土;6. 黏性土夹粉细砂;7. 粉细砂;8. 岩性界线;9. 散浸位置

图3.3.24 枞阳江堤永丰圩江厂村工程地质剖面示意图

表3.3.23 永丰圩堤基土主要物理性质及渗透性参数建议值

土层名称	天然含水率/%	干密度/(g·cm^{-3})	孔隙比	渗透系数/(cm·s^{-1})	临界比降
黏土	40	13.0	1.1	$1.0×10^{-6}$	
粉质黏土	34~38.7	13.3~14.5	0.62~1.05	$1.0×10^{-6}$	1.40
粉质壤土	30~36.5	13.0~14.1	0.4~0.65	$5.0×10^{-6}$	0.76
壤土	28.0~31.6	14.8~15.3	0.77~0.9	$5.0×10^{-6}$	
砂壤土	25.3	1.44~1.83	0.6~0.8	$1.0×10^{-4}$	0.60
细砂	28	1.41~1.62	0.7~0.9	$1.0×10^{-3}$	

3.3.14.3 地质评述

工程地质勘察表明,本段存在浅层渗透稳定问题和岸坡稳定问题,工程地质条件差,属D类,建议进行防渗和护岸处理。

此段堤基表层为砂性土,是造成险情发生的主要原因。中部黏性土虽然厚度较大,但其中夹有砂性土薄层,渗透性具有各向异性,垂直方向的渗透系数较水平方向的小很多,因此仍然可以作为垂直防渗的依托层。

从表 3.3.22 可以看出,本堤段管涌、散浸险情连绵不断,发生管涌险情时的江水位略高于发生散浸险情时的江水位,符合一般规律。但管涌险情的发生却好像是随机的,有的出现在堤内脚,而有的则出现在距堤内脚一定距离处,这一现象的深层原因可能是表层砂性土的不均匀性。

1998 年汛期后的除险加固处理措施是在堤外抽槽截渗,抽槽底宽 2.0m,深度至砂壤土以下弱透水层,通过这种抽槽截渗处理措施,与堤防形成完整的防渗系统,同时在堤后盖重,保证堤基渗透稳定。

3.3.15 枞阳江堤永久圩中沙村散浸

3.3.15.1 险情概况

1998 年,枞阳江堤永久圩记录的险情共 45 处,其中管涌 21 处,散浸 20 处,老洲头段(桩号 55+100~56+100、桩号 57+750~59+650)崩岸严重,部分堤段发现有白蚁活动。

中沙村段(桩号 56+250~60+050)堤防长 3.80km,1998 年,发生险情 13 处,其中管涌 6 处、散浸 6 处、漏水洞 1 处,详见表 3.3.24。

表 3.3.24　枞阳江堤永久圩中沙村堤段 1998 年险情统计表

序号	出险日期	出险时江水位/m	桩号	险情类型	险情描述
1	1998 年 8 月 12 日	14.44	56+800	散浸	堤脚渗漏严重
2	1998 年 8 月 12 日	14.44	57+390	管涌	堤脚向上冒水,携带青灰色细砂,直径 1~2cm,出险时用砂砾石作反滤层
3	1998 年 7 月 26 日	14.22	57+410	管涌	堤脚向上冒水,携带青灰色细砂,直径 1~2cm,出险时用砂砾石作反滤层
	1998 年 7 月 29 日	14.61			
4	1998 年 7 月 26 日	14.22	57+500	散浸	堤脚严重散浸,长 16m
5	1998 年 8 月 24 日	14.19	57+600~57+960	管涌	距堤脚 50~120m 的两处水塘有冒水现象

续表 3.3.24

序号	出险日期	出险时江水位/m	桩号	险情类型	险情描述
6	1998年8月24日	14.19	58+000	管涌	距堤脚50m处管涌4点,直径1~2cm
7	1998年8月24日	14.19	58+500	管涌	管涌直径1cm
8	1998年8月24日	14.19	58+840~58+860	漏水洞	距堤脚20~30m水塘冒清水
9	1998年8月24日	14.19	58+935~58+945	散浸	距堤脚5m渗水
10	1998年8月24日	14.19	59+030~59+080	散浸	距堤脚10~20m严重散浸,涌水量较大
11	1998年7月26日	14.19	59+400~59+410	散浸	堤脚下有10m×10m见方渗水
12	1998年7月26日	14.19	59+450~59+460	散浸	堤脚下有10m×10m见方渗水
13	1998年7月26日	14.19	59+450~59+510	管涌	堤脚顺堤向直线排列32点管涌,向上冒水,携带青灰色细砂

1998年8月8日,枞阳江堤永久圩中沙村堤段(桩号59+030~59+080)发生严重散浸险情,散浸险情距堤脚10~20m,渗水量较大。险情位置见图3.3.25。

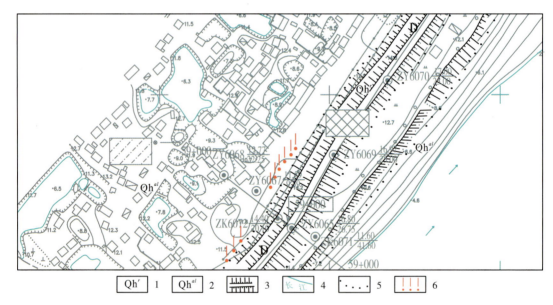

1.第四系全新统人工堆积;2.第四系全新统冲积;3.堤防;4.长江;5.岩性界线;6.散浸位置

图3.3.25 枞阳江堤永久圩中沙村散浸险情位置示意图

3.3.15.2 地形地质

枞阳江堤堤顶高程16.8~17.0m,宽度6.0~8.0m,堤身高度一般5.5~8.0m,外坡坡比1:3,内坡堤顶下3m设4~5m宽的平台,平台以上边坡1:3,平台以下边坡1:4~

1∶5,堤脚一般设有压浸台。

堤内地面高程一般为8.5～10.5m,断续有沟塘,一般深1.0～2.0m,部分渊塘深达5m。堤外滩地面高程一般为10.0～12.5m,桩号55+300～55+420段外滩宽50～100m,桩号56+250～59+100段外滩宽度仅为15～30m。

永久圩中沙村堤段堤基地质结构属Ⅲ₃类,上部为中等透水的砂壤土层,厚0.50～5.80m,内外相连,形成渗透通道;中部为弱—微透水的粉质壤土、粉质黏土层及黏性土夹薄层粉细砂,厚3.80～10.80m;下部为粉细砂层。工程地质剖面见图3.3.26,各土层物理性质及渗透性参数建议值见表3.3.25。

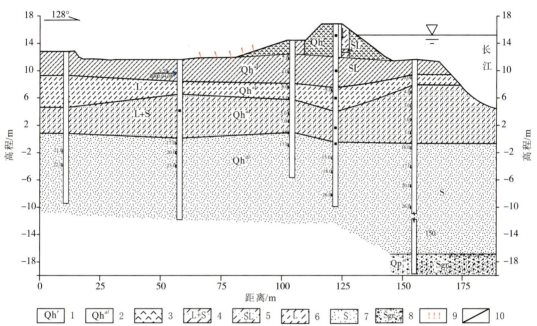

1.第四系全新统人工堆积;2.第四系全新统冲积;3.素填土;4.黏性土夹粉细砂;5.砂壤土;6.壤土;7.粉细砂;8.砂砾石;9.散浸位置示意;10.岩性界线

图3.3.26 枞阳江堤永久圩中沙村散浸地质剖面示意图

表3.3.25 枞阳江堤永久圩堤基土主要物理性质及渗透性参数建议值

土层名称	天然含水率/%	干密度/(g·cm⁻³)	孔隙比	渗透系数/(cm·s⁻¹)	临界比降
粉质黏土	35.9	1.38	0.98	2.0×10^{-6}	—
粉质壤土	28.7	1.50	0.82	5.0×10^{-5}	0.60
砂壤土	27.1	1.50	0.80	3.0×10^{-4}	0.30
细砂	26.0	1.55	0.74	5.0×10^{-4}	—

最大,因此也是最容易发生险情的位置。但表层砂性土在颗粒组成上的不均匀性,造成渗透性的不均匀性。颗粒相对较粗的地段渗透性强,水渗透的水流阻力较小,水的流速较快,土的渗透临界比降也较小,因而相对较易发生险情;而颗粒相对较细的地段渗透性稍弱,水流阻力较大,水的流速较慢,土的渗透临界比降也较大,因此相对不易发生险情。

3.4 堤基跌窝、漏洞险情

3.4.1 荆南长江干堤章华港清水漏洞

3.4.1.1 险情概况

荆南长江干堤章华港(桩号514+500～501+000),1998年汛期曾发生过1次管涌、1次清水漏洞、5次散浸,险情多发生在堤脚附近。

1998年7月26日,当长江水位达到36.36m时,在荆南长江干堤桩号501+010处,堤基发生清水漏洞险情,堤内脚见渗水孔洞,出清水,位置见图3.4.1。当时采取的抢险措施是开沟滤水、坐哨防守。

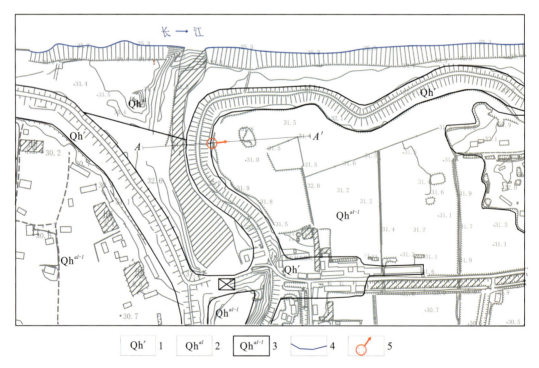

1.第四系全新统人工堆积;2.第四系全新统冲积;3.第四系全新统冲湖积;4.水边线;5.清水漏洞位置

图3.4.1 荆南长江干堤章华港清水漏洞地质平面图

3.4.1.2 地形地质

该段堤防堤顶高程36.7~37.8m、宽6~7m,底宽45~60m,堤高一般为7.5~9.0m,堤内、外坡比1:2.5~1:3.0。外滩宽一般为50~100m,且深泓逼岸,形成迎流顶冲,堤内地面高程28.0~30.0m,沟渠、堰塘分布广泛,外滩地面高程一般为31.0~34.0m。

堤基为I_1类单一黏性土结构,由粉质黏土、粉质壤土、壤土组成,堤基12m以下夹砂壤土透镜体,地质剖面见图3.4.2。堤基各土层主要物理性质及渗透性参数建议值见表3.4.1。

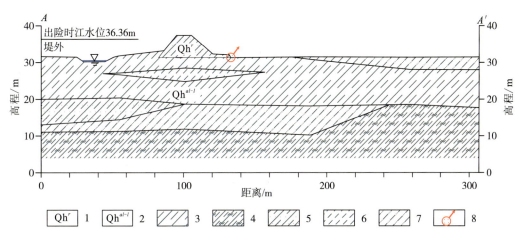

1.第四系全新统人工堆积;2.第四系全新统冲湖积;3.粉质黏土;4.含有机质粉质黏土;5.粉质壤土;6.壤土;7.砂壤土;8.清水漏洞位置示意

图3.4.2 荆南长江干堤章华港险情地质横剖面示意图

表3.4.1 章华港清水漏洞段堤基土主要物理性质及渗透性参数建议值

土层名称	天然含水率/%	干密度/(g·cm^{-3})	孔隙比	渗透系数/(cm·s^{-1})
粉质黏土	30.4	1.48	0.86	$1×10^{-6}$~$1×10^{-5}$
粉质壤土	27.4	1.53	0.78	$3×10^{-5}$~$6×10^{-4}$
壤土	22.9	1.63	0.66	$8×10^{-5}$~$1×10^{-4}$

3.4.1.3 地质评述

堤内表层黏性土层分布连续,厚度稳定,堤基抗渗条件较好,为B类堤段,堤身填料混杂不均一,砂性土所占比例高达24.2%,但汛期江水易在该段干堤附近形成回流,在江水压力的作用下,容易沿着堤身堤基结合部位发生渗流破坏。由于部分堤段渗透性较强,1998年和1999年汛期堤内脚附近多处出现散浸、清水漏洞、浑水漏洞等险情,所以地质专家建议有针对性地对堤身及其与堤基的结合部进行防渗加固处理。

在表层黏性土层较厚的堤段发生清水漏洞险情,可能是堤基存在以下几种隐患:①较大树木的根系;②蛇、鼠等生物洞穴;③堤身与堤基接触带存在较强渗水通道。这3种隐患一般均分布在堤基浅层,从险情的发生、发展判断,堤基黏性土的抗冲蚀性较强,因此在长时间高水位作用下,险情没有进一步恶化。

3.4.2 荆南长江干堤裕华哨所清水漏洞

3.4.2.1 险情概况

荆南长江干堤裕华哨所(桩号628+720~613+725),1998年汛期曾发生过2次管涌和2次清水漏洞险情。

1998年汛期,当长江水位达到38.0m时,荆南长江干堤桩号617+650处发生堤基清水漏洞险情,出险点位于距堤内脚34m藕塘坑中,鼓冒气泡,见图3.4.3。当时采取做导滤堆、抽水反压的方式进行现场抢险。

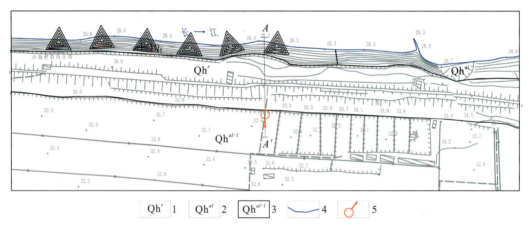

1.第四系全新统人工堆积;2.第四系全新统冲积;3.第四系全新统冲湖积;4.水边线;5.清水漏洞位置

图3.4.3 荆南长江干堤裕华哨所清水漏洞地质平面图

3.4.2.2 地形地质

该段干堤堤顶高程40.09~42.13m、宽5~8m,内、外坡比1:2.5~1:3.3。堤外无滩,深泓逼近,江水迎流顶冲。堤内地势平坦,地面高程一般为31.5~33.8m。堤内压浸平台分布连续,一般宽30~40m。堤内堰塘较多,一般深1~2m,沟渠纵横交错。

堤基上部为粉质黏土及粉质壤土,厚5~14m,局部浅层夹薄层砂壤土及粉细砂;下部为砂壤土及粉细砂。堤基地质结构为Ⅱ$_2$类,如图3.4.4所示。堤基各土层主要物理性质及渗透性参数建议值见表3.4.2。

3 堤基险情

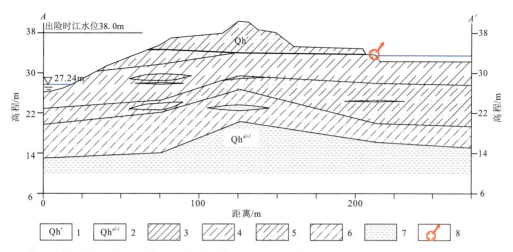

1.第四系全新统人工填土;2.第四系全新统冲湖积;3.黏土;4.粉质黏土;5.含有机质粉质黏土;6.砂壤土;
7.细砂;8.清水漏洞位置示意

图 3.4.4　荆南长江干堤裕华哨所险情地质横剖面示意图

表 3.4.2　裕华哨所险情堤基土主要物理性质及渗透性参数建议值

土层名称	天然含水率/%	干密度/(g·cm^{-3})	孔隙比	渗透系数/(cm·s^{-1})
粉质黏土	31.4	1.46	0.87	$4\times10^{-6}\sim5\times10^{-5}$
粉质壤土	31.0	1.45	0.88	$1\times10^{-5}\sim1\times10^{-4}$
粉细砂	20.0	1.46	0.66	$5\times10^{-4}\sim3\times10^{-3}$

3.4.2.3　地质评述

堤内黏性土分布连续,但厚度不稳定,局部夹薄层砂性土透镜体。该段堤外无滩,深泓逼近堤脚,渗径较短,汛期江水沿着薄层砂性土向堤内渗透,再加上上部黏性土层受藕塘地形切割的影响,存在着渗透稳定问题。综合判断,该段工程地质条件较差,为 C 类堤段。地质专家建议对堤基进行垂直防渗处理,截断浅层砂性土夹层的渗透通道。

3.4.3　岳阳长江干堤四支渠跌窝

3.4.3.1　险情概况

1998 年和 1999 年汛期,岳阳长江干堤桩号 42+210～43+307 段,防洪大堤内 30～60m 范围内或近堤脚水塘地带发生过管涌或翻水冒砂。

1999 年 7 月 3 日,岳阳长江干堤桩号 42+474 处电排进口八字墙北边,发生堤基跌窝险情,直径 1m、深 2m,沿浆砌石八字墙跌窝;渠中坡面与底板交线上翻砂鼓水,见图 3.4.5。

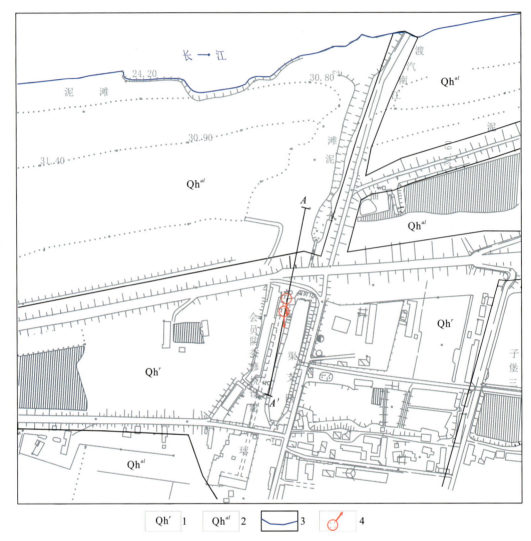

1.第四系全新统人工堆积；2.第四系全新统冲积；3.水边线；4.跌窝位置

图 3.4.5　岳阳长江干堤四支渠跌窝地质平面图

3.4.3.2　地形地质

该段堤防堤顶高程 36.00~36.90m，堤身高 6~7m，堤内、外坡比 1:2.5~1:3，堤内地面高程 29.0~30.0m。外滩宽度大于 200m。

堤基属多层结构，属Ⅲ类，上部为砂壤土、粉质壤土、粉质黏土、粉细砂互层，厚度 4~6m，岩性较复杂、岩相变化较大；下部为粉细砂局部夹砂壤土透镜体，埋深 4~6m，如图 3.4.6 所示。堤基上部砂壤土层在堤内、外已连续贯通，埋深在堤内变浅，堤外黏性土铺盖已被人为破坏。堤基各土层主要物理性质及渗透性参数建议值见表 3.4.3。

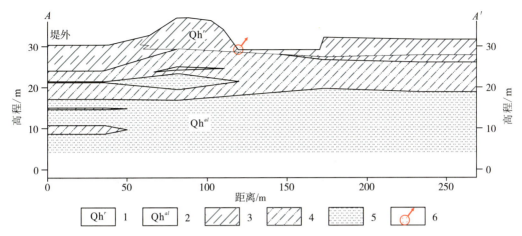

1.第四系全新统人工填土;2.第四系全新统冲积;3.粉质黏土;4.砂壤土;5.细砂;6.清水漏洞位置

图 3.4.6　岳阳长江干堤四支渠跌窝险情地质横剖面示意图

表 3.4.3　岳阳长江干堤四支渠跌窝段堤基土主要物理性质及渗透性参数建议值

土层名称	天然含水率/%	干密度/(g·cm^{-3})	孔隙比	渗透系数/(cm·s^{-1})
砂壤土	24.20	1.56	0.71	$1.5\times10^{-4}\sim6.8\times10^{-3}$
粉细砂	20.50	1.68	0.60	$5.5\times10^{-4}\sim8.3\times10^{-3}$
粉质黏土	32.40	1.45	0.89	$2.9\times10^{-6}\sim3.1\times10^{-5}$
粉质壤土	28.90	1.52	0.78	$3.5\times10^{-6}\sim4.2\times10^{-5}$

3.4.3.3　地质评述

该段堤基上部分布有粉细砂、砂壤土等透水层,上部黏性土盖层厚度小于 2m,且在大堤内、外两侧筑堤取土时上覆黏性土盖层遭到破坏。由于堤基地质条件本就不好,再加上电排站的修建,使地质条件进一步恶化。首先,电排站进、出水渠将顶部较薄的黏性土盖层挖除殆尽,缩短了江水入渗的路径,加大了渗流比降;其次,电排站排水管从堤身穿过,可能在江水位上涨时存在接触冲刷问题。堤基发生渗透破坏,堤身沿排水管发生接触冲刷,二者叠加导致进水渠浆砌石八字墙后土体被渗透水流淘空,地下空洞发展到一定程度后塌落,形成跌窝险情。鉴于此,地质专家建议对堤基进行防渗处理。

3.4.4　咸宁长江干堤护城堤清水漏洞

3.4.4.1　险情概况

1999 年汛期,咸宁长江干堤嘉鱼护城堤三乐电排站—丝瓜台段,桩号 307+100、桩号 306+300、桩号 305+260 处,堤脚附近均发生清水漏洞险情。其中桩号 306+300 处清水漏洞险情发生时,长江水位达到30.54m,清水漏洞孔径2.0cm,出险高程27.5m,见图3.4.7。险情发生后,安排专人坐哨观察其发展变化情况,由于险情没有进一步发展,没有采取抢险措施。

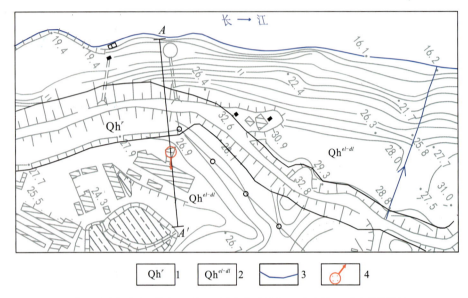

1.第四系全新统人工堆积;2.第四系全新统残坡积;3.水边线;4.清水漏洞位置

图3.4.7　咸宁长江干堤护城堤清水漏洞地质平面图

3.4.4.2　地形地质

该段堤防堤顶高程32.8～33.1m、宽度8～9m,堤高5.5～8.0m。堤内为陇岗地形,地面高程23.6～29.6m,堤外漫滩宽40～50m,滩面高程23.0～26.5m。

堤基为I_1类地质结构,主要为第四系全新统下段粉质黏土、黏土,厚0～2m,下部分布厚约2m的残坡积碎石土;下伏下侏罗统武昌组粉砂岩,见图3.4.8。堤基各土层主要物理性质及渗透性参数建议值见表3.4.4。

表3.4.4　护城堤清水漏洞段堤基土主要物理性质及渗透性参数建议值

土层名称	天然含水率/%	干密度/(g·cm^{-3})	孔隙比	渗透系数/(cm·s^{-1})
黏土	33.7	1.42	0.937	2.42×10^{-6}～1.46×10^{-5}
粉质黏土	33.3	1.43	0.887	1.16×10^{-5}～1.26×10^{-5}

3.4.4.3　地质评述

本段堤防工程地质条件较好,属B类堤段。堤内黏性土较薄,下部分布有厚2m左右的

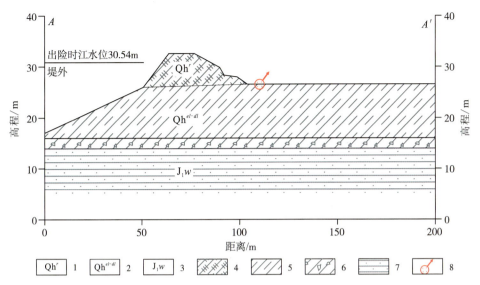

1. 第四系全新统人工填土；2. 第四系全新统残坡积层；3. 下侏罗统武昌组；4. 杂填土；5. 粉质黏土；6. 碎石土；7. 砂岩；8. 清水漏洞位置示意

图 3.4.8　咸宁长江干堤护城堤清水漏洞险情地质横剖面示意图

残坡积碎石土，渗透性差异较大。汛期江水沿着碎石土向堤内渗透；上部黏性土层厚度较薄，江水上涨时，在堤内、外水头差作用下，上部黏性土不足以抵抗渗流水压力，存在渗透稳定问题，易发生管涌或者清水漏洞险情。地质专家建议对堤基进行垂直防渗处理，截断渗透通道。

3.4.5　咸宁长江干堤三合垸堤清水漏洞

3.4.5.1　险情概况

1999 年汛期，咸宁长江干堤嘉鱼三合垸堤桩号 317+120～317+150 和桩号 317+260～317+300 段，堤脚及禁脚发生散浸，桩号 317+200 距堤内脚 180m 处发生清水漏洞。险情发生时，长江水位达到 30.16m（黄海高程），清水漏洞距堤脚 180m，直径 2cm，出险高程 26m。险情发生后，采取开沟滤水的抢险措施，并安排专人观察。险情位置见图 3.4.9。

3.4.5.2　地形地质

该段堤防堤顶高程 32.9～33.0m，宽度 9～10m，堤高 7.8～8.0m。堤内地面高程 23.9～24.8m，距堤脚 30～40m 范围内遍布渊塘，塘底高程约 23.9m。堤外漫滩宽约 20m。

堤基为Ⅲ类地质结构。堤基土由第四系全新统下段组成，自上而下为：黏土或粉质黏土，局部夹粉细砂透镜体，厚 5.8～7.0m，其下为厚 0～2.8m 的砂壤土；粉质黏土、粉质壤土，厚 3.5～7.3m；砂壤土、粉细砂，厚度大于 4m，如图 3.4.10 所示。堤基各土层主要物理性质及渗透性参数建议值见表 3.4.5。

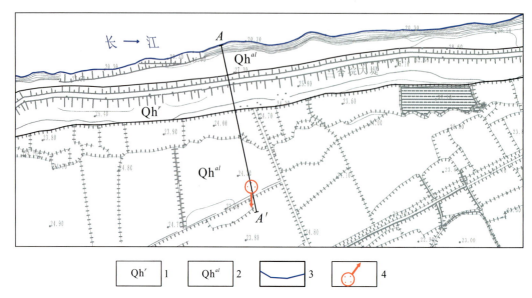

1. 第四系全新统人工堆积;2. 第四系全新统冲积;3. 堤防界线;4. 清水漏洞位置

图 3.4.9　咸宁长江干堤三合垸堤清水漏洞地质平面图

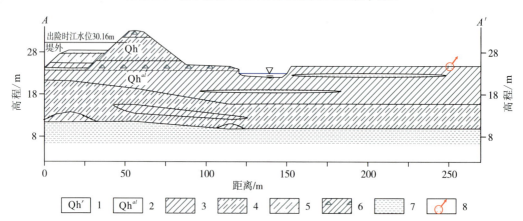

1. 第四系全新统人工填土;2. 第四系全新统冲积;3. 黏土;4. 粉质黏土;5. 粉质壤土;6. 黏土夹碎石;7. 细砂;8. 清水漏洞位置示意

图 3.4.10　咸宁长江干堤三合垸堤清水漏洞地质横剖面示意图

表 3.4.5　三合垸堤清水漏洞段堤基土主要物理性质及渗透性参数建议值

土层名称	天然含水率/%	干密度/(g·cm^{-3})	孔隙比	渗透系数/(cm·s^{-1})
黏土	33.7	1.42	0.937	$2.42 \times 10^{-6} \sim 1.46 \times 10^{-5}$
粉质黏土	33.3	1.43	0.887	$1.16 \times 10^{-5} \sim 1.26 \times 10^{-5}$
粉质壤土	29.5	1.48	0.832	$2.04 \times 10^{-5} \sim 2.10 \times 10^{-5}$
壤土	27.1	1.58	0.735	$5.97 \times 10^{-5} \sim 8.61 \times 10^{-5}$
砂壤土	32.6	1.43	0.891	$1.29 \times 10^{-4} \sim 7.16 \times 10^{-4}$
粉细砂	29.3	1.53	0.770	$7.16 \times 10^{-4} \sim 5.14 \times 10^{-3}$

3.4.5.3 地质评述

本段堤防工程地质条件差,属D类堤段。堤基上部黏性土层虽较厚,但在表层5.0m范围内普遍夹薄层砂性土,堤外无漫滩—窄漫滩,堤内有渊塘、沟渠分布。在汛期,高涨的江水沿砂性土夹层渗透,发生散浸或清水漏洞险情。但由于砂夹层较薄,而其上、下的黏性土渗透性较弱,抗冲性较好,因此清水漏洞险情规模不大;此外,江水位与出险点水位差仅4.16m,而且出险点距堤内脚又有180m,因此险情不会进一步发展。建议采取堤基垂直防渗的措施截断江水通道,并将堤内坑塘回填平整。

3.4.6 粑铺大堤粑铺堤清水漏洞

3.4.6.1 险情概况

1998,长江水位达到27.37m时,在粑铺堤桩号116+500处,堤基发生清水漏洞险情,漏洞位于距堤脚50m的水塘边,洞径2.0cm,高程21.0m。险情发生后,采取了砂石料堆导滤的抢险措施。险情位置见图3.3.11。

3.4.6.2 地形地质

粑铺堤堤顶高程26.6~27.9m,堤身高5~10m,堤身坡比1:3,堤顶宽度8~10m,迎水面为宽30.0m左右的黏性土铺盖,厚1~2m,堤内压浸台宽20~25m,堤内地面高程20~23m。

堤基上部为黏土、含有机质黏土、壤土、砂壤土、粉细砂交错沉积,厚4~15m不等;下部为含有机质的黏土夹砂壤土,厚20.0m,分布连续;底部为砂砾石;基岩为白垩系—新近系的泥质粉砂岩。堤基各土层主要物理性质及渗透性参数建议值见表3.4.6。堤内黏性土盖层最厚2.0m,如图3.4.11所示。

表3.4.6 三合垸堤清水漏洞段堤基土主要物理力学性质及渗透性参数建议值

土层名称	天然含水率/%	干密度/(g·cm^{-3})	孔隙比	渗透系数/(cm·s^{-1})
黏土	30.0	1.43	0.85	2.2×10^{-5}
含有机质黏土	33.2	1.57	0.91	3×10^{-5}
壤土	27.1	1.56	0.74	3.3×10^{-5}
含有机质壤土	28.5	1.62	0.75	2.24×10^{-5}
砂壤土	23.9	1.47	0.694	1.1×10^{-3}
粉细砂	—	1.63	0.863	1.6×10^{-3}

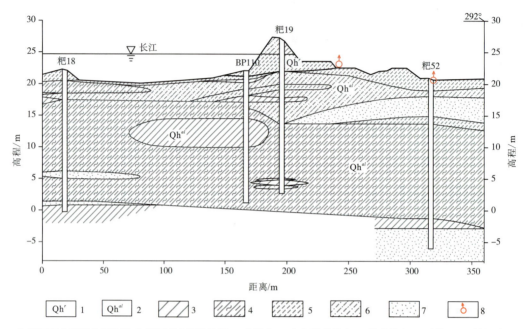

1.第四系全新统人工堆积;2.第四系全新统冲积;3.砂壤土;4.含有机质黏土;5.粉质壤土;6.砂壤土;7.粉细砂;
8.清水漏洞位置示意

图 3.4.11　耙铺大堤耙铺堤清水漏洞地质横剖面示意图

3.4.6.3　地质评述

耙铺堤堤基上部为黏土、壤土与砂壤土、粉细砂互层或夹砂壤土、粉细砂透镜体,且黏性土盖层较薄,局部黏性土被切穿。该段贯通堤内外的透水性较强的砂壤土或粉细砂层,为江水渗漏通道,当汛期堤内外水位差增大时,堤内黏性土盖层所受的压力也随之增大,导致在堤内黏性土盖层薄处发生渗透破坏险情。建议对堤基采取垂直防渗措施,截断沿砂性土的渗漏通道,以厚度较大的含有机质黏土为依托层。

3.4.7　阳新长江干堤海口堤清水漏洞

3.4.7.1　险情概况

据不完全统计,在 1995—1998 年间,海口堤发生各种与渗透有关的险情高达 105 处,包括管涌、散浸等,其中 1998 年汛期的险情多达 44 处。

1996 年 7 月 25 日,长江水位达到 24.36m 时,在堤内侧 10m 位置处,发生清水漏洞险情,直径 5cm,出险高程 19.50m,见图 3.4.12。

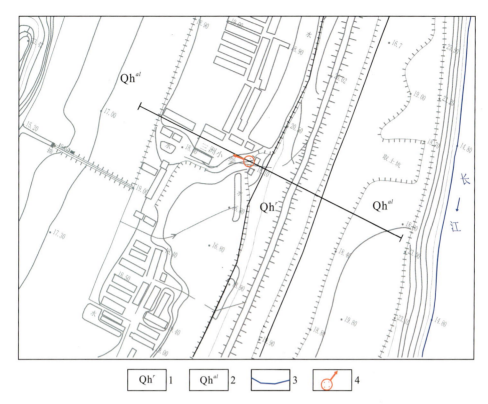

1.第四系全新统人工堆积；2.第四系全新统冲积；3.水边线；4.清水漏洞位置

图 3.4.12 阳新长江干堤海口堤清水漏洞地质平面图

3.4.7.2 地形地质

该段堤防堤顶高程 24m 左右、宽约 6m，堤身高 6～7m。外滩宽度 260～450m，高程 18～20m，沿外戗台有宽 60～70m、深 1～3m 的取土坑。地面高程 19m，堤内 100m 范围内有大小 7 个坑塘，深 1～3m。

堤基为多层结构，属Ⅲ类，上部为厚 0.6～2m 砂壤土，中部为粉质壤土、粉质黏土，厚 3～7m，下部为砂壤土、粉细砂，如图 3.4.13 所示。堤基各土层主要物理性质及渗透性参数建议值见表 3.4.7。

表 3.4.7 海口堤清水漏洞堤基土主要物理性质及渗透性参数建议值

土层名称	天然含水率/%	干密度/(g·cm^{-3})	孔隙比	渗透系数/(cm·s^{-1})
黏土	34.9	1.41	0.951	$i \times 10^{-6}$
粉质黏土	32.6	1.45	0.879	$1.02 \times 10^{-6} \sim 6.26 \times 10^{-6}$
粉质壤土	30.7	1.94	1.49	$1.04 \times 10^{-5} \sim 6.46 \times 10^{-5}$
砂壤土	21.8	1.70	0.596	$6.74 \times 10^{-4} \sim 1.51 \times 10^{-3}$
粉细砂	21.3	1.65	0.643	2.83×10^{-3}

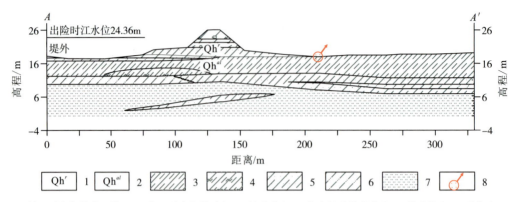

1. 第四系全新统人工填土；2. 第四系全新统冲积；3. 粉质黏土；4. 含有机质粉质黏土；5. 粉质壤土；6. 砂壤土；
7. 粉细砂；8. 清水漏洞位置示意

图 3.4.13　阳新长江干堤海口堤清水漏洞险情地质横剖面示意图

3.4.7.3　地质评述

工程地质勘察认为，本段工程地质条件较差，属 C 类，建议用减压井（沟）及水平铺盖进行防渗处理，并封填附近渊塘。

该险情的发生显然与表层的砂性土层密切相关，但中部的黏性土层具有向堤内变薄的趋势，并且局部缺失，因此上、下砂层是连通的，地质建议的防渗措施是合适的。如果采取垂直防渗墙的处理措施，截断上部砂性土，并不能取得有效的防渗效果，江水仍然可以通过下部砂层向堤内渗透，并通过上部砂层发生渗透破坏险情。

4 崩岸险情

4.1 崩岸险情综述

在长江中下游干流河道,对沿岸社会、经济有危害的主要是窝崩、条崩、口袋型崩窝、滑坡。

影响河道岸坡稳定的因素很多,概括起来可以分为动态因素、静态因素和人类活动因素三类。动态因素包括河道水流的流速、流向、泥沙含量,河岸地下水位的动态变化及其与河水位的关系等;静态因素包括河岸物质组成及其物理力学性质与渗透性、不利结构面(带)、河道地形等;人类活动包括修建的港口码头、桥梁、取水建筑物、护岸工程等。这三类因素又是互相影响、互相制约、互相促进的。例如:河道水流受河道地形的制约,弯曲型河道的凹岸与凸岸,分汊型河道的主、支汊和汇流段,水流特征明显不同,但在水流冲刷下河道地形不断地发生变化,相应地河道水流也随着河道地形的变化而不断地调整。

河道水流的流速、流向影响着崩岸的发生部位和规模,而这又受河道平面形态的控制。按照河道的平面形态,将长江中下游河道分为顺直型河道、弯曲型河道和分汊型河道三大类,其中以分汊型河道为主,其长度约占河道总长的60%。不同的河道形态,崩岸的强弱程度不同,崩岸的规模大小也不同。根据河势和河道平面形态将长江中下游河道分为5个大段:宜昌至枝城河段、荆江河段、城陵矶至湖口河段、湖口至江阴河段、河口段。根据河势与自然控制节点,又划分为30个河段,其中16段重点河段(宜枝、上荆江、下荆江、岳阳、武汉、鄂黄、九江、安庆、铜陵、芜裕、马鞍山、南京、镇扬、澄通、长江口)、14段一般河段(陆溪口、嘉鱼、簰洲湾、叶家洲、团风、韦源口、田家镇、龙坪、马垱、东流、太子矶、贵池、大通、黑沙洲)。

河道岸坡的物质组成及其物理力学性质是崩岸发生的内因,例如:长江中下游分布的矶头,均是由基岩组成,江水冲不动基岩,则转而冲刷其上、下游的土质岸坡,久而久之则形成突出江岸的矶头;更新统老黏土与上覆全新统软土组成的岸坡,上部软土易沿两层土的分界面发生滑动。

一些学者认为,渗透性较强土层的分布与地下水影响岸坡的稳定性,当洪水消退时,地下水位高于江水位,在二者水头差作用下组成岸坡土层发生渗透破坏,导致崩岸的发生。还有的学者认为,长江中下游崩岸与古河道有一定的关系,在古河道中,地下水径流比较强烈,再加上古河道沉积物的渗透性较强、临界比降较小,因而易发生崩岸。

在河中或者河岸修建的一些建筑物,可以改变河水的流速、流向,这种影响可以延伸到河道上、下游数千米至数十千米之远,水流特征的改变不仅会增强侧蚀作用,而且也会加剧河流的下切作用,在河底形成新的冲刷深槽,从而影响岸坡稳定。在护岸工程中发现,当对一段崩岸较严重的河段实施护岸工程后,与之相邻的上游段或者下游段崩岸加剧了,不得不向上、下游延长原有的护岸工程。

河水中的泥沙含量对岸坡稳定的影响是一个新的课题,三峡水库建成蓄水后,清水下泄是否影响长江中下游崩岸倍受学者关注。一些学者认为,河水存在一个饱和含沙量,由于清水含沙量低,因此具有增加其含沙量的趋势,因而会导致崩岸加剧。然而,在其他条件不变的情况下,含沙量越高的水黏滞力越强,因而流速也越小,并且含沙水比清水冲刷力要强。总之,三峡工程的清水下泄对长江中下游岸坡稳定性的影响是一个需要进一步研究的课题。

新中国成立后,国家高度重视长江中下游干流的河道治理工作。20世纪50—60年代主要是围绕重点堤防和重要城市的防洪要求而开展护岸工程建设。60年代后期至70年代,逐步进行了重点河段的河势控制工程,例如在下荆江河道实施了系统裁弯工程,在下游分汊河道实施了部分堵汊工程。80年代以后主要进行了部分重点河段(如界牌、马鞍山、南京、镇扬等河段)的治理。据不完全统计,至1998年,长江中下游累计完成护岸长度1189km。1998年特大洪水后,政府投巨资进行防洪工程建设,长江水利委员会组织实施了长江重要堤防隐蔽工程,在全面加高加固中下游干流堤防的同时,对直接危及干流重要堤防安全的崩岸段和少数河势变化剧烈的河段进行了治理,累计护岸总长度达436km。三峡水库蓄水运行后,为保障防洪安全,维护河势稳定,2003—2013年中下游干流河道完成治理长度约594km。此外,为充分发挥长江中下游"黄金水道"的航运功能,自20世纪90年代以来,交通运输部持续开展了中下游航道整治工作,重点对碍航水道崩岸段及洲滩进行了守护。这些治理工程的实施,使长江中下游干流河道崩岸得到了一定程度的控制,总体上河势向稳定方向发展,但河势稳定程度仍不能完全适应沿江经济快速发展的需求,有些河段的河势变化仍然较为剧烈。

4.2 窝 崩

4.2.1 下荆江河段石首北门口窝崩

4.2.1.1 险情概况

石首河段位于长江中游下荆江进口段,为典型的蜿蜒型河道,上起新厂,下迄塔市驿,全长约74km,主要由石首、调弦口、八十丈3个河弯及弯道间的顺直过渡段组成,如图4.2.1所示。石首河段的进、出口段较为顺直,中间段多急弯分汊,平面形态复杂。

受水沙条件改变和人类活动的影响,历史上石首河段河势复杂多变,河床不断调整。20

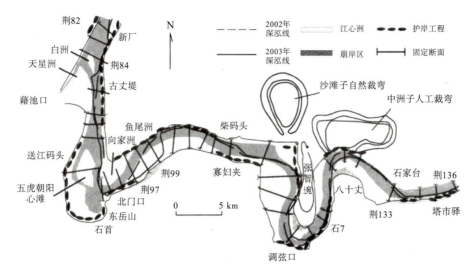

图 4.2.1 石首河湾河势示意图

世纪后半叶初期,先后经历了 1967 年的中洲子人工裁弯和 1972 年的沙滩子自然裁弯,裁弯期间河势变化剧烈,崩岸险情频发。

中洲子、沙滩子裁弯后,石首急弯段主流撇弯,导致向家洲边滩受到严重淘刷,并于 1994 年崩穿过流。向家洲撇弯切滩后,主流贴新口门左岸下行,撇开右岸东岳山天然节点的控制,直冲石首市北门口一带,致使该处岸线大范围后退,1994—1995 年崩岸险段长达 3.0km。主流顶冲点不断下移,使得鱼尾洲下段、寡妇夹等处成为新的崩岸险段。

北门口位于下荆江河段进口石首河湾右岸。1994 年向家洲狭颈冲穿过流后,水流直冲北门口,致使长达 4km 的岸线大幅度崩退。1994 年 7 月至 1995 年 10 月,最大崩退达 420m;1995 年后,每年均有不同程度的崩岸发生。1994—2000 年北门口岸线崩退变化如图 4.2.2 所示。

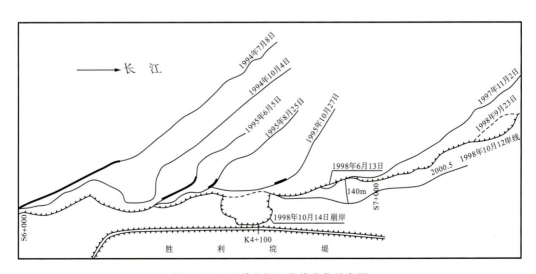

图 4.2.2 石首北门口岸线变化示意图

1998年汛期末，北门口发生5次崩岸，其中下游未护岸段崩长超过1000m，崩宽100m；已护岸段崩失3处，长330m。1998年6月13日，在已护岸段发生2处崩岸，崩长分别为70m和60m，崩宽分别为30m和15m；10月14日，在桩号565+050～250段发生崩岸，3个多小时崩长200m，最大崩宽100m。1998年汛期后，实测水下地形表明，北门口深泓已由1996年的10m刷深至－11m。1999年7月4日，在桩号4+300～4+700间再次发生崩岸，2h崩宽达38m，崩退达100～140m，致使长江岸线距长江大堤脚最近仅5m。

4.2.1.2 险情分析

北门口段，滩唇线高程35～36m，坡脚深泓线高程－10～10m，北门口油库一带最低为－11.4m，总体坡高25～46m，呈上陡下缓状。水上坡高达8～10m，坡角大，一般为50°～60°，大者达70°，局部近直立；水下坡角一般为8°～12°，局部达15°以上。岸坡土层为第四系全新统冲积层，呈二元结构，顶部为粉质黏土夹粉细砂透镜体，厚4～8m，最厚达13.6m；下部为粉细砂，顶板高程22.0～27.0m，揭露厚度大于18.0m，如图4.2.3所示。

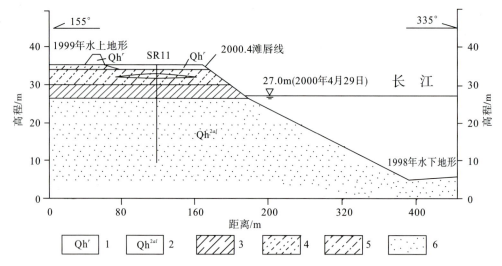

1.第四系全新统人工填土；2.第四系全新统冲积；3.粉质黏土；4.粉质壤土；5.砂壤土；6.粉细砂

图4.2.3 北门口SR11孔一带岸坡地质结构示意图

各土层物理力学性质及渗透性参数建议值见表4.2.1。

表4.2.1 石首河湾北门口岸坡土体物理力学性质及渗透性参数建议值

土层名称	天然含水率/%	干密度/(g·cm^{-3})	孔隙比	直剪		压缩		渗透系数/(cm·s^{-1})
				黏聚力/kPa	内摩擦角/(°)	压缩系数/MPa^{-1}	压缩模量/MPa	
粉质黏土	33.83	1.43	0.924	9～15	16～18	0.4～0.6	3.0～6.0	1.0×10^{-5}
粉细砂	21.84	1.62	0.672	3～6	22～24	0.2	9.0～10.0	1.0×10^{-3}

北门口崩岸的发生主要受两个方面的条件控制:一是河势,北门口段深泓贴岸、迎流顶冲,受江水冲蚀作用强烈;二是岸坡地层结构,岸坡主要由粉细砂组成,特别是水下岸坡,抗冲刷能力弱。

4.2.1.3 险情处理

20世纪70年代以来,特别是1998年大洪水后,在石首河湾逐步实施了一些护岸工程,采用抛石、抛柴枕、抛土工布砂枕袋和合金钢丝石笼方式进行水下护脚,水上护坡采用干砌块石和混凝土预制块。实施护岸工程的范围主要有茅林口至古长堤(桩号28+000~37+280)、向家洲(桩号22+000~26+000)、送江码头(桩号0+000~3+600)、北门口(桩号S6+000~S9+000)、鱼尾洲(桩号3+780~10+380)、北碾子湾段(桩号0+000~7+300)等,护岸总长度约33.78km。三峡水库蓄水后,随着河势的进一步变化,有些已护岸段也发生了崩岸,如合作垸桩号24+900~27+250、北门口桩号9+000附近、北碾子湾段等。

4.2.2 下荆江河段鱼尾洲窝崩

4.2.2.1 险情概况

鱼尾洲位于石首河湾的左岸,与北门口隔江相望,全长约10km。外滩较窄,仅20~30m。20世纪50—80年代初,受东岳山挑流的影响,鱼尾洲岸线崩塌严重段主要发生在上段(桩号7+000~10+000),1972年后加以守护才初步得到控制。1994年后,随着北门口岸线不断崩退(图4.2.4),顶冲点大幅度下移,原来重点守护的上段成为淤积段,守护薄弱的下段成为强烈顶冲段,岸线发生强烈崩塌。1998年汛期,在焦家铺处发生重大崩岸险情。1999年7月,在桩号4+300~4+700间再次发生2处大崩窝,共计长240m,2h崩宽达38m,致使长江岸线距大堤脚最近处仅2~5m。同时,在2处崩窝处堤内出现严重的翻砂鼓水险情。

4.2.2.2 险情分析

鱼尾洲段,滩唇线高程35~36.5m,大部分地段坡脚深泓线高程5~10m,岸坡总体坡高26~32m,呈上陡下缓状。水下坡角一般为10°~15°;水上坡角,已护岸段(桩号6+750~3+980)一般为25°~30°,未护岸段则达35°~45°,大者60°~65°,局部近直立,坡高9~10m。长江主流线紧贴坡脚,深泓逼岸。岸坡土层为第四系全新统冲积层,呈二元结构,顶部为厚3~5m粉质壤土、粉质黏土层,其下为粉细砂,顶板高程31~33m,揭露厚度大于22.0m,岸坡土体物理力学性质及渗透性参数建议值见表4.2.2。

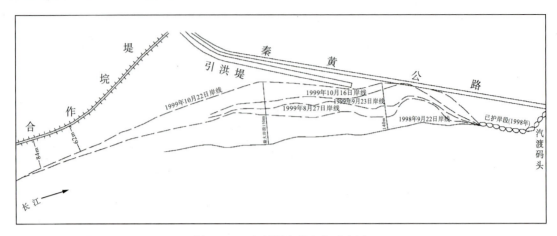

图 4.2.4 鱼尾洲岸线变化示意图

表 4.2.2 石首河湾鱼尾洲段岸坡土体物理力学性质及渗透性参数建议值

土层名称	天然含水率/%	干密度/(g·cm^{-3})	孔隙比	直剪		压缩		渗透系数/(cm·s^{-1})
				黏聚力/kPa	内摩擦角/(°)	压缩系数/MPa^{-1}	压缩模量/MPa	
粉质黏土	28.2	1.50	0.821	15~16	18~20	0.2~0.3	8.0~9.0	5.0×10^{-6}
粉质壤土	33.8	1.41	0.935	15~18	19~22	0.4	6.0~7.0	5.0×10^{-5}
砂壤土	27.0	1.36	0.987	6~9	22~24	0.4	6.0~7.0	5.0×10^{-4}
粉细砂	20.92	1.59	0.70	3~5	22~24	0.2	9.0~10.0	1.0×10^{-3}

崩岸发生的主要原因有两种：一是鱼尾洲段深泓贴岸，江水冲刷强烈；二是岸坡地层结构，岸坡主要由粉细砂组成，特别是水下岸坡，抗冲刷能力弱。

4.2.2.3 险情处理

险情发生后，采用抛石、抛柴枕、抛土工布砂枕袋和合金钢丝石笼方式进行水下护脚，水上护坡采用干砌块石和混凝土预制块施工。

4.2.3 下荆江河段五马口窝崩

4.2.3.1 险情概况

1998 年汛期，在石首五马口（荆南长江干堤桩号 500+500~500+530）发生一窝崩，长 30m、宽 10m、崩脱高 4m，险情发生时长江水位 35.5m。险情位置见图 4.2.5。

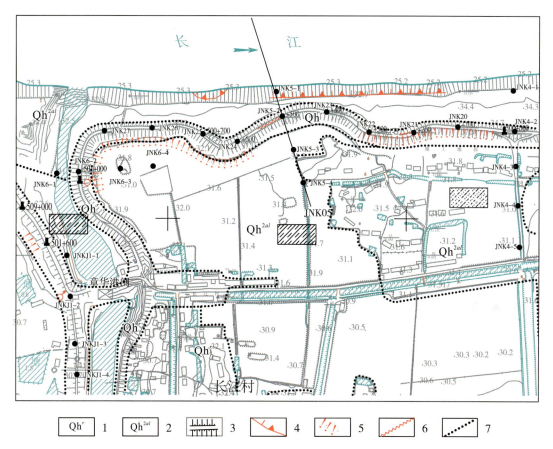

1.第四系全新统人工填土；2.第四系全新统冲积层；3.堤防；4.崩岸位置；5.散浸位置；6.裂缝位置；7.地质界线

图 4.2.5　五马口窝崩位置示意图

4.2.3.2　险情分析

岸坡顶高程 34.3m，近岸河床高程 5.7～13.0m，坡高 21～28m，岸坡坡度 12°～18°，坡唇距外堤脚 40～60m。

五马口为砂性土岸坡，工程地质剖面见图 4.2.6，岸坡主要土层物理力学性质及渗透性系数建议值见表 4.2.3。

五马口崩岸发生在顺直河段的局部岸线内凹部位，深泓贴岸。在深泓贴岸冲刷下，砂性土岸坡坡脚受到淘蚀，上部土体在自重作用下发生崩塌。由于水流的冲刷作用不是很强，因此崩岸的规模不大，没有造成危害性后果。

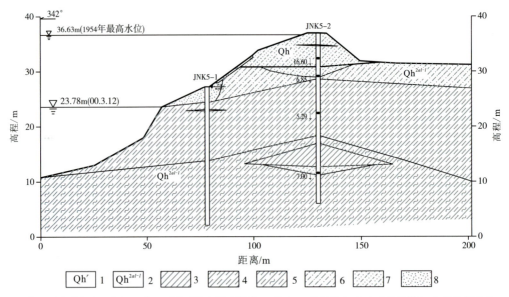

1.第四系全系统人工堆积;2.第四系全系统上段冲洪积;3.黏土;4.粉质壤土;5.含有机质壤土;6.粉质壤土夹粉砂;7.砂壤土;8.粉细砂

图 4.2.6　五马口窝崩工程地质剖面示意图

表 4.2.3　岸坡主要土层物理性质及渗透性参数建议值

土层名称	天然状态下土的物理性指标				固结快剪		承载力标准值/kPa	渗透系数/$(cm·s^{-1})$
	含水率/%	湿密度/$(g·cm^{-3})$	干密度/$(g·cm^{-3})$	孔隙比	黏聚力 kPa	内摩擦角/(°)		
粉质壤土	30.0	1.94	1.48	0.84	17	15~22	110	$5×10^{-5}$
壤土	22.8	2.05	1.67	0.63	13	26	130	
砂壤土	26.4	1.98	1.57	0.75	0	25~28	120	$5×10^{-4}$
细砂	22.7	1.91	1.56	0.74	0	25~30	140	$1×10^{-3}$

4.2.3.3　险情处理

险情发生后,采取了抛石固脚和干砌块石护岸等治理措施,治理后岸坡基本保持稳定。

4.2.4　下荆江河段荆江门窝崩

4.2.4.1　险情概况

下荆江河段,上起藕池口、下迄城陵矶,由 10 个弯曲段组成,全长 165km,如图 4.2.7 所示。自然条件下,下荆江是典型的蜿蜒性河段,受河道主流线弯曲所出现的横向环流和主流

4 崩岸险情

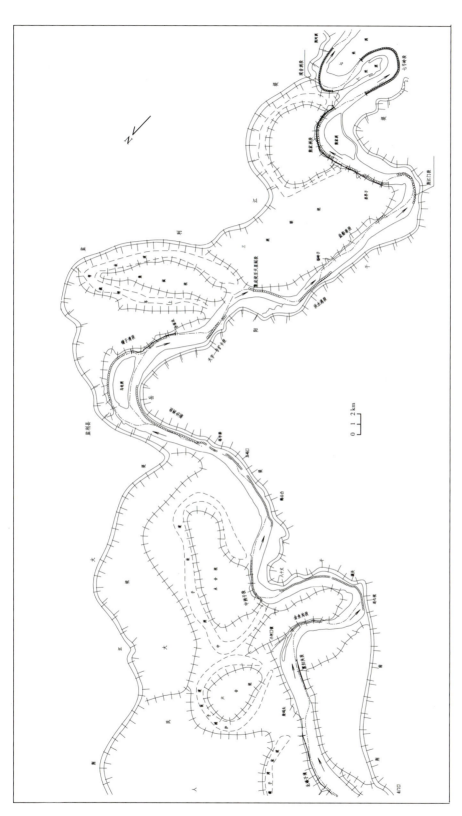

图 4.2.7　下荆江河段河势示意图

线平面位置变化的影响,弯道凹岸不断崩坍、凸岸淤高,弯顶向下游移动,在一定的水文、水力和河床地质条件下,形成蜿蜒段裁弯、急弯段凸岸切滩、凹岸撇弯。自20世纪60年代以来,下荆江水文、泥沙、河岸边界条件均发生了较大的变化。

荆江门至城陵矶蜿蜒段属下荆江尾闾,由荆江门、熊家洲、七号岭、观音洲4个连续弯道组成,1909年曾发生尺八口自然裁弯。荆江门河湾为窄深急弯河段,曲率半径为1300m,深泓最深达-24m,流态紊乱,其弯道出口11矶强烈挑流,使水流直冲熊家洲河湾。1960—1980年,熊家洲湾道14.6km范围内的河流凹岸全线崩退,累计最大崩宽1080m,崩率132m/a。1952—1983年,下游八姓洲狭颈大幅缩窄,由1790m缩窄到450m。1983年以前,熊家洲弯道凹岸位于尺八口自然裁弯新河左岸,凹岸崩岸强度大,随着凹岸不断崩退、凸岸不断淤长,整个弯道向尺八口故道蠕动,弯道顶冲点由八姓洲右缘中部逐渐大幅度上移,主流线也逐渐脱离八姓洲右缘向七号岭弯道过渡。1983年以来,八姓洲狭颈右缘的冲刷崩退基本停滞,熊家洲弯道凹岸因护岸工程的兴建,河势得到有效控制。

荆江门河段长13.5km,随着水流顶冲点逐渐下移,严重威胁下游段已护工程,深泓距岸最近点仅70余米,退岸变幅在5~10m/a左右,河床冲深最大高程达-25m,崩线长6.5km。矶头清除不彻底,枯水位以下潜伏着较多突咀,凹凸不平,以致近岸水流极为紊乱,给航运、泄洪和护岸造成严重危害。

荆江门河段是下荆江河道摆动幅度较大的河段之一,据史料统计,1756—1952年,摆幅达12.6km;1952—1972年,最大累积崩退1370m;1952—2010年,崩失面积共0.76万亩,退挽江堤1次,长2.92km,崩岸线长12.5km。1998年9月,荆江门发生规模较大的窝崩。

4.2.4.2 险情分析

(1)地形地质。桩号0+000~0+500段,岸坡为多层地质结构,上部为粉质壤土、粉质黏土,厚约11m;中部分别为砂壤土、粉质壤土,厚度分别为3m和7m;下部为粉细砂,厚度大于7m。桩号0+500~3+800段长约3.3km,岸坡为双层地质结构,上部为粉质黏土、粉质壤土,厚13~18m;下部为粉细砂或砂壤土,厚度大于10m。各土层物理性质及渗透性参数建议值见表4.2.4。可以看出,荆江门岸坡下部均为粉细砂,在江水冲刷下容易被淘脚,下部砂层被淘空后,上部黏性土在自身重力作用下发生崩塌。

表4.2.4 荆江门各土层物理性质及渗透性参数建议值

土层名称	天然含水率/%	干密度/$(g \cdot cm^{-3})$	孔隙比	黏聚力/kPa	内摩擦角/(°)	渗透系数/$(cm \cdot s^{-1})$
粉质黏土	28.05	1.54	0.770	26.5	19.8	$3.46 \times 10^{-6} \sim 6.22 \times 10^{-6}$
粉质壤土	23.85	1.64	0.656	15.5	12.7	$1.85 \times 10^{-6} \sim 2.64 \times 10^{-6}$
砂壤土	14.80	1.82	0.496	6.0	27.5	$1.60 \times 10^{-4} \sim 2.09 \times 10^{-4}$
粉细砂	12.30	1.96	0.370	3.0	29.7	$9.45 \times 10^{-4} \sim 9.76 \times 10^{-4}$

(2)河势条件。桩号 0+800～1+500 段河床深泓为下荆江深泓最低处，高程为-24m，滩唇距深泓 140～190m，岸坡迎流顶冲。荆江门河段受上游河势和 11 矶削矶影响，水流顶冲范围扩大，特别是 11 矶下游深泓大幅右移，近岸河床冲刷变陡，以致崩岸险情迭出。

4.2.4.3　险情处理

1962—1972 年，护岸的形式主要是抛石，哪里发生崩岸就在哪里抛石，俗称抛矶，荆江门河段抛矶 11 个点，形成了目前的锯齿形岸线。1972—1982 年，护岸形式改为削矶联线，但由于工作量太大，受经费限制难以在短时间内完成，崩岸仍时常发生。1983 年后，有关部门采用了"削坡护坦、平顺护岸"方法，其原则是"先险后夷，先崩窝后凸咀，先护脚后护坡"。平顺护岸大大改善了近岸水流条件，使河势向好的方向转化，崩岸得到了遏制，达到了保滩固堤的目的。1998 年窝崩发生后，桩号 0+500～3+800 已用预制混凝土块或干砌块石护岸，岸坡坡比为 1∶3；桩号 3+800～6+000 未护岸段，岸坡坡角 10°左右。

4.2.5　簰州湾河段洪湖虾子沟窝崩

4.2.5.1　险情概况

簰洲湾河段上起咸宁市嘉鱼县潘家湾，下至武汉市汉南区纱帽山，全长约 73.8km。该段河道蜿蜒，平面形态呈"Ω"字形，是长江中游荆江河段以下曲率最大的弯道。它的弯颈处（花口村至联合村）仅 4km，而河道长度有 41.5km，河道弯曲系数达 16，是长江中游荆江河段以下曲折率最大的弯道。簰洲湾由肖潘、簰洲大湾、双窑 3 个弯道组成。河段内有土地洲、上下北洲边滩和团洲。团洲左汊为主汊，右汊枯水期过流量很小，汛期分流量较大。根据 2010 年 6 月实测资料，团洲左汊分流占比为 83.7%。

簰洲湾河段的形成经历了漫长的发展过程，至 1864 年，簰洲湾河段已形成与现有河道平面形态相似的弯曲型河道，崩岸险情严重，平均年崩率 10～25m，历史退挽 13 次，虽经护岸，但崩岸险情仍在发展。近 100 年来，簰洲湾河道的演变特点是凹岸崩退，弯道加长，弯道狭颈处则经历了缩窄放宽的过程，历史上弯颈最窄仅 1km，后又加长，至 1961 年约为 4km。1976 年前，簰洲湾演变幅度较大，后经整治，在 1976—1998 年间变化幅度较小。

洪湖燕窝镇虾子沟险段位于簰洲湾河段左岸（图 4.2.8）。据统计，1948—1971 年间，虾子沟段共退挽 6 次，退挽筑堤总长 8.14km。1997 年 3 月在桩号 409+350～409+550 和桩号 411+588～412+250 两处发生崩岸，崩岸长度分别为 192m、650m，崩幅均为 10～25m。1998 年 6—10 月，虾子沟再次发生崩岸。

2017 年 4 月 19 日上午，洪湖长江干堤燕窝镇虾子沟附近，对应干堤桩号 413+250～413+325 处，原护岸段突发崩岸险情（图 4.2.9），崩长 75m、宽 22m、吊坎高 6m，距堤脚最近处 14m。险情发生时，螺山站流量约为 19 000m³/s，该处水位 19.74m。崩岸位于簰洲湾弯道进口段左岸，堤外滩宽 40～60m，滩面高程 26～27m，主流贴岸。

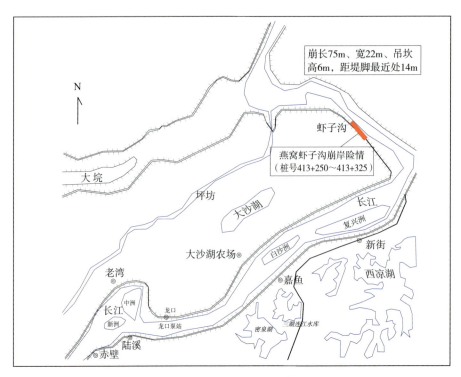

图 4.2.8 洪湖虾子沟崩岸位置示意图

图 4.2.9 洪湖燕窝镇虾子沟窝崩

4.2.5.2 险情分析

(1) 地形地质。洪湖虾子沟外滩宽约 150m，根据工程地质勘察资料，岸坡主要地层为第四系全新统冲积层，下伏下侏罗统基岩。岸坡土体为双层结构（II_1 类），如图 4.2.10 所示。上部为粉质壤土、粉质黏土等黏性土，厚度 7.0～17.3m，层底高程 9.1～19.9m；下部为砂壤土、粉细砂等砂性土，厚度大于 30m，抗冲刷能力弱。1 月间，河床冲深 3～10m，水下岸坡后退 10～30m 不等，水下岸坡坡度由 15°～20°变为 30°～35°，局部最陡达 42°。钻探观测结果表明,本段地下水向长江排泄,枯水期不具承压性。

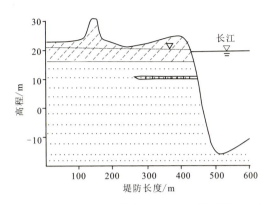

图 4.2.10　虾子沟崩岸段桩号 409+000 处地质结构示意图

(2) 河势条件。深泓贴岸,深泓最低高程约 −5m,1998 年以来,其上游潘家湾弯道河段的顶冲点大幅度下移,虾子沟段作为两弯间的顺直过渡段,其主流线贴岸区域不断下移,强冲刷区域也随之下移。护岸工程在一定程度上抑制了主流线向左岸方向的摆动,将主流贴岸区域长期相对稳定在一个区间范围内变动,使得这一区域累积的冲刷量相对较大。在同一水文年内,汛期主流趋中,虾子沟段近岸河床流速相对平缓,中枯水期主流傍岸下行,近岸河床流速相对较大,因此崩岸一般发生在枯水期。

(3) 河道冲刷。根据长江水利委员会水文局统计数据,1998 年特大洪水后,簰洲湾河段河床有冲有淤,但总体处于冲刷状态,1998—2016 年累计冲刷 1.50 亿 m^3,特别是 2013 年后河床冲刷有所加剧。2016 年,河床冲刷量为 0.597 亿 m^3,是 1998—2015 年年均冲刷量的 9.2 倍,1998 年大水以来首次出现 −10m 冲刷坑。2016 年汛期后至 2017 年汛期前,河床继续冲刷下切,根据长江水利委员会水文局 2017 年 4 月 22 日监测结果,河床最低点高程由 2016 年 11 月的 −10.4m 下切至 −15.8m。

4.2.5.3　险情处理

2001 年,在长江中下游堤防隐蔽工程中,该段实施了护岸工程,水上采用混凝土块护坡,水下抛石固脚。由于虾子沟堤外无滩,崩岸险情严重危及洪湖长江干堤安全。2017 年窝崩后,采取了削坡减载、抛石固脚、袋土还坡等应急措施,具体如下。

(1) 削坡减载,防浪防冲。崩岸发生时水位 19.7m,水面以上陡坎约 6m,岸坡受风浪淘刷影响易发生二次坍塌,需采取削坡减载。由于崩岸距堤脚仅 14m,没有足够削坡余地,在预留安全距离后,水上岸坡按 1∶1 削坡。同时,铺彩条布防浪防雨水冲刷。

(2) 固脚为先,控制险情。首先在崩窝贴坡抛投块石,险情得到初步控制后,按 1.5m 厚抛至深泓,抛石宽度 85~122m。为消减崩窝水流速度,沿上、下腮口门和原护岸脚槽位置抛石,形成水下堆石潜坝,高 2~3m,坡比 1∶1.75,坝体上有 5m 以上的净空,方便施工船舶出入。潜坝外沿及水下坡脚抛投 1m×1m×3.5m 的钢丝网石笼,保证坝体安全。其次在上游壤土、细砂、砂砾石,厚度大于 12.0m,分布于枯水位以下,见图 4.2.12。岸坡主要土层物理性质及渗透性参数建议值见表 4.2.5。

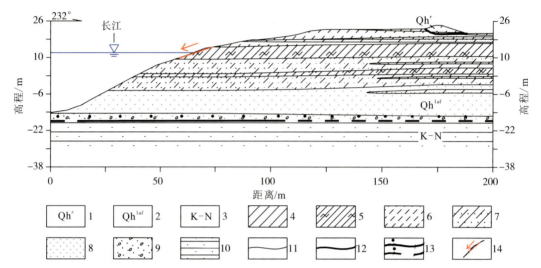

1.第四系全新统人工堆积;2.第四系全新统下部冲积层;3.白垩系—新近系;4.黏土;5.含有机质黏土;6.壤土;7.粉质壤土;8.粉细砂;9.砂砾石;10.砂岩;11、12.岩性界线;13.实测/推测覆盖层与基岩界线;14.崩岸位置示意

图 4.2.12　鄂黄河段耙铺大堤窝崩横剖面示意图

表 4.2.5　耙铺大堤窝崩段岸坡土主要物理性质及渗透性参数建议值

土层名称	天然含水率/%	干密度/(g·cm^{-3})	孔隙比	渗透系数/(cm·s^{-1})
黏土	30.0	14.3	0.85	2.2×10^{-5}
含有机质黏土	33.2	15.7	0.91	3.0×10^{-5}
壤土	27.1	15.6	0.74	3.6×10^{-5}
含有机质壤土	28.5	16.2	0.75	1.4×10^{-5}
砂壤土	23.9	14.7	0.694	1.1×10^{-4}
粉细砂	—	16.3	0.863	1.6×10^{-3}

(2)河势条件。该段岸坡位于凹岸,坡度较陡,迎流顶冲,岸坡为土质岸坡,特别是岸坡下部的砂性土抗冲刷能力较差,极易淘脚临空,造成上部土层崩塌。

4.2.7.3　险情处理

险情发生后,采取了抛石固脚和干砌块石护岸等治理措施,岸坡基本保持稳定。

4.2.8 九江河段永安窝崩

4.2.8.1 险情概况

九江河段上起大树下,下迄八里江,以九江大桥为界,上段为人民洲河段,为一微弯分汊河道;以下为张家洲河段,为分汊河段。人民洲将水流分成左、右两汊,人民洲洲尾以上河道顺直,以下河道微弯(图 4.2.13)。永安段位于九江河段的上段,全长 16.6km,上游在徐家湾与赤心堤相接,下游至赛湖闸,与梁公堤、赤心堤一起组成九江长江大堤上游段,保护面积 107.54km², 其中耕地 0.868 万 km²。

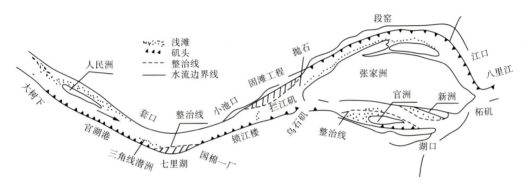

图 4.2.13　九江河段河势示意图(据冷魁,1993)

近百年来,人民洲河段主流偏南岸,致使右岸不断崩塌后退,左岸边滩不断淤高扩大。根据有关研究成果,1924 年以前,人民洲是鸭蛋洲到二套口一带与岸边相连的边滩;经过 1935 年大水后,水流切滩,整个边滩被冲散,滩头滩尾被冲掉,滩身被冲成 3 个沙包,排列于江中;到 1953 年,3 个沙包联成一体,形成江心洲(人民洲),使水流分汊,在不同的水文年,洲头洲尾有伸缩变化;1959—1981 年,洲头冲刷 640m,洲尾向下淤长 450m,洲身略向南岸移动,人民洲由原来的椭圆形逐渐向条形发展;1981—1992 年,人民洲的洲尾向下淤长约 350m,同时洲尾略向左汊摆动。

图 4.2.14 为 3 个典型河道断面演变图,分别位于人民洲的头部、中部和尾部。从图中可以看出,1959 年至 1981 年间,河道全断面冲刷,同时右岸岸线向南移动;1981 年至 1992 年的十余年间,深泓平面位置保持相对稳定;1991 年大水后,深泓平面位置再次右移,由于河道的左、右两岸在险工崩岸处加强了护岸工程,两岸岸线没有发生大的崩塌,岸线相对稳定。

据有关记载,伴随上述岸线变化与深泓演变,永安堤被迫迁堤 17 次,江岸也南移 1.0~1.5km,损失耕地 3 万余亩。

1998 年 2 月 12 日至 2 月 17 日,高家湾(桩号 24+060~24+130)、高六房(桩号 24+840~24+920)、江边电站(桩号 25+032~25+097)连续发生崩岸,崩岸长达 222m,其中高

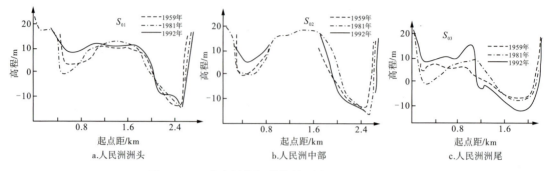

图 4.2.14　永安河段河道横断面图(据冯兵等,1995)

家湾崩岸长 70m,最大崩幅 25m,下滑线距堤脚 20m;高六房崩岸长 80m,最大崩幅 29m,下沉 0.8m;江边电站崩岸长 72m,最大崩幅 30m,缝宽 69.5cm,下沉 0.5m,滑弧离堤脚 11.8m。经采取紧急抛石固脚,至 4 月 20 日,险情得到控制,并经受了 1998 年特大洪水的考验,确保了长江永安堤安全度汛。汛期,永安堤段发生 14 处崩岸险情,主要位于桩号 16+100～29+273 段。2001 年 3 月,桩号 23+600～23+700 段再次发生较大规模的崩塌险情,危及堤身安全。

4.2.8.2　险情分析

(1)地形地质。永安堤堤内地面高程 14～18m。王家堡三组—大树村(桩号 16+103～20+793)堤外滩宽 40～50m,局部深泓贴近坡脚。岸坡由第四系全新统下段组成,上部为黏土和壤土,厚 2～3m;中部为含淤泥质黏土,厚度 18～22m;下部为粉细砂,厚度大于 3m。

大树村—新民五组(桩号 20+793～21+543)堤外漫滩宽 10～70m,滩面高程 16.0～18.1m;岸坡为多层地质结构,上部为砂壤土、壤土、黏土,厚度分别为 0～2.5m、0～3m、0～4m;中部为含淤泥质黏土、黏土,厚度分别为 2～16m、0～9m;下部为粉细砂,厚度大于 10m。

新民五组—滨江五组(桩号 21+543～23+043)堤外无滩。岸坡为二元地质结构,表层为粉质壤土、壤土,厚度 0～5m;上部为黏土,夹粉细砂透镜体,厚度 10～11m;下部为粉细砂,厚度大于 6m。

滨江五组—滨江闸东(桩号 23+043～23+743),堤外深泓贴近堤脚。岸坡为多层地质结构,上部为砂壤土、壤土、粉质黏土,厚度分别为 0～2m、1～3m、2～5m,局部夹粉细砂透镜体土;中部为含淤泥质黏土,厚度 2～14m;下部为粉细砂,厚度大于 10m。

滨江闸东—赛城湖(桩号 23+743～32+683),桩号 31+500 以上段滩宽 0～100m,桩号 31+500 以下段漫滩宽度大于 200m,滩面高程 14.8～17.8m。岸坡为二元地质结构,上部为黏土、壤土,厚度为 4～6m,黏土或粉质黏土,厚度为 0～6m,含淤泥质黏土,厚度为 0～15m,粉质黏土与粉细砂互层,厚度为 0～6m;下部为粉细砂,厚度大于 8m。

永安堤岸坡地质剖面见图 4.2.15,各土层物理力学性质及渗透性参数建议值见表 4.2.6。

4 崩岸险情

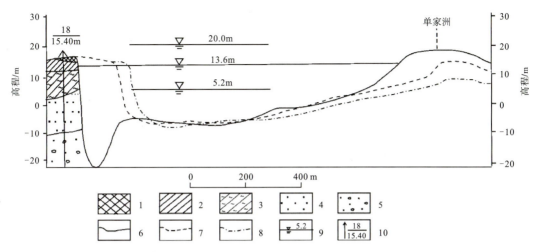

1. 人工填土；2. 黏土；3. 淤泥质黏土；4. 粉细砂；5. 砂砾石；6. 2000年河床线；7. 1959年河床线；8. 1927年河床线；9. 水位线及水位；10. 钻孔（分子为孔号，分母为地面标高/m）

图 4.2.15　九江永安堤岸坡工程地质剖面示意图（据张赣萍，2008）

表 4.2.6　九江永安堤各土层物理性质及渗透性参数建议值

土层名称	相对密度	天然含水率/%	干密度/(g·cm^{-3})	孔隙比	黏聚力/kPa	内摩擦角/(°)	渗透系数/(cm·s^{-1})
粉质壤土	2.72	31.1	1.49	0.834	17.9~20.7	21.0~22.8	3.44×10^{-5} ~ 4.92×10^{-5}
黏土	2.73	32.2	1.45	0.893	16.1~19.9	7.23~13.9	4.67×10^{-7} ~ 2.15×10^{-5}
含淤泥质黏土	2.75	43.5	1.25	1.223	12.2~15.1	11.6~13.7	4.67×10^{-7} ~ 2.15×10^{-5}
灰黄色粉质黏土	2.73	30.5	1.49	0.837	16.6~21.8	13.9~18.4	6.27×10^{-7} ~ 5.15×10^{-5}
灰色粉质黏土	2.72	31.5	1.45	0.874	14.9~19.7	10.7~15.6	2.03×10^{-6} ~ 1.65×10^{-5}
含淤泥质粉质黏土	2.73	43.8	1.27	1.191	12.1~14.7	10.5~16.2	4.52×10^{-6} ~ 8.99×10^{-5}
粉质壤土	2.72	31.1	1.49	0.834	17.9~20.7	21.0~22.8	3.44×10^{-5} ~ 4.92×10^{-5}

续表 4.2.6

土层名称	比重	天然含水率/%	干密度/(g·cm^{-3})	孔隙比	黏聚力/kPa	内摩擦角/(°)	渗透系数/(cm·s^{-1})
壤土	2.70	27.4	1.52	0.790	14.0～18.0	19.6～22.4	$8.25\times10^{-6}\sim$ 1.42×10^{-4}
粉质黏土与粉细砂互层	2.71	24.8	1.63	0.671	10.1～11.2	22.3～24.1	$4.33\times10^{-4}\sim$ 1.79×10^{-3}
砂壤土	2.71	25.5	1.59	0.707		23.3～24.7	$3.73\times10^{-4}\sim$ 9.19×10^{-4}

(2) 河势条件。永安堤段为微弯分汊河道，江心洲将长江分为南汊和北汊，主流在南汊，深泓贴岸冲刷作用强烈。

崩岸的发生主要受河势和岸坡地质条件控制。从上述岸坡组成土层来看，永安堤岸坡地层层次变化大、结构复杂，上、中部分布含淤泥质黏土，下部为粉细砂，总体抗冲刷能力较弱，不利于岸坡稳定，在江水淘脚冲刷作用下，岸坡发生崩岸。此外，在枯水季节，岸坡中的地下水补给长江水，在地下水的渗流与长江水冲刷的共同作用下，下部粉细砂被水流冲刷带走，从而发生崩岸。

4.2.8.3 险情处理

永安堤的崩岸段均已进行了护岸，主要措施为干砌块石护坡、抛石和抛四面六边体框架固脚，其中王以珍段(桩号23+848～23+947)在抛石基础上还进行了水下模袋处理。处理后岸坡基本稳定，河势得到了基本控制。

4.2.9 安庆官洲河段跃进圩窝崩

4.2.9.1 险情概况

安庆河段上起吉阳矶与东流河段相接，下迄钱江咀与太子矶河段相连，全长57km。以皖河口为界，上段为官洲段，下段为安庆段。官洲段长32km，为典型的鹅头型汊道，新长洲、清洁洲将此段长江分割为东江、新中汊、南夹江。安庆段长约25km，为微弯分汊型河道，宽900～1500m，至鹅眉洲洲头宽达4km多，在魏家嘴以下逐渐放宽，最大河宽达到7500m，鹅眉洲与江心洲斜向排列，中枯水时两洲连为一体，如图4.2.16所示。

20世纪50年代，官洲段已形成现在的格局。1966—1998年，官洲尾至中套段深泓线逐年大幅度左摆；1998—2016年，除跃进圩下段李家墩附近局部深泓略有左移外，深泓线总体摆动不大。

图4.2.17为跃进圩附近典型河道断面，从图中可以看出，1981年以来，右侧近岸深槽逐年冲深，断面形态变化不大；2006—2011年，左侧2m以下岸坡略有冲刷降低，冲刷幅度为1～5m，5m岸线略有冲刷崩塌；2011—2016年，深槽向左移30～70m，整体变化不大。

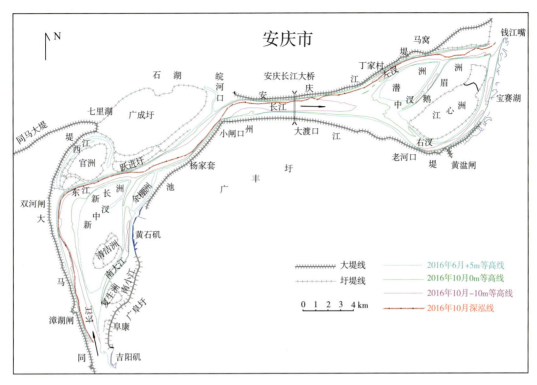

图 4.2.16　安庆河段河势示意图(据仵宇凡,2021)

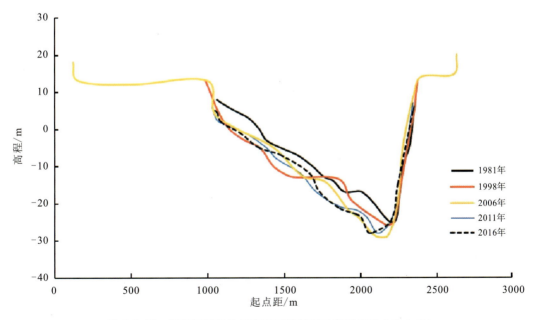

图 4.2.17　安庆河段跃进圩典型河道断面示意图(据仵宇凡,2021)

1981—1992年,西江出口以下—团结队附近,岸段出现较大的崩退;1992—1998年,官洲尾—南埂村段继续崩退;1998—2006年,西江出口以下段至皖河口段均出现不同程度的崩退。

从官洲段-10m深槽变化来看,1966—1998年,双河口—杨家套段-10m深槽大幅冲刷左移;1998—2016年广成圩李家墩—团结队局部段-10m深槽冲刷左移。

条崩主要分布于广成圩桩号5+000～5+605、7+055～9+000两段,岸线一般较顺直,枯水位以上岸坡陡竣(坡角大于70°),枯水位以下岸坡较缓(坡比1∶5～1∶7)。1998—2001年,桩号5+000～5+605段岸线后退约45m,桩号7+055～9+000段岸线后退10～15m。

窝崩主要分布于桩号5+605～6+338段,规模一般不大,多呈较规则的弧形展布,崩长30～60m,崩宽10～20m,后缘崩坎高约10m。

跃进圩位于广成圩桩号6+338～7+055段,1998年7—8月间,圩堤崩入江中,洪水进入跃进圩内。

4.2.9.2 险情分析

(1)地形地质。跃进圩内地面高程约13m,外滩宽度30～80m,滩顶面高程约13m,河道深泓高程-20m,岸坡高30～35m。枯水位以上岸坡为缓坡,坡角10°～15°;枯水位以下岸坡坡比约1∶8。

跃进圩岸坡为二元结构的土质岸坡,枯水位以上岸坡土层以粉质壤土为主,厚6～10m;枯水位以下为砂壤土、粉细砂(局部夹少量粉质壤土透镜体)。岸坡各土层物理力学性质及渗透性参数建议值见表4.2.7。

表4.2.7 跃进圩岸坡土层物理力学性质及渗透性参数建议值

土层名称	天然含水率/%	干密度/$(g·cm^{-3})$	湿密度/$(g·cm^{-3})$	孔隙比	黏聚力/kPa	内摩擦角/(°)	渗透系数/$(cm·s^{-1})$
粉质壤土	30	1.5	2.00	0.80	5.0	18	$1×10^{-5}～5×10^{-5}$
砂壤土	23	1.6	2.00	—	0	25～28	$1×10^{-4}～1×10^{-3}$
粉细砂	22	1.6	1.95	—			

(2)河势条件。跃进圩处于上游多汊河道汇流来水的顶冲部位,深泓贴岸,水流对岸坡的冲刷与淘脚作用强烈。岸坡土体抗冲刷性均较差,尤其是下部的砂性土,被水流淘刷后对整个岸坡的稳定不利,抛石固脚对岸坡变形有较好的控制作用,已抛石岸段(桩号5+605～6+338)岸坡变形较缓慢,仅在部分护岸块石被冲走的地段发育有小型窝崩,而其余未采取护岸措施的地段,岸坡后退较快。

4.2.9.3 险情处理

安庆河段的治理始于20世纪50年代。1959年,首先在同马大堤三益圩、六合圩及广济圩堤的丁马段实施护岸工程;20世纪60—70年代,在官洲、杨家套、老河口等处进行了护岸;1979年,实施西江口门堵汊工程,调整和改善了局部河势;80年代以后,重点进行了官洲段护岸工程;1998年大洪水后,对广成圩、安庆江堤、鹅眉洲头及左右缘展开了整治;2013年,在官洲段幸福洲(复生洲)实施了应急水下抛石护脚400m;2017年,对幸福洲实施了1.5km护坡工程。

70年来,先后实施的护岸工程在不同程度上控制了江岸的崩退,对初步守护重点险段、维持现有河势起到了重要的作用。

4.2.10 池州太子矶河段大砥含窝崩

4.2.10.1 险情概况

太子矶河段上起安庆市前江口,下至枞阳县新开沟,全长24.50km(图4.2.18)。其中,前江口—杨林洲为单一微弯段,深槽位于右岸,杨林洲左侧有拦江矶伸入江中。杨林洲—三江口为鹅头型分汊段,河道呈90°转折,江中铁铜洲将水流分为左、右两汊,左汊为支汊,宽300~400m,多年分流比为13%左右;右汊为主汊,河宽2000m,多年分流比为87%左右。右汊内的稻床洲心滩将汊道分为东、西两水道,东水道窄深,西水道宽浅。三江口至新开沟为顺直段,其间左岸有七里矶节点,右岸有扁担洲。大砥含岸段为顺流侧蚀岸,岸坡土体抗冲刷能力差,汛期险情频繁,崩岸现象严重。

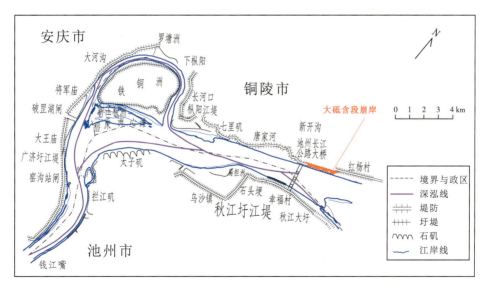

图4.2.18 太子矶河段大砥含崩岸位置示意图

大砥含崩岸始发于1998年汛期,1998年6月4日在桩号16+150~16+360处发生崩岸,崩长210m,宽5~10m。汛期后险情迅速发展,11月8日,在桩号16+715~16+840处发生窝

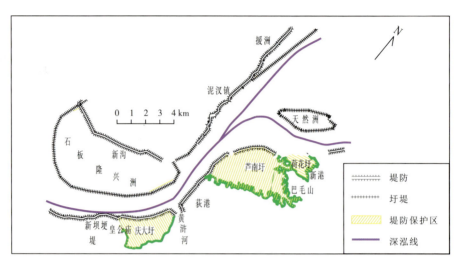

图 4.2.21　芜湖繁昌河段河势示意图

2016 年汛期,受黄浒河上游持续降雨及长江高水位长时间顶托的影响,庆大圩南堤险情严重,出现多处散浸、渗漏、管涌和滑坡等险情。

4.2.12.2　险情分析

(1)地形地质。庆大圩堤顶高程 13.9～14.6m,堤高 5～8m,堤顶宽度 6～12m,堤内坡比 1∶1～1∶4,堤外坡比 1∶2.5～1∶3。堤内地面高程 8.4～9.7m;堤外滩宽度大于 200m,滩面高程 6.3～8.5m,水下岸坡坡度 16～30°,水上岸坡较陡。

岸坡为砂性土单层结构类型(I_3),岸坡主要土层物理参数建议值见表 4.2.10。

表 4.2.10　庆大圩岸坡土主要物理性质及渗透性参数建议值

土层名称	天然含水率 /%	密度/(g·cm^{-3})		孔隙比	塑性指数	黏聚力 /kPa	内摩擦角 /(°)	渗透系数 /(cm·s^{-1})
		饱和	干燥					
粉质壤土	31.3	1.86	1.41	0.914	14.3	22.0～24.5	15.8～20.2	1.50×10^{-5}
砂壤土	23.0	2.00	1.60	0.650	—	10.1～11.0	24.3～26.0	—
粉细砂	20.2	1.79	1.50	0.781	—	10.0～11.0	29.7～31.0	9.01×10^{-4}

(2)河势条件。庆大圩位于铜陵河段的出口段——金牛渡至荻港单一段,其上游有成德洲、汀家洲、铜陵沙、太白洲、太阳洲等沙洲顺列,形成极其复杂的典型的鹅头型多分汊河段,各汊道出流汇合后,贴右岸金牛渡、坝埂头、皇公庙一带下行至荻港镇。

金牛渡至荻港单一段全长 11.5km,为一凹向南岸的单一弯曲型河道。水流自上游汀家洲尾进入该段后,常年贴右岸下行,受上游太阳洲尾水流过渡段演变影响较大。20 世纪 80 年代以前,上弯道主流在刘家渡以上贴岸,下弯道主流顶冲东联圩顺安河口以下河岸;80 年代以后,随着上弯道崩岸向下游发展,弯道曲率加大,太阳洲尾挑流增强,下弯道主流顶冲点上提至顺安河口以上金牛渡—北埂王一带。1996年以后,太阳洲右缘中下段凸嘴崩失,下弯道主流顶冲点又呈下移趋势。1998年后,由于上游崩岸段陆续实施了岸线守护工程,上游河势逐渐趋于稳定,太阳洲尾崩岸得到缓解,过渡段主流略有右摆上提,主流顶冲点不再下移,基本稳定在金牛渡一带。

自1958年开始,对金牛渡至皇公庙约长9.6km的岸线陆续进行了防护,因此1976—2001年右岸虽受主流顶冲,但后退幅度较小,0~-30m高程线略有冲淤交替,左右摆动变化不大。1998—2001年,深泓在顺安河口及皇公庙以下略有右摆近岸。1976年后,左岸隆兴洲边滩淤积发展,到1998年时,0m滩线淤连成整体,边滩淤积发展壮大,同时下弯道主流顶冲点下移。1998—2001年,金牛渡以下东西联圩岸线冲淤变化趋小。

庆大圩崩岸是因为河势的变化,导致冲刷加剧,加之岸坡以砂性土为主,且岸坡较陡,在汛期高水位冲刷下,极易淘脚,造成上部土层崩塌。

4.2.12.3 险情处理

1998年开始实施的长江堤防隐蔽工程,改变了河床边界条件,增强了河岸抗冲能力,在一定程度上控制了主流贴岸顶冲点的继续下移,减慢了河床演变速度,延缓了河道演变进程。

4.2.13 黑沙洲河段神塘圩窝崩

4.2.13.1 险情概况

黑沙洲河段上起荻港,下迄三山河口,全长约33.8km,为鹅头三分汊型河道。河段两端束窄,中间展宽,黑沙洲、天然洲并列于江中,将河道分为左、中、右3汊,右汊为主汊,中汊中枯水基本断流。神塘圩段位于黑沙洲左汊弯顶段,其下游南大圩、小江坝为无为大堤的著名崩岸段,历史上曾进行过多次防护和加固,特别是1998年经历大洪水后,长江隐蔽工程对神塘圩上游的援洲段进行了防护,对下游南大圩、小江坝进行加固。神塘圩险情段位置如图4.2.22所示。

2003年长江隐蔽工程援洲护岸工程及南大圩、小江坝护岸加固工程实施后,随着黑沙洲中汊分流比衰退,原南大圩附近的水流顶冲段上移,神塘圩坡脚刷深变陡。河势分析表明,1998—2006年,0m等高线崩退约300m,-5m等高线后退达300余米;2006—2016年,0m等高线崩退20~50m。

图4.2.23所示为断面STW0+930,位于援洲护岸工程区的下段,1998—2010年,护岸工程坡脚出现冲深,冲刷幅度3~5m,2010—2016年坡脚有所回淤。

图4.2.24所示为断面STW6+005,位于神塘圩崩岸段,1998—2010年,岸线出现大幅崩退冲深,冲深幅度10~15m;2010—2016年,又冲深6~10m。

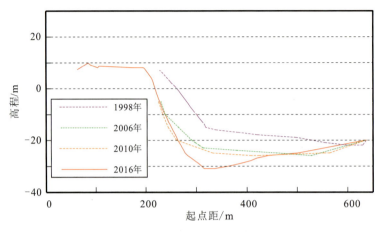

图 4.2.35　伍显殿段河道断面高程变化图

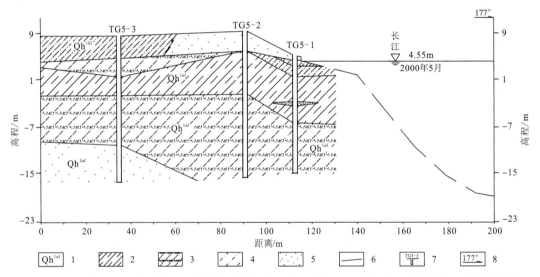

1.第四系全新统冲积层；2.粉质黏土；3.粉质壤土与粉细砂互层；4.砂壤土；5.粉细砂；6.岩性界线；7.钻孔及编号；8.剖面方向

图 4.2.36　伍显殿段典型地质剖面图

4.2.16.3　险情处理

伍显殿护岸工程始建于 20 世纪 60—80 年代。1998 年大水后，对桩号 3+160～3+610、3+610～4+585、7+095～7+325、7+950～8+450、8+840～9+140 实施了长江重要堤防隐蔽工程，对长约 2.45km 冲刷较严重的岸段进行了加固和新建。但由于潜洲洲头下移和左岸崩退，伍显殿顶冲点下移，已建护岸工程坡脚淘刷严重，多处发生不同程度的崩岸。为保障无为大堤的安全和河势稳定，需对岸坡防护空白段进行全面防护，新建水上护坡

3065m，水下护脚 4425m；需对近年来冲深变陡、威胁堤岸安全的已建护岸工程段进行加固，加固方式为在坡脚加抛宽 25m、厚 1.5m 的网兜石。

4.3 条 崩

4.3.1 长江宜都茶店条崩

4.3.1.1 险情概况

长江出三峡后，流经宜枝河段的丘陵与平原交界地带。宜枝河段上起虎牙滩（位于葛洲坝水利枢纽下游24km），下至枝城长江大桥，区间有清江支流入汇，在平面形态上基本属微弯河形。

1998年汛期，长江水位居高不下，7月和8月间先后出现8次洪峰，其中茶店水位最高达53.29m。大水退后，11月12日上午，在桩号7+630～9+378堤段发生重大崩岸，崩岸长1748m，其中桩号7+950～8+828段878m险情最为严重，最大崩宽35m，水面以上最大吊坎11m，体积5.3万 m^3，裂缝宽0.2～0.5m，崩岸线离堤脚仅31m，基本与堤身同坡，形成了堤外无滩的严峻局面。堤顶高程55.5m，外滩高程51m，外江水位39m，河床高程18.6m。

4.3.1.2 险情分析

(1) 迎流顶冲。长江宜都河道弯曲，其中茶店段为弯曲中的端点，急弯河段的起点。这就为主流顶冲创造了极为有利的条件。汛期大洪水时，由于水大流急，主流线趋直，对弯道顶点（弯顶）下游处江岸顶冲严重，当这种江岸满足可冲刷条件时，就会发生淘刷，岸坡变陡，从而形成崩岸。此外，崩岸的强弱还与主流线和江岸夹角大小有关，夹角越大，主流顶冲能力就越大，相应地江岸崩塌就越强烈。

(2) 来水来沙变化。葛洲坝兴建后，本河段来水条件发生变化。1981年6月葛洲坝水库开始蓄水后，由于泥沙淤积在水库中，从而改变了坝下河道中水流泥沙条件。下游来沙特征的变化主要表现在推移质来量大为减少（砂层河床质平均粒径不足0.2mm，卵石颗粒粒径也在40mm以下），下泄清水，水流流速加快，下游淤积以细砂和淤泥为主，加之长年中低水位淘蚀，致使深泓线摆动，引起脱坡和崩岸。

(3) 弯道水流离心力作用。宜都弯道上接古老背—去池顺直微弯段，下连白洋微弯段，弯顶处有清江支流汇入，为一短促的弯道。弯道水流在惯性离心力作用下，产生垂直于河流轴线的横比降，形成面流指向凹岸、底流指向凸岸的弯道环流，使得弯道平面上横向输沙能力加强，而悬沙梯度垂向分布为"上稀下浓"。受地球引力以及 23.5°倾角自转影响，主流以冲刷江南岸和西岸为主，茶店位于西南岸，水流流向和流态复杂是引发崩岸的原因之一。此外，长江宜都茶店段因河泓线摆动，主航道南移，上下船舶推波助浪，受其影响，汛期高水位时，风浪作用淘刷岸坡，对江岸稳定产生极大破坏。

4.3.5 下荆江河段中洲子条崩

4.3.5.1 险情概况

中洲子位于下荆江中段,所在河道由弯道段和过渡段衔接而成。天然条件下,弯道凹岸坍塌、凸岸淤长,同时整个河道在平面上向下游方向蠕动,表现出典型的蜿蜒河道变化特点(见图4.3.1)。

1966—1967年,实施中洲子人工裁弯,经过1967年汛期的冲刷,引河成为长江主航道;经过5年的自然冲刷,至1971年,引河发展成为较为稳定的河道,如图4.3.2所示。

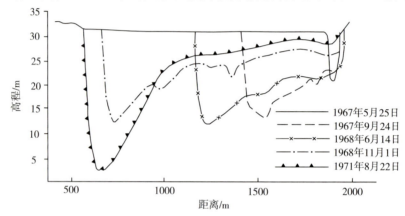

图4.3.2 中洲子新河典型横断面变化图

中洲子实施人工裁弯后,河势变化较小,但局部滩槽变化仍较剧烈(图4.3.2)。河床演变主要表现为:桃花洲凸岸边滩冲淤消长,进口段浅滩随之变化;方家夹以下的中洲子高滩崩岸剧烈。

20世纪70年代初至90年代中期,中洲子未护岸段发生较大崩退,深泓不断左摆,岸线冲刷后退470m;右侧莱家铺边滩随之淤长,平均淤宽约300m。1995—2002年,中洲子高滩岸线整体崩退130m左右,莱家铺边滩平均淤宽约100m。2002—2009年,中洲子岸线崩退近百米。1998年6—9月,中洲子19点矶头以下发生大幅度崩岸,崩岸长1000m、宽20~50m。

4.3.5.2 险情分析

中洲子高滩组成物松散,均为粉细砂,抗冲性差,加上滩体紧靠过渡段深槽,受主流淘刷,近年来未护岸线崩退严重,三峡水库蓄水后,年均崩退近20m。

4.3.5.3 险情处理

1968年汛期,中洲子新河已达到预期宽度,由于口门所处部位及受老河分流的影响,新河凹岸的崩塌部位与一般弯道不同,在老河分流比较大的汛期,新河凹岸上、中段崩岸强度较大。汛末崩岸速度仍较大,崩岸长度达 4.5km。因此,在新河开挖后的 1968 年至 1995 年的护岸工程中,对上、中、下三段有区别地安排护岸重点,在崩岸线长且崩岸强度大的岸段,采用守护一段、留空一段的"守点顾线"原则,抛石与抛枕相结合的护岸工程方案,护岸长度 4.07km,抛投块石 49.07 万 m^3。

4.3.6 下荆江河段石首章华港条崩

4.3.6.1 险情概况

章华港位于下荆江五马口至鹅公凸河段,地处石首市调关镇境内长江南岸(见图 4.3.1),桩号 498+000~512+000,因章华港段"盲肠段"的存在,实际堤段长 6.7km。该段属于迎流顶冲,鹅公凸段水流顶冲点逐年下移,至 1987 年顶冲点基本下移至鹅公凸守护尾端,目前已逐渐趋于稳定。该段深泓贴岸,经过历年治理,河势基本得到控制,但仍不时有崩岸发生。

章华港 1971 年开始守护,于 1975 年、1991 年 7 月均发生过重大险情。1998 年汛期,当江水位达到 35.5m 时,章华港桩号 500+500~500+530 段发生崩岸,长 30m、宽 10m,崩脱高 4m。1999 年汛末,桩号 509+550~509+410 段发生 2 处窝崩,最大崩宽 27m,沿线吊坎高 1~3m。

4.3.6.2 险情分析

出险段岸坡坡顶高程 34.3m,近岸河床高程 5.7~13.0m,坡高 21~28m,岸坡地形坡度 12°~18°,坡唇距外堤脚 40~60m。岸坡主要由第四系全新统冲湖积层组成。表层为新近沉积的粉细砂、砂壤土,厚约 2.8m,其下为厚约 10.6m 的粉质黏土,下部为含淤泥质粉质黏土。岸坡土体物理力学性质及渗透性参数建议值见表 4.3.3。

表 4.3.3 荆南干堤五马口-鹅公凸段岸坡土体物理力学性质及渗透性参数建议值

土层名称	天然含水率/%	干密度/$(g \cdot cm^{-3})$	孔隙比	黏聚力/kPa	内摩擦角/(°)	压缩系数/MPa^{-1}	压缩模量/MPa	渗透系数/$(cm \cdot s^{-1})$
粉质黏土	32.8	1.41	0.92	24	15~20	0.46~0.89	4.5	1×10^{-6}
含淤泥质粉质黏土	39.8	1.31	1.11	13.4~30.2	10.0~15.0	0.71~1.04	2.2~3.0	2×10^{-6} ~ 4×10^{-6}
砂壤土	26.4	1.57	0.75	0	25~28	0.25	10.0	5×10^{-4}
粉细砂	22.7	1.56	0.74	0	25~30	0.11~0.23	13.2	1×10^{-3}

本段岸坡外滩狭窄、滩岸坡度较陡,水流冲刷强烈。江水经过新河洲行至鹅公凸时,主流紧贴南岸,造成深泓贴岸,加之本段外滩狭窄,汛期岸坡土体饱和导致力学性质下降,最终发生崩岸险情。

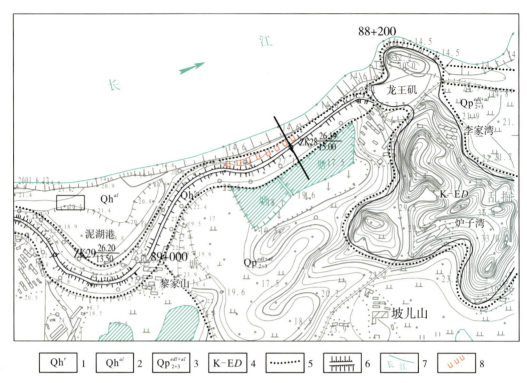

1.第四系全新统人工填土；2.第四系全新统地层；3.第四系更新统冲残积层；4.白垩系—新近系东湖群；5.地层界线；6.堤防；7.水系；8.崩岸位置

图 4.3.4　龙王矶崩岸段位置示意图

图 4.3.5　龙王矶处浪坎崩岸情况

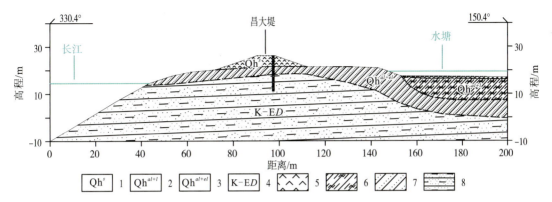

1.第四系全新统填土层;2.第四系全新统冲湖积层;3.第四系全新统冲坡积层;4.东湖群;5.素填土;6.淤泥质粉质黏土;
7.粉质黏土;8.泥质粉砂岩

图 4.3.6　龙王矶崩岸段地质结构示意图

4.3.8.3　险情处理

1998 年汛后堤防除险加固时,主要采取抛石护脚和块石护坡的措施进行护岸,经过十几年运行,虽无大险情发生,但受长江冲刷强烈,尤其是在江水陡涨陡落时段,每年仍有浪坎发生。

4.3.9　九江河段瑞昌梁公堤条崩

4.3.9.1　险情概况

梁公堤位于九江河段的最上游端,属瑞昌市境内,上起码头镇金丝居委会,下至码头镇老鼠尾码头,全长 5.605km。

梁公堤历史崩岸险情多发,岸线总体上南移。经过 1998 年大洪水之后,梁公堤全段在 2002 年 5 月均采取抛石、砌石、堆石等防护措施,崩岸险情总体上得到控制,但由于三峡水库建成运行后,清水下泄,再加上降雨及河道内采砂、码头建设等不利条件,仍时有险情发生。桩号 0+100～2+200 段崩岸严重,如 2005 年 7 月 28 日,桩号 1+100～2+175 段岸坡发生崩岸,最大崩宽 5m;2016 年 8 月 3 日,桩号 0+878～1+360 段发生条崩,最大崩宽 6m,崩岸高度为 0.8～1.5m。

4.3.9.2　险情分析

梁公堤坐落在长江右岸Ⅰ级、Ⅱ级阶地上,以河流冲积平原和构造剥蚀垄岗丘陵地貌为主。地势上南东高、北西低,河道总体呈现向南凹的弧形,主泓偏向南岸。崩岸段主要位于Ⅰ级阶地上。外滩宽度一般为 50～1300m,滩面高程一般为 18.1～19.7m,近岸河床高程一般为 -5～-12m,深泓近岸,桩号 0+878～1+085 段,江底分布一深槽,长 140m、宽 60m,槽底高程 -14～-17m。岸坡高度 25～32m,坡度 6°～20°。

岸坡主要由粉质黏土或淤泥质粉质黏土构成(图 4.3.7),为单层结构(Ⅰ₂),地质勘查将该段堤防评定为稳定性差（D类）的岸段。岸坡主要土层物理力学性质及渗透性参数建议值见表4.3.5。

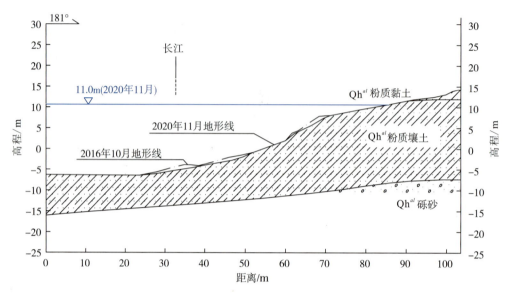

图4.3.7　梁公堤崩岸段典型地层结构图

表4.3.5　梁公堤崩岸段岸坡土主要物理力学性质及渗透性参数建议值

土层名称	相对密度	天然含水率/%	干密度/(g·m^{-3})	孔隙比	黏聚力/kPa	内摩擦角/(°)	渗透系数/(cm·s^{-1})
粉质黏土	2.74	29.0	1.50	0.800	26.0~28.0	6.0~8.0	1.00×10^{-6}
含淤泥质粉质黏土	2.73	32.6	1.30	1.030	15.0~17.0	5.0~6.0	1.00×10^{-6}
粉质黏土	2.71	24.2	1.60	0.706	20.0~25.0	19.5	1.00×10^{-6}
粉质壤土	2.71	24.4	1.50	0.711	16.0~18.0	20.0~22.0	1.00×10^{-5}

长江由湖北武穴至江西瑞昌后，江水急骤拐弯，导致河流冲刷剧烈，加之梁公堤属于凹岸，造成深泓近岸，从而构成最有利于崩岸发生的河势条件。三峡工程运行后，在清水下泄的条件下，河势进一步调整，导致其岸坡应力、应变、渗流场发生时空变异，坡体内部发生变形，部分岸坡在降雨和水位变化耦合作用下出现了新的险情。

4.3.9.3　处理措施

崩岸发生后，针对新的岸坡条件，在设计枯水位以下抛石固脚，近岸抛石厚平均1.0~1.5m，防冲压脚抛石厚1.5~2.0m。设计枯水位以上按1∶3削坡减载，并采用干砌块石护坡或混凝土护坡,平均砌石厚 0.40~0.50m,砌石下设碎石垫层 0.10m。除工程措施外,还采用草皮护坡、种植防浪林等生物措施,防止或减轻水流、风浪对大堤的损害。

4.3.10 九江河段赤心堤条崩

4.3.10.1 险情概况

赤心堤位于江西省九江县,上接梁公堤,下接永安堤,全长 10.5km,堤防等级为 2 级。江水经城子镇(赤心堤起点)后急转流向东南,主流偏向右岸,至人民洲受左汊淤积影响,水流集中右汊下泄,右岸冲刷加剧,形成高家湾至官湖港一线近岸深泓,岸坡变陡,致使赤心永安堤段崩岸严重。1998 年,赤心堤桩号 13+900~15+000 段河势顺流冲刷,发生条崩。由于深泓逼近堤身,抢险时采取了抛石固脚的处理措施。

4.3.10.2 险情分析

此段江堤出险部位岸坡高度 24~26m,水上坡度 13°~51°,水下坡度 10°~15°,该段河势为迎流顶冲段,深泓距岸肩 70~90m。

岸坡地质结构属多层结构类型(Ⅲ),地层从上到下依次为:壤土厚 1.6m,砂壤土厚 2.0m,粉质黏土厚 8.3m,粉细砂厚 10.3m,以下为砂砾卵石,岸坡主要土层物理力学性质及渗透性参数建议值见表 4.3.6。

表 4.3.6 赤心堤条崩段岸坡土主要物理力学性质及渗透性参数建议值

土层名称	土粒相对密度	天然含水率/%	干密度/$(g \cdot cm^{-3})$	孔隙比	黏聚力/kPa	内摩擦角/(°)	渗透系数/$(cm \cdot s^{-1})$
壤土	2.70	27.4	1.52	0.790	14.0~18.0	19.6~22.4	8.25×10^{-6}~1.42×10^{-4}
砂壤土	2.71	25.5	1.59	0.707	—	23.3~24.7	3.73×10^{-4}~9.19×10^{-4}
粉细砂	2.65	24.7	1.57	0.692	—	31.5	2.86×10^{-4}~3.76×10^{-4}
黏土	2.75	23.2	1.63	0.692	36.0~37.6	13.0~16.7	1.35×10^{-7}~2.10×10^{-7}
粉质黏土、粉质壤土	2.72	25.0	1.61	0.697	18.7~23.0	18.4~21.9	3.43×10^{-5}~8.40×10^{-5}

该段岸坡为一凹岸,岸坡地质结构对崩岸的产生尤为不利,岸坡稳定性差。由于岸坡下部为粉细砂、砂壤土层,抗冲性能差,处于洪枯水位范围内,加之上部地形坡度较陡,河势深

泓近岸,岸坡受迎流顶冲,江水冲刷淘蚀致使下部粉细砂、砂壤土层易形成空腔,上部土体在自重作用下发生拉裂变形失稳而崩塌。

4.3.10.3 险情处理

1998年洪水期及汛后,对岸坡采取了抛石镇脚、适当放坡后干砌块石护坡治理措施,岸坡基本保持稳定。

4.3.11 东流河段池州丁湖圩条崩

4.3.11.1 险情概况

东流河段为顺直分汊型河道,上起华阳河口、下至吉阳矶,水流呈西南至东北走向,主汊长约31km,支汊长约21km,河道分布有天生洲、玉带洲和棉花洲等江心洲,深泓线多次发生变更,河势变化比较敏感。2003—2017年,航道整治工程实施后,主流沿天生洲左汊向棉花洲右汊过渡,上靠左岸华阳镇下靠右岸东流镇,右汊水流动力轴线右移,中江主汊地位加强,加重了水流对右岸七里湖江堤—东流护城圩段右岸的冲刷力度;汇流段深槽向左摆动,新沟口边滩崩退。2016—2021年,棉花洲左侧河道淤积,右侧河道上半部分内侧淤积,外侧(靠近东流镇)冲刷;而末端的吉阳矶河道冲刷淤积交替变化,无明显规律。

丁湖圩位于东流河段出口右岸、吉阳闸口上游(图4.3.8、图4.3.9),岸线迎流顶冲,致使深泓线不断逼近右岸,近年来总体呈冲刷崩退之势。

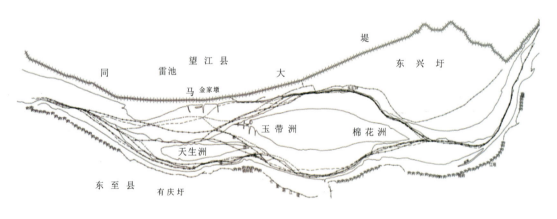

图4.3.8 东流河段河势示意图

4.3.11.2 险情分析

从平面形态看,主流在丁湖圩段始终贴右岸下行,深槽居右且处于冲刷发展之中。1993—1998年,−20m深槽向右岸发展40余米;1998—2018年总体较为稳定。1993年以

4 崩岸险情

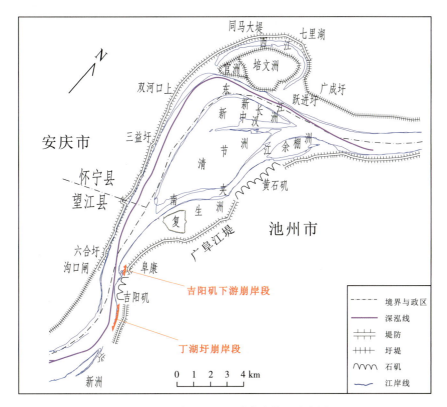

图 4.3.9　吉阳矶上下游崩岸位置示意图

来，-10m、-5m、0m、5m 等高线总体呈向右岸发展态势，最大右靠幅度分别为 60m、95m、50m、53m（图 4.3.10），近岸演变总体呈现为岸坡冲刷后退的规律，河道明显处于冲刷发展之中。

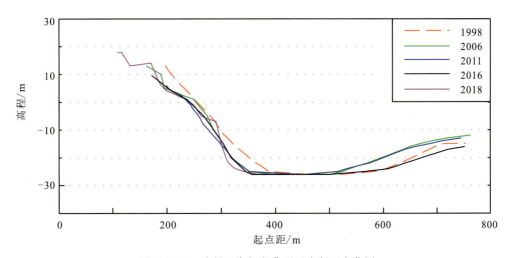

图 4.3.10　池州丁湖圩段典型近岸断面变化图

297

从近岸断面变化看,1998年以来,近岸河床及岸坡逐年冲刷,枯水位以下近岸河床平均冲深幅度为10~15m,枯水位以上岸坡累计后退幅度为50~60m,局部岸坡明显变陡,部分断面水下岸坡坡比已达1∶1.2。河演分析表明,近期主流贴岸冲刷的格局不会改变,虽近岸深泓目前较为稳定,但水下岸坡仍处于明显的冲刷发展之中。

丁湖圩岸坡土层主要为素填土和淤泥质黏性土,抗冲刷能力较弱,不利于岸坡的稳定,典型地质剖面如图4.3.11所示。

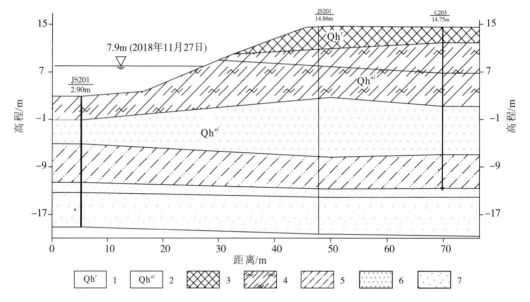

1.第四系全新统人工填土;2.第四系全新统冲积层;3.素填土;4.淤泥质土;5.粉土;6.粉砂;7.粉细砂

图4.3.11 池州丁湖圩段典型地质剖面示意图

4.3.11.3 险情处理

为维持东流河段出口稳定以及东流水道航道边界的稳定,需要对吉阳闸口上游长约1680m的岸段进行防护。根据崩岸现状及发展趋势,对水上岸坡采用混凝土植生块防护,厚0.12m,下设0.2m厚砂碎石垫层及规格为400g/m² 的无纺土工布。进行削坡镇脚处理;对水下部分采用赛克格宾防护,其中靠近岸坡一侧的Ⅰ区宽20~113m,厚1.0m,靠近深泓一侧的Ⅱ区防崩层宽16m,厚1.5m。

4.3.12 官州河段吉阳矶下游条崩

4.3.12.1 险情概况

官州河段上起吉阳矶,下至皖河口,全长28.0km,为首尾束窄、中间放宽的鹅头型分汊河道。

吉阳矶下游段位于官州河段进口右岸。经吉阳矶挑流后,水流在其下游姚窝一带形成回流,在长约540m回流区,近年来岸段崩塌严重,年均崩宽5~10m,部分岸线已逼近堤脚。

4.3.12.2 险情分析

从平面形态看(图 4.3.12),本段 0m 以下各等高线冲淤交替,5m、10m 等高线总体呈向右岸发展趋势,1998—2018 年累计向岸边平均移动约 75m、50m,近年来已发展出长约 100m、宽约 50m 的局部深槽。

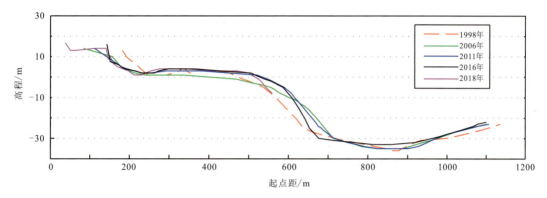

图 4.3.12 吉阳矶下游段典型断面近年变化图

从近岸断面变化看,1998 年后,5m 等高线以上边坡持续崩退,崩退幅度 50～75m,滩顶普遍形成陡坎,且有进一步崩退的趋势。河演分析表明,受吉阳矶挑流作用影响,吉阳矶下游约 540m 岸段持续崩塌后退。

根据地质勘查成果,组成岸坡的土层从上向下依次为素填土、黏性土、淤泥质土,典型地质剖面见图 4.3.13。黏性土呈可塑—软塑状态,淤泥质土呈流塑状态,强度较低,抗冲刷能力较弱,易产生崩塌。

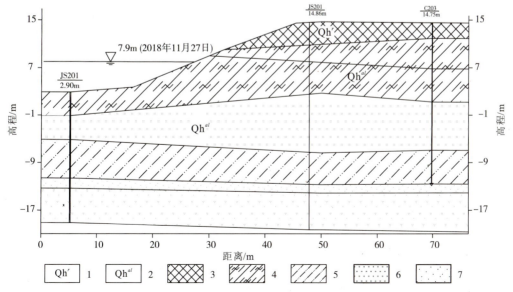

1.第四系全新统人工填土;2.第四系全新统冲积层;3.素填土;4.淤泥质土;5.粉质黏土;6.粉砂;7.细砂

图 4.3.13 吉阳矶下游段典型地质剖面示意图

4.3.12.3 险情处理

考虑该段近岸水下岸坡虽较为平缓，但风浪淘刷对滩岸的影响较大，且局部已形成深槽，加之该段堤外滩地宽度已不足 100m，滩岸的持续崩退将不利于堤防的安全和稳定，进行防护是必要的。水下护脚采用干砌块石防护或赛克格宾防护；水上护坡采用雷诺护垫防护，厚 0.23m，下设 0.2m 厚砂碎石垫层及规格为 $400g/m^2$ 的无纺土工布，雷诺护垫上方铺设 0.2m 厚种植土并播撒草籽。

4.3.13 安庆河段裕丰条崩

4.3.13.1 险情概况

安庆河段上起皖河口与官洲河段衔接，下迄钱江口与太子矶河段相连，干流长约 25km，平面形态为微弯分汊型河道，皖河口至任店长约 13km，为单一直段，河道在大渡口附近缩窄（河宽约 900m），向下逐渐展宽，至任店附近展宽为 4km。长江主泓受右岸小闸口挑流后，折向左岸的安庆西门外弯顶贴岸向下，安庆市的各类专用码头等多位于弯顶以下的左岸，右岸是大渡口边滩。任店至钱江口为江心洲分汊段，左汊是主航道，长约 10.5km，主泓靠左岸。右汊微弯，长约 15km，主泓基本上靠右岸，弯顶在黄湓附近。

裕丰段位于安庆河段鹅眉洲右汊右岸，黄湓闸上游，长 6200m。鹅眉洲头不断崩退，致使鹅眉洲右汊弯道曲率增大，主流贴岸，岸坡冲刷变陡。2002 年实施了东至县老河口水下抛石护岸工程，护岸长度约 1971m，每延米抛石量仅 $39m^3$，近年来崩塌险情仍时有发生。

4.3.13.2 险情分析

从平面形态（图 4.3.14）看，多年来裕丰段深槽处于持续冲刷发展之中。2011 年以来，5m、0m 等高线均有冲刷右移，右移幅度 10～20m。多年来，鹅眉洲右汊－5m 深槽右缘总体处于基本稳定状态，槽首向上游发展，左缘冲淤交替。1993 年，－10m 深槽为一狭长型；1993—2006 年，槽首萎缩下移 1.5km，槽体左缘淤涨，右缘冲淤交替；2006—2018 年，槽首发展上延约 300m，左缘继续回淤，右缘较稳定。

从近岸断面变化看，1998—2011 年，裕丰段水下边坡冲淤交替；2011 年后鹅眉洲右汊右岸弯顶一线（黄湓闸上游约 700m）水下边坡呈冲刷变陡的趋势，岸坡典型断面近年变化见图 4.3.15。据统计，断面平均后退幅度为 10～20m，冲深为 2～8m，局部边坡坡比不足 1∶2。

河演分析表明，受鹅眉洲右缘淤涨影响，近年来鹅眉洲右汊右岸弯顶一线深槽仍呈向右岸发展的趋势，致使水下边坡冲深变陡，广丰圩外滩最窄处不足 50m，崩岸进一步发展将危及堤防安全。

根据地质勘查成果，组成岸坡的土层从上向下依次是素填土、黏性土、淤泥质土等，典型地质剖面如图 4.6.16 所示。

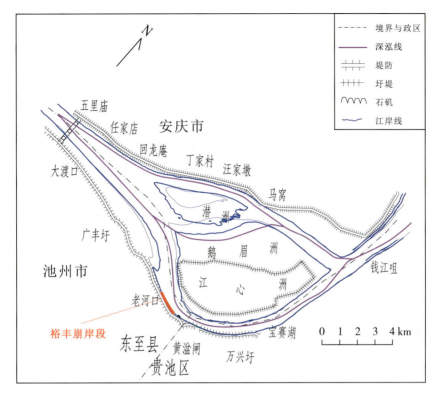

图 4.3.14　池州裕丰段崩岸位置示意图

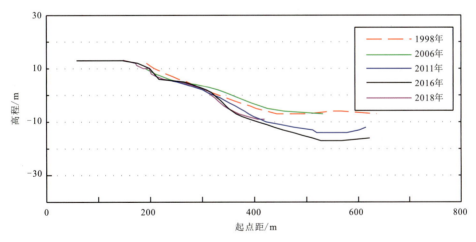

图 4.3.15　裕丰段典型断面岸坡近年变化图

4.3.13.3　险情处理

为维持鹅眉洲右汊弯道稳定，保护江堤安全，需要对黄溢闸上游 700m 以上约 2000m 岸线进行防护，以水下护脚为主，采用赛克格宾防护，其中靠近岸坡一侧的 Ⅰ 区宽 25～70m、厚 0.5m，靠近深泓一侧的 Ⅱ 区防崩层宽 16m、厚 1.5m。

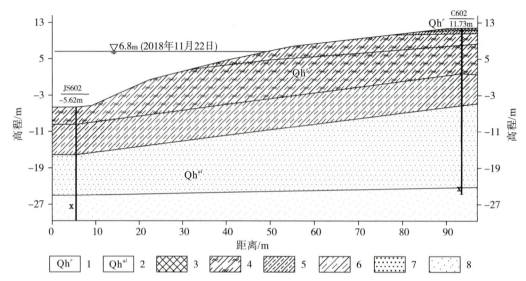

1. 第四系全新统人工填土；2. 第四系全新统冲积层；3. 素填土；4. 淤泥质土；5. 粉质黏土；6. 粉质黏土夹粉砂；7. 粉砂；8. 细砂

图 4.3.16　裕丰段典型地质剖面示意图

4.3.14　太子矶河段岳王庙段条崩

4.3.14.1　险情概况

太子矶河段上起安庆市前江口，下至枞阳县新开沟，全长 24.50km。其中，前江口—杨林洲为单一微弯型河道，深槽位于右岸。杨林洲—三江口为鹅头型分汊河道，江中铁铜洲将水流分为左、右两汊，左汊为支汊，宽 300～400m，多年分流比为 13% 左右；右汊为主汊，河宽 2000m，多年分流比为 87% 左右。右汊内的稻床洲心滩将汊道分为东、西两水道，东水道窄深，西水道宽浅。三江口至新开沟为顺直段，其间左岸有七里矶节点，右岸有扁担洲。

1998 年汛期，太子矶河段的鹅头弯顶部位发生岳王庙条崩，对应广济圩江堤桩号 36+000～40+000 段，崩岸长 4.0km（图 4.3.17）。

4.3.14.2　险情分析

岳王庙崩岸段处于顶冲岸段，岸坡陡峻，深泓逼岸。外滩宽度一般为 50～150m，岸坡坡顶高程 12～14m，长江深泓高程 −11～0m，岸坡高度 12～24m。

岸坡土层为多层结构，上部以粉质黏土、粉质壤土等黏性土为主，下部为砂壤土、粉细砂等砂性土，岸坡地层结构详见图 4.3.18。各土层物理性质及渗透性参数建议值列于表 4.3.7。

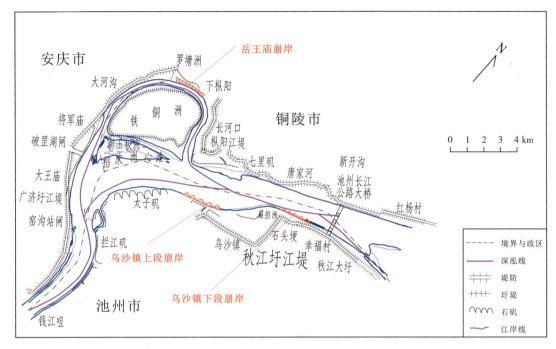

图 4.3.17　太子矶河段岳王庙崩岸段地理位置示意图

尽管太子矶河段的左汊为支汊，所占分流比不大，在一般平水期和枯水期，受长江水冲刷不剧烈。但在大洪水期间，过水流量也相当可观，顶冲作用加剧，再加上岸坡下部为易受水流冲刷的砂性土，发生崩岸在所难免。

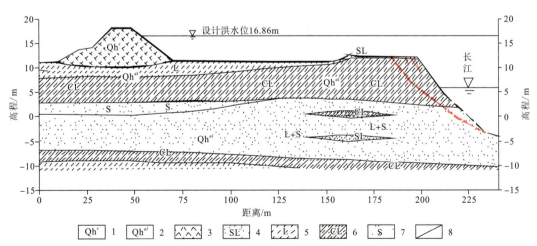

1. 第四系全新统人工填土；2. 第四系全新统冲积层；3. 素填土；4. 粉细砂；5. 粉质壤土；6. 粉质黏土；7. 细砂；8. 岩性界线

图 4.3.18　岳王庙崩岸段典型断面地质剖面示意图

表 4.3.7 岳王庙崩岸段岸坡土主要物理性质及渗透性参数建议值

土层名称	天然含水率/%	干密度/(g·cm^{-3})	孔隙比	渗透系数/(cm·s^{-1})
砂壤土	25.5	1.57	0.65	$i×10^{-4}$
粉质壤土	32.3	1.44	0.84	$i×10^{-5}$
粉质黏土	31.0	1.47	0.85	$i×10^{-6}$
粉细砂	24.4	1.52	0.7	$i×10^{-3}$

1998年汛期，长江平滩水位持续时间长，岸坡长期受水泡浸，降低了岸坡土体抗剪强度。汛后江水回落快，退幅大，地下水渗透压力增大，对岸坡稳定亦有不利影响。

4.3.14.3 险情处理

2002年岳王庙崩岸段水下平顺抛石护岸长度3.1km，抛石19.17万m³；干砌石护坡长度3.85km，砌石3.17万m³。通过抛石固脚和干砌块石护坡治理后，岸坡基本保持稳定。

4.3.15 太子矶河段乌沙镇条崩

4.3.15.1 险情概况

乌沙镇位于太子矶河段的右岸，从20世纪90年代初开始，乌沙码头以上岸坡年均后退15～20m，局部坡比1:1～1:2。2015—2018年，对扁担洲段（对应秋江圩堤防桩号2+060～7+020）、石头埂段（对应秋江圩堤防桩号8+300～9+300）进行了崩岸治理，治理后岸线较为稳定。但秋江圩扁担洲上、下段岸线仍有崩岸发生，分别对应秋江圩江堤桩号2+600以上、7+020～8+300（图4.3.19），岸坡长7500m。

图 4.3.19 池州乌沙镇崩岸情况

4.3.15.2 险情分析

从平面形态看，1998年以来，乌沙镇上段5m、0m等高线相对较为稳定；1998年以后，随着主流向右岸发展，原有的宽700m的−5m浅滩逐渐变窄，至2016年宽度已不足150m；2006年以前，−10m深槽位于左岸，2006年以后逐步向右岸发展，平面摆动约1km，目前离岸不足200m。2011年以前，乌沙镇下段5m、0m、−5m等高线平面变化不大，2011年以后呈现向右岸发展趋势，至2018年累计向右岸分别移动35m、60m、110m。1998年以来，−10m深槽基本呈现右岸单向发展的趋势，累计向右岸平均移动约270m。

从近岸断面变化看,1998年以来,乌沙镇上段-5m等高线以上岸坡基本保持稳定,-5m等高线以下岸坡呈逐年冲深的趋势,平均冲深约6m;1998年以来,乌沙镇下段水下岸坡呈逐年冲深后退的趋势,后退幅度60~150m,平均坡比不足1:2,最陡不足1:1,如图4.3.20所示。

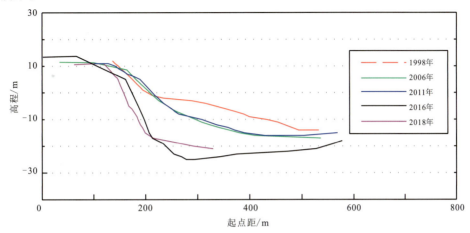

图4.3.20 池州乌沙镇段典型断面近年变化图

河演分析表明,乌沙镇上、下段由于未实施护岸工程,近年来水下岸坡均表现为向岸边发展的趋势,尤其下段发展更为迅速。此外,该段岸线距秋江圩江堤最近处不足30m,每至汛期江水直接临堤,直接威胁秋江圩江堤的安全。

根据地质勘查成果,组成岸坡的土层从上向下依次为素填土、黏性土、淤泥质土和砂壤土等,典型地质剖面如图4.3.21所示。

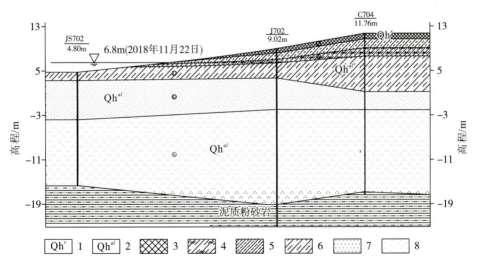

1.第四系全新统人工填土;2.第四系全新统冲积层;3.素填土;4.淤泥质土;5.粉质黏土;6.粉质黏土夹粉砂;7.粉砂;8.细砂

图4.3.21 池州乌沙镇上段典型地质剖面示意图

4.3.15.3 险情处理

为了与近年来已建护岸工程形成整体效果,需要对上、下段岸线进行防护。对乌沙镇上段岸坡仅进行水下护脚,采用抛石防护。其中,近岸区防护宽度为25~30m,水下抛石厚度1.0m;近深泓区防护宽度14m,水下抛石厚度1.5m。对于乌沙镇下段岸坡,水下护脚采用赛克格宾防护。其中,近岸坡区防护宽度35~90m,水下抛石厚度1.0m;近深泓区防护宽度16m,水下抛石厚度1.5m。水上护坡采用混凝土植生块防护,厚0.12m,下设0.2m厚砂碎石垫层及规格为400g/m^{2}的无纺土工布。

4.3.16 贵池河段泥洲洲尾—大道河段合作圩条崩

4.3.16.1 险情概况

泥洲洲尾—合作圩位于贵池河段出口和大通河段进口右岸,乌江矶上游(图4.3.22),泥洲段长8000m,合作圩段长2000m。1990年以来,贵池河段中汊冲刷发展,分流比增加,水流对泥洲顶冲强度加大,致使右汊出口—乌江矶段岸坡持续崩退,平均年崩退5~10m,岸坡平均坡比1∶3~1∶5,局部不足1∶2(图4.3.23)。2015—2018年,对部分岸坡进行了防护。

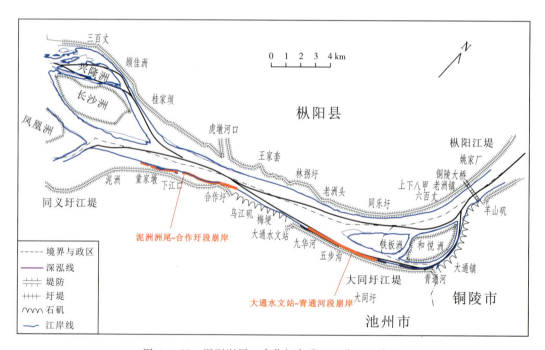

图4.3.22 泥洲洲尾—合作圩条崩地理位置示意图

图 4.3.23 泥洲洲尾—合作圩段岸坡现状

4.3.16.2 险情分析

从平面形态看,1993—2016 年,右汊出口—下江口一带,5m、0m、-5m 等高线均呈持续冲刷右靠的趋势,平均分别右移约 80m、60m、70m,最大右移分别为 110m、100m、186m;下江口—乌江矶段,5m 等高线冲淤幅度变化不大,2016—2018 年小幅后退,后退幅度约 10m,而 0m、-5m、-10m 等高线冲淤幅度变化不大。

从近岸断面变化看,1998 年以来,泥洲洲尾—合作圩一带河道断面总体呈冲深变陡的趋势,深槽部位尤为明显,冲深幅度 3～9m,水下坡比由 1998 年的 1:4～1:5 发展到目前的 1:2～1:3。典型断面岸坡变化如图 4.3.24 所示。

河演分析表明,1998 年以来,泥洲洲尾—合作圩段岸坡总体呈冲刷后退趋势,特别是右汊出口至下江口段,向岸边发展更加明显;下江口至乌江矶段虽冲刷变化幅度不大,但近岸深槽呈扩大发展的趋势,不利于岸坡的稳定。此外,下江口处同义圩江堤堤外滩最窄处宽度不足 20m,每至汛期江堤直接临水,岸坡崩塌直接威胁江堤安全。

根据地质勘查成果,组成岸坡的土层从上向下依次为素填土、黏性土、淤泥质土等,典型地质剖面如图 4.3.25 所示。

4.3.16.3 险情处理

为保证大通河段进口的稳定以及同义圩江堤的安全,需要对长约 4830m 岸线进行防护,其中水下部分采用赛克格宾防护,近岸坡区防护宽 30～100m,厚 0.5m,近深泓区防护层宽 18m,厚 1.5m。水上部分采用混凝土植生块防护,厚 0.12m,下设厚 0.2m 砂碎石垫层及规格为 400g/m² 的无纺土工布。

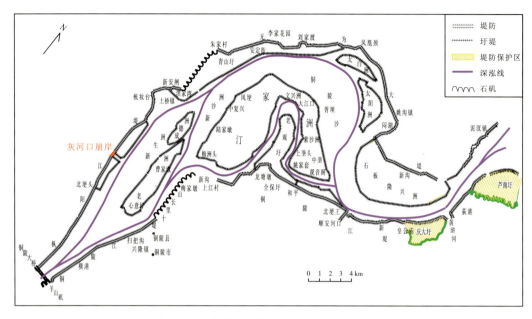

图 4.3.31 铜陵河段灰河口段地理位置示意图

高 20~24m，呈上陡下缓状。水上坡高达 8~10m，坡角大，一般 50°~60°，大者达 70°，局部近直立；水下坡角一般为 8°~12°，局部达 15°以上。

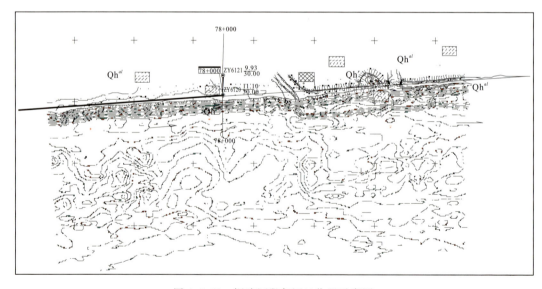

图 4.3.32 铜陵河段灰河口位置示意图

桩号 77+300~81+500 段：近岸水下边坡坡比约为 1∶5，岸坡与江堤之间有元宝洲外圩。岸坡土层为双层结构，上部为粉质壤土、淤泥质粉质壤土层，平均厚度 12.26m；下部为稍密—松散状的厚层粉细砂，黏性土与砂性土分界基本上在枯水位上下。

桩号 81+500~83+000 段：基本为单一黏性土结构，上部为粉质壤土、淤泥质粉质壤土、淤泥质粉质黏土，在-16~-8m 高程以下，为硬可塑状粉质黏土，虽同为凹岸，但长江深泓离岸渐远，水下坡坡比渐变为 1:5~1:8，深部岸坡稳定条件较好，但上部厚层黏性土层夹粉性土呈软塑状，在迎流顶冲和顺流淘刷的情况下，促使崩岸产生（图 4.3.33）。

各土层物理力学性质及渗透性参数建议值列于表 4.3.9。

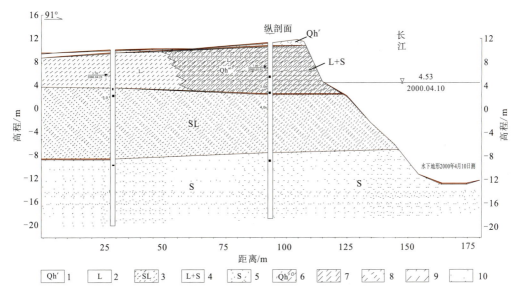

1.堤身人工填土；2.壤土、粉质壤土；3.砂壤土；4.黏性土夹薄层粉细砂（千层饼状）；5.粉细砂或中细砂；6.碎石土；7.壤土、粉质壤土；8.砂壤土；9.黏性土夹薄层粉细砂；10.粉细砂或中细砂

图 4.3.33　铜陵河段灰河口段典型工程地质剖面图

表 4.3.9　灰河口段岸坡土体物理力学性质及渗透性参数建议值

土层名称	天然含水率/%	湿密度/(g·m^{-3})	干密度/(g·m^{-3})	孔隙比	压缩系数/MPa^{-1}	压缩模量/MPa	固结快剪		渗透系数/(cm·s^{-1})
							黏聚力/kPa	内摩擦角/(°)	
黏土	40.0	1.83	1.30	1.1	0.95	2.0	20	12	1×10^{-6}
粉质黏土	34.0~38.7	1.85~1.94	1.33~1.45	0.62~1.05	0.32~0.78	2.87~3.80	10~20	14.5~16	
粉质壤土	30.0~36.5	1.85~1.90	1.30~1.41	0.9~1.0	0.40~0.65	3.0~4.0	5.0~10	15~18	5×10^{-5}
壤土	28.0~31.6	1.95	1.48~1.53	0.77~0.90	0.39~0.45	4.6~4.74	5.0~10	20.0	
砂壤土	—	—	—	—	—	—	0	20~25	1×10^{-4}
细砂	—	—	—	—	—	—	0	25~28	1×10^{-3}

4.3.20 芜湖河段新大圩条崩

4.3.20.1 险情概况

新大圩条崩位于芜湖河段上段大拐弯道段右岸、潜洲右侧（图4.3.34），对应芜湖市繁昌江堤桩号20+275～21+075。近年来随着上游黑沙洲河段河势变化，芜湖河段进口段水流右摆，潜洲右汊口门变宽，进流条件改善，水流直接顶冲右岸新大圩段，加之新大圩岸坡地质条件较差，抗冲刷能力弱，导致崩岸剧烈。

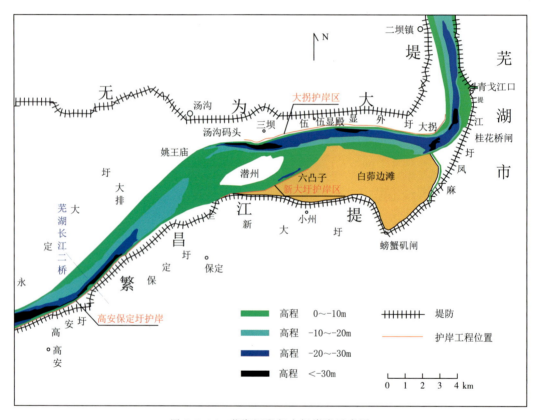

图4.3.34 芜湖河段新大圩崩岸示意图

受上游黑沙洲河段河势变化的影响，芜湖河段上段潜洲右汊右岸新大圩崩岸剧烈。1995年以来，累计发生崩岸20余处。2007年7月16日晚，大拐弯道段潜洲右汊桩号20+800处前沿岸坡发生崩岸险情，崩长170m，崩宽30～50m，原有外护圩堤已崩入江中。2007年10月初、2009年汛后、2010年汛前、2011年汛后、2012年汛后、2013年汛前和2015年7月，在原崩岸位置下游多处发生崩岸险情，对沿岸船厂和码头等设施和岸线安全产生了严重不利的影响。

4.3.20.2 险情分析

新大圩段土体属第四纪全新世沉积层,主要由粉质黏土及粉土、砂土组成。上部岸坡主要土层为:①杂填土,以粉性土为主,夹淤泥质土,夹植物根茎,腐殖物、贝壳屑等杂物,土质松散,一般厚度为2.40~4.00m,平均3.30m;②粉砂或细砂,饱和,松散—稍密,含云母、偶见贝壳屑,混夹粉性土,摇振反应迅速,一般厚度9.20~13.50m。

随着潜洲上冲下淤,潜洲右汊口门拓宽,右汊分流比增加,水流顶冲右汊右岸新大圩段,导致新大圩段发生崩岸险情。随着潜洲向下游移动,右汊水流顶冲点也不断下移,近岸深槽冲刷下切,并向下游发展。随着右汊分流比的增加,河道竖向下切、横向展宽,新大圩近岸河床不断刷深,岸线不断崩退。2000年以前,潜洲右汊深槽高程在-10m左右;2010年,紧靠右岸新大圩冲刷出-20m深槽;2016年,深槽范围扩大,并向下游移动到八凸子圩堤处(图4.3.35)。

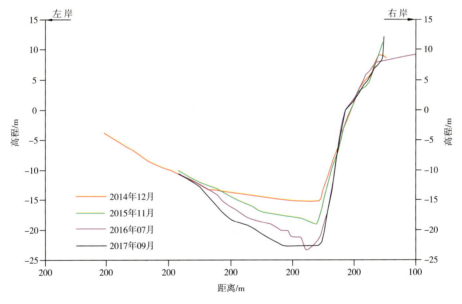

图4.3.35 新大圩近岸河床断面变化图(六凸子圩堤段)

在不利河势影响下,近岸深槽冲刷下切,深槽向近岸移动,岸坡变陡,局部陡坡坡比多在1:2左右,部分陡坡坡比为1:1.5,加上岸坡土层多为粉细砂,受水流淘刷极易失稳产生崩塌。

4.3.20.3 险情处理

历史上对新大圩段累计实施护岸工程10余次,护岸长度约7.0km(部分重复多次),抛石量近100万 m^3。

4.4 口袋型窝崩

口袋型窝崩是由强烈的回流冲刷河岸形成的,这种回流是近岸河床遭受极大冲刷,深槽近岸、水深大、流速大,水流的能量在近岸局部高度集聚形成的。一旦河岸被突破,原被边界约束的水流就开始强烈地冲刷河岸,在崩窝中形成回流,使崩窝急速拓展。

当河岸土质抗冲性较弱时,口袋型崩窝就会得到充分的发育,其平面形态尺度会较大且发展较快。当口袋型崩窝发展速度趋缓并趋于平衡形态时,窝内回流有时也可能逐渐向空腔流的性质转化。

4.4.1 九江河段马湖圩口袋型窝崩

4.4.1.1 险情概况

马湖圩位于九江河段的下游、彭泽县城区附近,自彭泽县城至彭郎矶全长4.47km。在彭泽县附近,长江流向由西向东转为由南西向北东,形成一个大弯道。弯道上游,长江河道宽2000~4000m;下游,小姑山与彭郎矶隔江对峙,河道束窄,宽仅为650m,形成瓶颈;锁口后河道宽度变为5~6km,江心有巨大的搁排洲(图4.4.1)。

马湖圩始建于20世纪60年代,1973年、1988年曾发生较大规模的崩岸,崩岸长150m、宽80m。1996年1月3日,在崩岸处下游约200m的地方发生崩岸,初期崩岸缺口长约150m、宽80m;1996年1月8日,马湖堤又发生特大崩岸,崩岸一直延续到1月14日,崩塌缺口长达960m、宽达200m,并且与前3次连成一片,形成一个长达1200m的缺口。两次险情导致1995年修建的大堤崩岸,总长1210m、宽50~200m,造成21户92间民房倒塌,24人死亡,5人重伤,直接经济损失达4671万元。

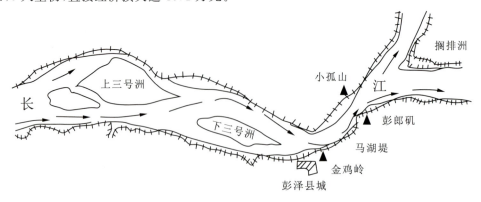

图4.4.1 长江马湖堤段地理环境示意图

4.4.1.2 险情分析

(1)地形地质。马湖堤基为全新世地层,厚度一般为30~35m,为全新世河漫滩-湖泊相沉积物,上部为淤泥质黏土及粉质黏土,呈饱和、软塑—流塑状态;下部为粉砂—细砂层,松散。下伏基岩茅口组灰岩,岩溶发育。工程地质剖面见图4.4.2和图4.4.3。

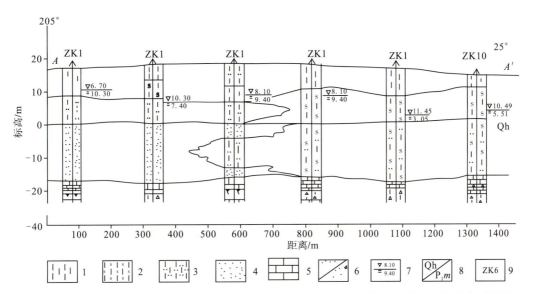

图4.4.2 长江马湖大堤工程地质勘探纵剖面图

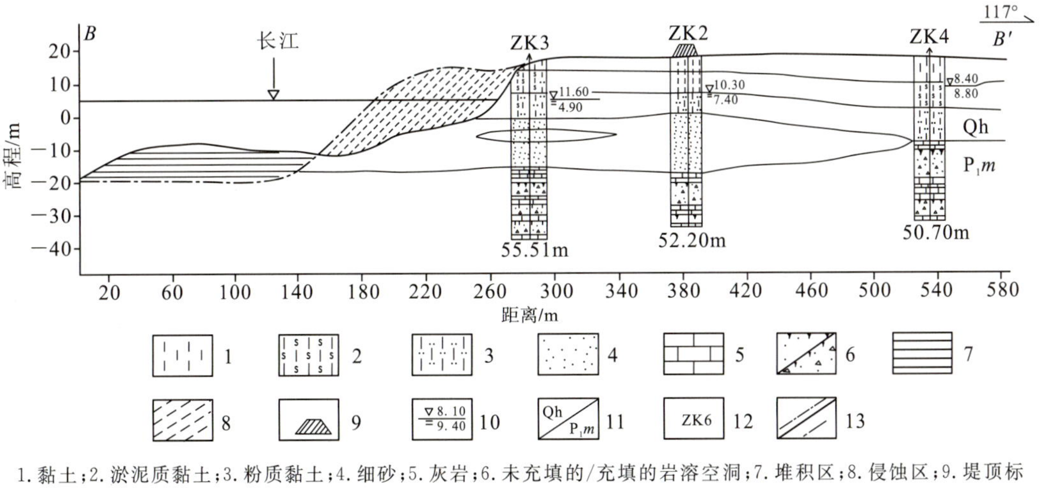

1.黏土;2.淤泥质黏土;3.淤泥质粉质黏土;4.细砂;5.灰岩;6.未充填的/充填的岩溶空洞;7.稳定水位(分子为深度/m,分母为标高/m);8.全新统/下二叠统茅口组;9.钻孔及编号

1.黏土;2.淤泥质黏土;3.粉质黏土;4.细砂;5.灰岩;6.未充填的/充填的岩溶空洞;7.堆积区;8.侵蚀区;9.堤顶标高;10.稳定水位(分子为深度/m,分母为标高/m);11.全新统/中二叠统茅口组;12.钻孔及编号;13.1999年5月地形剖面线/1996年1月地形剖面线

图4.4.3 长江马湖大堤工程地质勘探横剖面图

(2) 河势条件。长江南岸的彭泽镜子山—彭郎矶一线，原为顺直河道，自20世纪50年代后，逐步发展为弧形凹岸，向南东岸侵蚀800m以上，侧蚀速度平均约15m/a，使南东岸变成水深达28m的陡岸，长江主泓贴近堤脚。

马湖圩处于长江凹岸，上游主流直接顶冲堤脚，下游小姑山—彭郎矶节点急骤壅水，回流紊乱。在上游主流顶冲及下游回流淘蚀的双重作用下组成岸坡的粉细砂被淘刷，岸坡变陡，长江主泓(高程−20m)不断南移。据马湖大堤近岸水下地形图对比分析，与1982年相比，1993年5月，河床−20m等高线向堤岸方向迁移了近20m；1996年1月，向堤岸方向又迁移了80～100m。此外，5m等高线向堤岸方向迁移了31～76m，刷深5～16m，说明20世纪90年代前期，长江主泓向东南方向的侵蚀速度明显加快。

此外，马湖圩下伏茅口组石灰岩，岩溶发育，口袋型窝崩是否与岩溶塌陷有关，因没有相关证据无法下结论。但是，如果在近岸坡脚的位置发生岩溶塌陷，则可以诱发崩岸，进而产生连锁反应，发生一连串的崩岸，从而形成口袋型窝崩是有可能的。这方面需要进一步研究。

4.4.1.3　险情处理

1996年1月崩岸发生后，近岸水下地形发生了变化，岸坡坡角变缓，增加了阻滑体，达到了新的平衡，新修大堤内迁了150m。并采取了抛石护岸、加高加固大堤等措施，对于抵御1998年的特大洪水起到了十分重要的作用。

4.4.2　马鞍山河段马鞍山电厂口袋型窝崩

4.4.2.1　险情概况

马鞍山河段位于安徽省境内，上承芜裕河段，下接南京河段的新生洲汊道，为两段束窄的典型顺直分汊型河道，全长36km。河道最窄处约1.1km，最宽处约8.0km。河道自上而下有彭兴洲、江心洲、何家洲、心滩、小黄洲等。江心洲左汊为主汊，右汊为支汊，左汊分流比约为90%。

本河段除进出口的东西梁山、慈母山及右岸的翠螺山采石矶外，两岸其余地带均为河漫滩冲积层。由于河势不断调整，深泓摆动频繁(图4.4.4中虚线)，左岸西梁山、郑浦圩、新口河—王丰沟、金河口以及右岸东梁山、腰坦池等岸段崩岸严重，为稳定河势，实施了大量的防护工程。

1976年11月10日19时，在马鞍山电厂上游500m处的江岸发现裂缝，20时许，江岸开始崩塌，至11日凌晨2时，崩岸发展为一个长460余米、宽350余米的大窝崩，共崩塌防洪江堤450余米，25户崩入江中，崩塌入江土方量达100万m³以上。

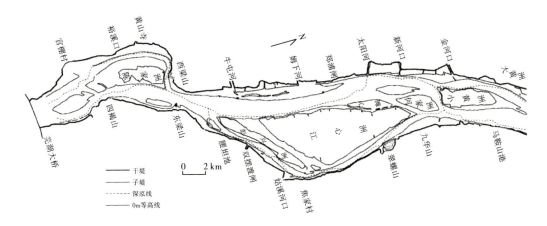

图 4.4.4 马鞍山河段河势示意图

4.4.2.2 险情分析

马鞍山电厂主要为长江冲积平原和丘陵区,场地标高为 6.7～8.8m,地势西低东高,可分为长江漫滩、阶地和低丘 3 个地貌形态。

第四系冲积物的沉积韵律较明显,自上而下,土的颗粒渐粗,分别为粉质黏土、淤泥质土、粉细砂、中粗砂、卵砾石等,为典型的二元结构,下部非黏性土层厚度较大。

各土层物理力学性质及渗透性参数建议值见表 4.4.1。

表 4.4.1　马鞍山电厂附近土体物理力学性质及渗透性参数建议值

土层名称	天然含水率/%	孔隙比	液性指数	黏聚力/kPa	内摩擦角/(°)	压缩模量/MPa
粉质黏土	31～46	0.88～1.30	1.2～1.4	1～15	26～32	3.2～5.8
淤泥质土	36～46	1.03～1.30	0.8～1.5	20	5～9	4.5
粉细砂	23～40	0.05～1.00	—	—	20～22	7.0
中粗砂	25	0.70～0.75	—	—	30～35	11～15

4.4.2.3 险情处理

为防止崩岸继续发生,确保电厂及防洪江堤的安全,实施的抢险护岸措施包括以下 3 个方面。

(1)抛石护岸:自窝崩上游 400m 处的人工矶头沉排区末端到电厂原护岸区上首的 1100m 地段,分 3 处抛石。首先抢护崩窝下嘴,抛石 4.8 万 m³;然后抢护崩窝上嘴,抛石 4.7 万 m³;最后抛护崩窝下嘴到电厂之间的未护段,抛石 6 万 m³。

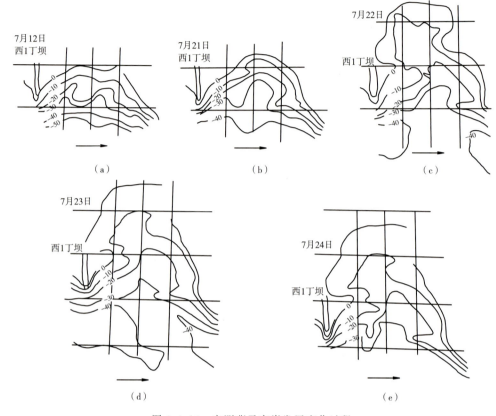

图 4.4.14 实测嘶马窝崩发展变化过程

靠近嘶马河口附近,地层为河口相的冲积层,大体上可分为 5 层:第一层淤泥质粉质黏土,标高 3～−4m;第二层粉砂层,标高 −4～−22m,夹淤泥质粉质黏土夹层;第三层淤泥质粉质黏土层,标高 −22～−34m;第四层粉砂层,标高 −34～−55m,夹少量淤泥质粉质黏土夹层;第五层含砾细砂,标高 −55m 以下,夹中粗砂。

各土层物理力学性质及渗透性参数建议值见表 4.4.2,工程地质剖面见图 4.4.15。

表 4.4.2 扬中河段嘶马崩岸土层物理力学性质与渗透性参数建议值

土层	含水率/%	密度/(g·cm^{-3})	孔隙比	凝聚力/kPa	内摩擦角/(°)	压缩系数/MPa^{-1}	压缩模量/MPa	渗透系数/(cm·s^{-1})
淤泥质粉质黏土	35.4～43.1	1.76～1.84	1.003～1.203	0～10	10～29	0.37～0.98	1.87～5.22	—
粉砂	18.4～33.5	1.85～2.14	0.585～0.904	—	7～30	0.12～0.44	4.19～14.21	3.0×10^{-3}
含砾细砂	25.0	1.97	0.650	—	32	—	—	5.78×10^{-3}

4 崩岸险情

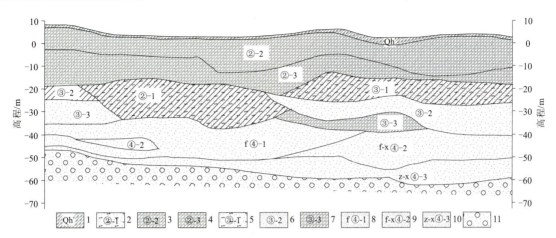

1.第四系全新统人工堆积;2.淤泥质粉砂质黏土;;3.②-2 粉砂夹粉砂质黏土;4.②-3 粉砂与粉砂质黏土互层;5.③-1 淤泥质粉砂质黏土;6.③-2 粉砂层;7.③-3 粉砂与粉砂质黏土互层;8.④-1 粉砂;9.④-2 粉-细砂;10.④-3 中-细砂;11.含砾细砂夹粗砂

图 4.4.15　扬中河段嘶马崩岸沿江工程地质剖面图

（2）河势。嘶马口袋型大窝崩发生在主流顶冲段后的湍流区,与湍流中平面涡流的形成有密切关系。产生这种漩涡有 3 种情况：一是岸边的雷诺(Reynolds)数很大,而雷诺数取决于岸边的流速与糙度,流速越大,雷诺数越大,一般来说,当雷诺数大于 2300 时即出现湍流;二是水流边界的突然变化,如"挑流点"或"砥柱",使水流边界突变;三是在主流急拐或支、汊流高角度汇合处,主流的横向环流被干扰,形成复杂多变的湍流区。

在河道弯段,由于离岸流速大到一定程度,或边界的突然变化,发生平面涡流。在相当高的涡流切向流速冲刷与涡流负压共同作用下,水下边坡土体迅速被冲蚀,上部土体坍塌。

20 世纪 60 年代建设了丁坝群,起了局部挑流作用,但在丁坝后形成了发生平面漩涡的边界条件,如图 4.4.16 所示。

此外,口袋型大崩窝持续时间长,除了当时长江的水流条件外,还可能与红旗河水流状况有关。当时正是低潮期,低潮期水流的特点是落潮流延续的时间长。

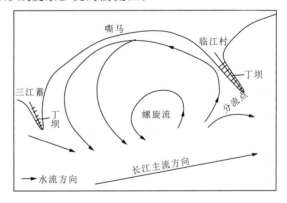

图 4.4.16　丁坝后漩涡流产生示意图

4.4.6.3　险情处理

从 20 世纪 70 年代初开始,对嘶马岸段进行了工程治理,基本上分 4 个阶段:1970—1973 年,修建了 9 座丁坝和 1 座守咀,构成了护岸丁坝群;1974—1983 年,在丁坝端部和两侧,用柴排和抛石加固丁坝,守坝固点;1984—1990 年,以平顺抛石护岸为主,其范围为三江营至东三守咀；1991年以后，以节点控制平抛加固护岸为主。抛石护岸范围扩展到接近江泰交界，部分岸段建了护坡。

4.5 滑　坡

4.5.1　宜都市陶家湖滑坡

4.5.1.1　险情概况

宜都陶家湖滑坡发生于2008年4月5日凌晨，岸边的254省道（桩号35+600）处路基、路面下滑12m。滑坡长100多米、宽30多米，总体积近$3×10^4 m^3$，红东公路被拦腰截断。

长江在此处形成一个向南的大弯道，南岸为相对宽缓的凹岸，江水不断冲刷岸坡。江心发育一个江心洲，将长江分隔为南、北两个汊道，南汊较深，为泓线和枯水期河槽。滑坡正位于江南凹岸水流集中冲蚀处（图4.5.1）。

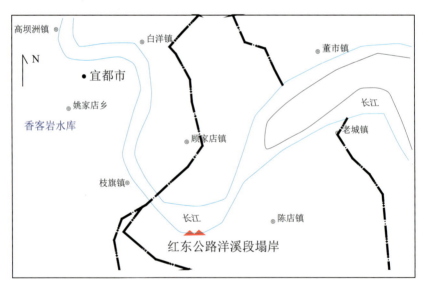

图4.5.1　宜都市长江洋溪段位置示意图

自1994年红东公路建成以来，1994年、1998年、2003年均发生过变形破坏，基本上每4～5年发生一次。

2000年11月22日，陈家湖再次发生崩岸险情，初期崩岸长度210m、宽度10m，后崩岸持续发展，至18时，宽度达23m，最大吊坎12.5m，塌方量达1.7万m^3。崩岸地处枝城大桥下游3km的长江南岸，直接危及长江大堤、红东公路及民垸内近7000人的生命安全。

崩滑地段原始地形为长江凹岸坡,为河流冲刷岸。该段主要为基岩(砂岩)岸坡,岸坡为顺坡向结构,岩层倾角略缓于岸坡坡角,坡度15°～25°,岩层产状:倾向15°～20°,倾角10°～15°。库岸段表部岩体风化严重,地表所见岩体基本为强风化状态。库岸强风化带厚度一般为2～3m,局部厚达6m左右;强弱风化岩体总厚度一般3～5m,局部厚达9m左右;微风化及新鲜岩体埋深一般为11～13m,最深达17m。

图4.5.2 宜都市长江洋溪段滑坡形态

4.5.1.2 险情分析

影响本岸坡稳定性的因素主要包括河势、地层岩性、岩体结构等,具体如下。

(1)河势条件。长江在此形成一个向南凸出的大弯道,陈家湖正位于大弯道的顶点,为典型的冲刷凹岸,江水湍急,冲刷作用剧烈。

(2)地层岩性。原始岸坡为基岩(砂岩)岸坡,坡度15°～25°。1994年,修建254省道时,填方为路基,回填土厚度10～20m,公路外坡坡度30°～40°。回填土和风化软岩强度低,易受冲刷侵蚀。

(3)岩体结构。岸坡为顺向坡,岩层产状:倾向15°～20°,倾角10°～15°,岩层倾角略缓于岸坡坡角。岩体内裂隙较发育,存在受层面控制的小规模不利组合结构体。

4.5.2 咸宁长江干堤邱家湾滑坡

4.5.2.1 险情概况

2000年汛后(12月),咸宁长江干堤邱家湾岸坡发生4处滑坡险情,1号、2号、3号、4号滑坡分别对应堤防桩号314+960～315+040、317+120～317+200、317+480～317+600、317+720～317+760。险情导致部分干砌块石护坡及脚槽以下岸坡出现滑塌及下陷。滑塌体位置见图4.5.3。

1号滑坡后缘高程23.0～23.5m,宽约30m;前缘淹没于江水中,沿脚槽宽约90m,垂直河道方向长约30m。滑体厚度约5.0m,面积约2200m²,推测体积11 000m³,滑体将脚槽冲断成数段。险情发生后进行了前缘抛石压脚、中后缘减载、后缘修筑浆砌块石挡墙等处理措施,防止滑坡向大堤方向发展。2001年汛期,对前缘加强了抛石压脚防冲刷处理,滑体没有发生新的滑移变形。同年12月5日,滑坡体又出现新的滑移变形,后缘形成6条与河道平行的弧形裂缝,长40～55m,可见深度50～65cm,张开10～13cm,临江侧坡面下落3.0～30cm。12月12日和20日进行的两次观测表明,滑坡滑动变形已经停止,滑体趋于稳定。

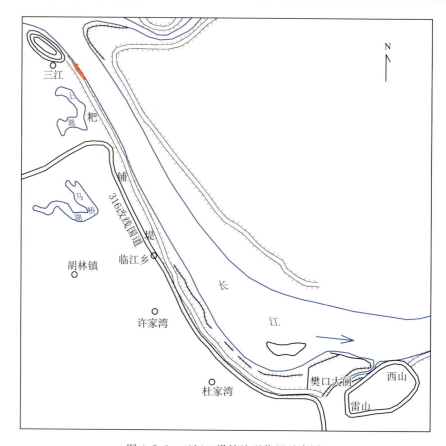

图 4.5.6　三江口滑坡地理位置示意图

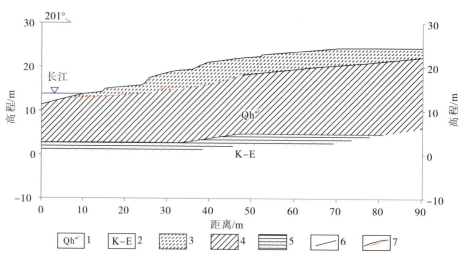

1.第四系全新统冲积层；2.白垩系—新近系；3.壤土；4.黏土；5.砂岩；6.岩性界线；7.崩岸位置示意

图 4.5.7　粑铺大堤三江口滑坡工程地质剖面图

表 4.5.2　三江口滑坡各土层物理力学性质及渗透性参数建议值

地层	土层名称	湿密度/ (g·cm^{-3})	总应力强度		有效应力强度		渗透系数/ (cm·s^{-1})
			黏聚力/ kPa	内摩擦角/ (°)	黏聚力/ kPa	内摩擦角/ (°)	
Qh^1	黏土	2.01	11.7～16.0	12.7～16.2	—	—	1.7×10^{-5}
	含有机质黏土	1.96	12.0～15.3	12.8～15.7	—	—	2.0×10^{-5}
	壤土	1.97	10.3～13.8	16.3～20.0	—	—	3.2×10^{-5}
	含有机质壤土	1.95	10.5～14.0	18.4～20.3	—	—	1.5×10^{-5}
Qp$_2$	黏土	1.93	20.5～28.0	18.0～20.5	—	—	1.0×10^{-4}
	滑带土	—	3	7	5	10	—

分析认为三江口滑坡发生的原因如下：①岸坡土体存在软弱结构面，即第四系全新统和中更新统接触面，倾向长江；②滑坡形成于 1998 年 10—11 月正是长江退水期，滑坡体主要为黏性土，渗透性低，汛期江水的长期浸泡已使土体饱水，江水下降后，土体中的水不能及时排出，形成了较高的静水压力和一定的动水压力；③受江水浸泡的影响，本就不高的滑带土体抗剪强度得到进一步降低；④外滩面高程低于 22m，粑铺大堤的设计洪水位为 26.11m，汛期，滩面接受沉积，新近沉积的土层增加了滑体的下滑力。

4.5.3.3　险情处理

三江口滑坡治理分为上游区段和下游区段。

上游区段：滑坡前缘宽 262m，后缘距长江堤防外坡脚大于 67m，且地形平缓。长江堤防地基为中更新统黏土，土质密实，稳定性较好，滑坡进一步滑动不会影响堤基稳定。因此对上游区段不采取工程处理措施。

下游区段：滑坡前缘宽 305m，后缘距长江堤防坡脚较近，地形坡度相对较陡。堤基为第四系全新统冲积层，土质较软，强度较低，滑坡的滑动将危及长江堤防安全，需要采取工程处理措施。

处理措施为干砌石齿槽护堤，齿槽布置在堤防外坡脚附近，距堤防外坡脚不小于 10m，一般为 12～15m，开挖深度以进入中更新统黏土层 1.0m 为准。齿槽顶宽 3.0m，底宽 3.5～4.5m，深度 2.5～3.5m。齿槽与堤外坡脚之间设干砌石护坡，厚度 30cm，下设 20cm 厚反滤层。

4.5.4　粑铺大堤卫家矶滑坡

4.5.4.1　险情概况

卫家矶滑坡发生于 1998 年 11 月，位于洋澜堤桩号 98＋313～98＋653 段，滑坡体前缘高程 7~9m，后缘高程 22.1m，前缘顺江宽度约 350.0m，垂直河道长 80.0m，面积 0.028km^2，厚度 4~6.6m，体积约 1.5×10^4m^3。滑带倾角 10°~13°。滑带多位于中更新统黏土与第四系全新统的接触面处，在高程 17.0m 左右形成一级宽约 10.0m 的平台。滑坡体后缘距堤外坡脚最小距离 2~3m，堤外坡脚已经发生张开裂缝，滑坡对长江堤防构成了严重威胁。卫家矶滑坡位置见图 4.5.8。

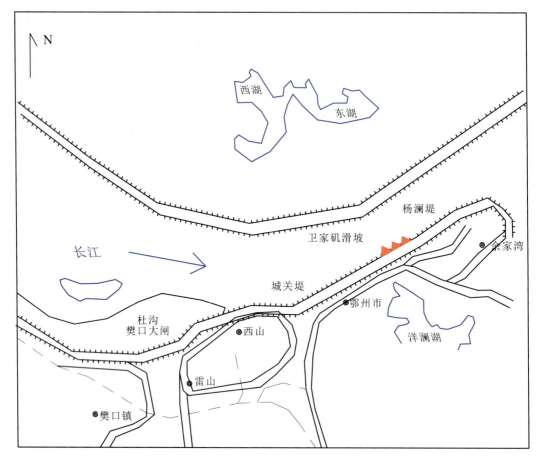

图 4.5.8 卫家矶滑坡地理位置示意图

1999 年 2—5 月，对卫家矶滑坡进行了简易处理，主要采取了削坡减载、深沟导滤、浆砌块石护岸和水下抛石镇脚等处理措施。但在施工期间，滑坡一直处于变形发展中，地表多处出现裂缝或滑塌变形，最大缝宽 15mm，砌石隆起高度 200mm，滑坡后缘最大错落高度已达 210cm。

至 2000 年 9 月底，近堤脚处又出现了明显的变形裂缝，连续的贯通性裂缝有两条，一条延伸长 30m（桩号 98+530~98+560），另一条延伸长 20m（桩号 98+600~98+620），裂缝最宽达 40mm。

4.5.4.2 险情分析

此段江堤堤高 4~7m,堤顶高程 27.0m 左右,堤面宽 8m,堤身坡比 1∶3 左右,堤内的压渗台宽 20~25m,厚 2.0m 左右。

该段河势为顺直河岸,堤外滩宽 100m 左右,坡脚高程 -6.2~-6.4m,坡高 24.0m,坡度 5°~10°,深泓距岸肩 200m。

卫家矶滑坡段,岸坡为多层结构类型,上部厚 4~12m 为全新统的黏土、壤土、含有机质黏土、含有机质壤土、砂壤土交错沉积,土体呈软塑—可塑状,性软;下部为中更新统红色、棕黄色黏土、粉质黏土和含砾黏土,呈硬塑状,厚 4~14m;下伏基岩为二叠系灰色灰岩和硅质灰岩,岩性坚硬(图 4.5.9)。

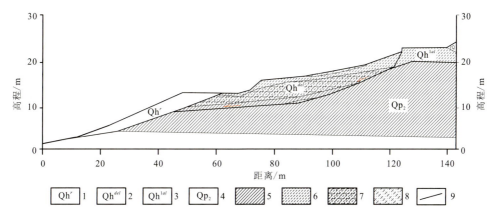

1.第四系全新统人工堆积;2.第四系全新统滑堆积层;3.第四系全新统冲积层下段;4.第四系中更新统;
5.黏土;6.壤土;7.含有机质壤土;8.砂壤土;9.岩性界线

图 4.5.9　粑铺大堤卫家矶滑坡工程地质剖面示意图

全新统与中更新统接触面倾向长江,倾角 14.5°,该接触面即为滑坡的底滑面。

各土层的物理力学性质及渗透性参数建议值见表 4.5.3。

表 4.5.3　卫家矶滑坡各土层物理力学性质及渗透性参数建议值

地层代号	土层名称	天然含水率/%	干密度/(g·cm^{-3})	孔隙比	压缩系数/MPa^{-1}	快剪		渗透系数/(cm·s^{-1})
						黏聚力/kPa	内摩擦角/(°)	
Qh	黏土	31.5	1.42	0.860	0.41~0.56	13.8~16.5	12.7~15.2	1.7×10^{-5}
	含有机质黏土	28.0	1.44	0.750	0.45~0.58	14.4~17.3	12.6~15.2	2.0×10^{-5}
	壤土	28.4	1.50	0.800	0.31~0.40	12.0~15.3	13.6~16.7	3.2×10^{-5}
	含有机质壤土	27.0	1.62	0.600	0.39~0.49	11.9~15.8	13.9~16.0	1.5×10^{-5}
Qp$_2$	黏土	25.2	1.60	0.690	0.21~0.28	24.8~30.0	18.8~21.0	1.0×10^{-6}

砂层。随着江水位上涨,或遇降雨地面径流渗入,闸门与闸侧土体发生接触冲刷而发生险情。接触冲刷有一个逐步发展、长时间积累过程。处理措施:下游堤坡进行块石护坡以减少冲刷;对闸门及埋件喷锌防腐。

5.2.3 安庆市堤新金家闸

5.2.3.1 险情概况

新金家闸位于安庆市堤桩号5+796(图5.2.3),1965年建成,为钢筋混凝土结构,闸孔宽×高×孔数为2.0m×2.5m×2,闸底高程10.40m,采取箱涵穿越堤防,地理位置见图5.2.3。

1998年长江洪水期,通过汇水箱与穿堤涵箱结合部的二道沉陷缝在机房两侧产生严重漏水。

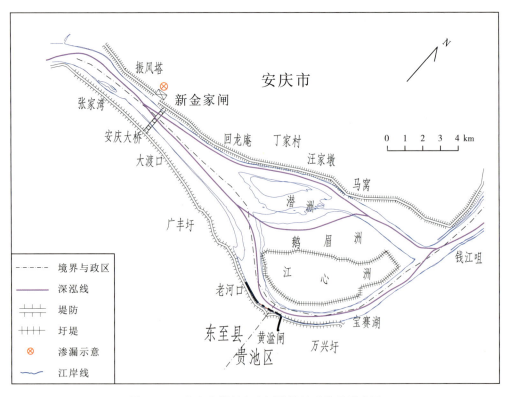

图5.2.3 安庆市堤新金家闸险情地理位置示意图

5.2.3.2 地形地质

新金家闸地处长江高漫滩前缘,两侧堤顶高程一般为18.00~19.00m。堤内地面高程

12.00～14.00m，厂区紧邻江堤，100～200m范围内沟渠、水塘发育。堤外滩宽一般为100～150m，高程12.00～13.50m。

闸基土层上部为厚0.70～1.00m的砂壤土，中部为厚2.00～2.50m粉质壤土（局部为淤泥质土）夹砂壤土，下部为厚7.20m粉质黏土，下伏粉细砂，地层结构详见图5.2.4。闸基土层物理力学参数列于表5.2.2。

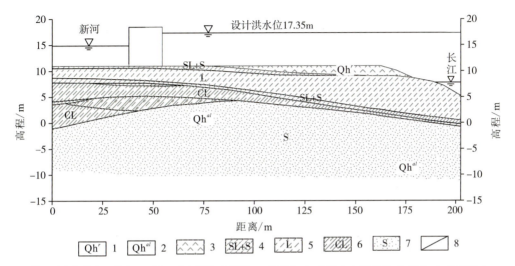

1. 第四系全新统人工堆积；2. 第四系全新统冲积层；3. 素填土；4. 砂壤土夹粉细砂；5. 壤土；6. 粉质黏土；7. 细砂；8. 岩性界线

图 5.2.4　新金家闸出险点横剖面示意图

表 5.2.2　新金家闸闸基土层主要物理力学性质及渗透性参数建议值

土层名称	天然含水率/%	干密度/(g·cm^{-3})	孔隙比	承载力标准值/kPa	渗透系数/(cm·s^{-1})
砂壤土	23.0	1.63	—	170	$i \times 10^{-4}$
粉质壤土	32.8	1.42	—	150	$i \times 10^{-5}$
粉质黏土	32.7	1.42	0.84	140	$i \times 10^{-6}$
粉细砂	22.4	1.60	—	200	$i \times 10^{-3}$

5.2.3.3　地质评述

新金家闸闸基地质结构较复杂，险情的发生可能与多方面因素有关。首先，上部的砂壤土抗渗条件较差，穿堤箱涵与闸基砂壤土接触部位容易发生渗透变形；其次，闸基中下部分布淤泥质土，在闸荷载作用下易发生沉降变形，导致箱涵与堤身结合部位产生裂缝，为接触冲刷创造了条件；最后，箱涵与堤身填筑土之间没有进行防渗处理，当江水上涨后，沿涵闸箱涵与堤身接触带发生接触冲刷。

为了消除新金家闸险情,对闸基上部砂壤土进行了垂直防渗处理,对箱涵进行内衬加固补强,新建接长穿堤箱涵,对穿堤段进行了加宽培厚处理。加固后至今,该闸经历了长江汛期洪峰考验,运行状态良好。

5.2.4 枞阳江堤大砥含闸

5.2.4.1 险情概况

大砥含闸位于枞阳江堤永赖圩桩号16+606处(图5.2.5),为钢筋混凝土涵箱结构排水闸,底板高程9.66m。1998年7月1日,当长江水位上涨到14.15m时,大砥含闸发生渗水、闸基沉陷变形险情。现场判别为闸侧、闸底与周围土体接触冲刷导致。

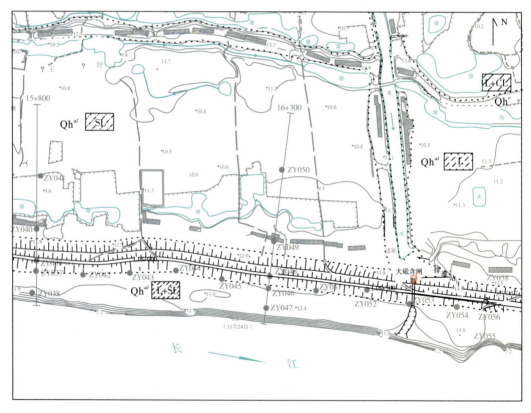

1.第四系全新统人工堆积;2.第四系全新统冲积层;3.堤防;4.长江;5.岩性界线

图5.2.5 枞阳江堤大砥含闸险情点平面位置示意图

5.2.4.2 地形地质

大砥含闸两侧堤顶高程约17.7m,堤顶宽7.5m,堤身高约6.4m。内外坡比1∶4.5～1∶3,堤外地面高程约11.3m。该段河势为平顺冲刷段,外滩宽度40～50m。

大砥含闸闸基置于第四系全新统砂壤土、粉细砂层上,厚度一般为1.5～2.5m。堤身填土主要由壤土、粉质壤土组成,工程地质剖面见图5.2.6。堤身各土层物理力学性质及渗透性参数建议值见表5.2.3。

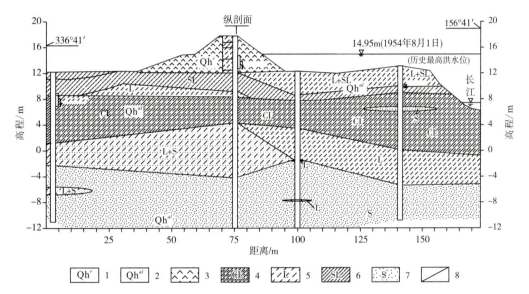

1.第四系全新统人工堆积;2.第四系全新统冲积层;3.素填土;4.粉质黏土;5.壤土;6.砂黏土;7.粉细砂;8.岩性界线

图5.2.6 枞阳江堤大砥含闸工程地质剖面示意图

表5.2.3 大砥含闸闸基土层主要物理力学性质及渗透性参数建议值

土层名称	天然含水率/%	干密度/(g·cm^{-3})	孔隙比	固结快剪		压缩系数/MPa^{-1}	渗透系数/(cm·s^{-1})
				黏聚力/kPa	内摩擦角/(°)		
壤土	22.0～24.9	1.57～1.58	0.72～0.80	5～10	16～19	0.19～0.21	1×10^{-5}
粉质壤土	26.5～28.6	1.46～1.54	0.75～0.85	5～10	15～18	0.33～0.57	1×10^{-5}
砂壤土	26.1～28.7	1.47～1.53	0.76～0.90	0	20～25	0.2～0.35	1×10^{-4}

5.2.4.3 地质评述

大砥含闸机房渗水和沉陷变形险情与闸基砂壤土有着直接的关系。一是砂壤土本身渗透性较强,江水位上涨时,沿砂壤土发生渗透,导致机房渗水;二是闸底板与闸基砂壤土接触

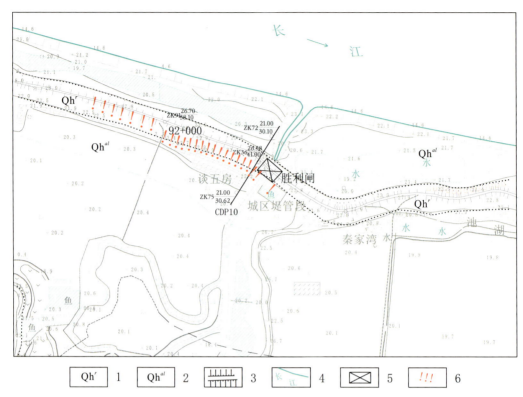

1.第四系全新统人工填土；2.第四系全新统冲积层；3.堤防；4.水系；5.水闸；6.散浸位置

图 5.3.2　昌大堤胜利闸平面位置示意图

5.3.2.2　地形地质

闸基土层共分 4 层（图 5.3.3），自上而下情况如下。

第 1 层：壤土，黄色、软可塑、表层含砂壤土，含铁锰质结核，层厚 5.4~8.7m。孔隙比 0.801~0.862，压缩系数 0.26~0.41MPa^{-1}，渗透系数 $1.24×10^{-6}$ cm/s。具弱透水，中等压缩性。承载力标准值 120kPa。

第 2 层：黄色、黄褐色黏土，可塑，厚度变化大，一般为 2.1~4.65m，呈透镜状，顶板高程 12.9~18.4m。孔隙比 0.789~0.863，压缩系数 0.42MPa^{-1}，渗透系数 $5.11×10^{-7}$ ~ $8.09×10^{-7}$ cm/s，具有较强的抗渗性，为中等压缩性。标准贯入锤击数为 5~6 击，承载力标准值 150kPa。

第 3 层：壤土夹淤泥质黏土，底部过渡为砂壤土，呈灰色、浅黄色、黏性好，含有机质，具嗅味，厚度 0~8.4m，顶板高程约 12.6m。标准贯入锤击数 2.8~3.5 击，承载力标准值为 110kPa。

第 4 层：粉细砂层，呈灰色，厚度大于 10m，未见底。砂层以细砂为主，底部为粗砂、砾石层。砂层顶板起伏较大，高程 10~13.73m。标准贯入锤击数 6.3~20 击，承载力标准值 200kPa。

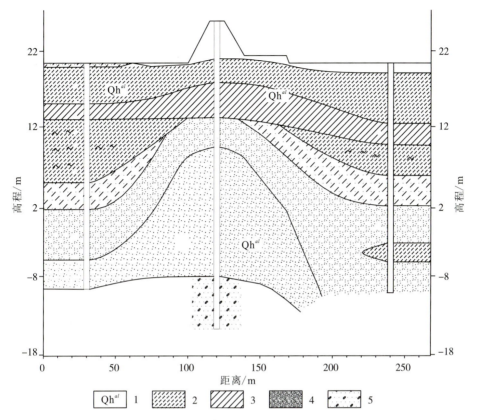

1.第四系全新统冲积层;2.壤土;3.粉质黏土;4.粉细砂;5.砂砾石

图 5.3.3　昌大堤胜利闸工程地质横剖面示意图

5.3.2.3　地质评述

胜利闸基两侧堤基黏性土盖层厚度较大,只发生散浸险情,险情发生时长江水位只比出险点地面高 3.0m 左右。闸基持力层为黏土,厚约 4.0m。闸基岩性变化大,黏性土层厚薄不一,砂层顶板起伏较大。散浸险情发生时,长江水位比闸底板高 8.1~11.93m,闸基黏土厚度不足以压制住高约 10m 的水头,从而发生管涌险情,造成闸底板被淘空,"八"字形翼墙倾斜开裂。

5.3.3　昌大堤花马湖泵站

5.3.3.1　险情概况

花马湖排涝泵站位于昌大堤桩号 65+400~65+450 处,设计流量 32m³/s,装机 4×800kW,4 条钢筋混凝土圆管驼峰形出水流道,单管直径 2.0m,壁厚 30cm,底板高程

11.2m，地面高程19m左右。

花马湖泵站建于1974—1978年间，控制面积291km^2，按十年一遇三日暴雨256.2mm五日排出的排涝标准，设计长江水位25.30m，站前水位18m，净扬程7.3m。

1974年10月，泵站基坑开挖到12.53~13.06m高程时（设计高程12.19m），基坑普遍出现涌青砂，基坑边缘出现直径10cm翻砂鼓水，形成深宽1m的凹坑，越往下挖翻砂鼓水越严重。1983年7月1日，泵站在排水时发现电缆沟漏水，当时外江水位24.94m，内湖水位19.53m。1998年7月22日，长江水位24.7m，距堤脚50m民房内发生散浸集中，出险高程20.0m；花马湖泵站地基发生管涌导致不均匀沉陷，泵房钢筋混凝土结构产生严重断裂（图5.3.4）。

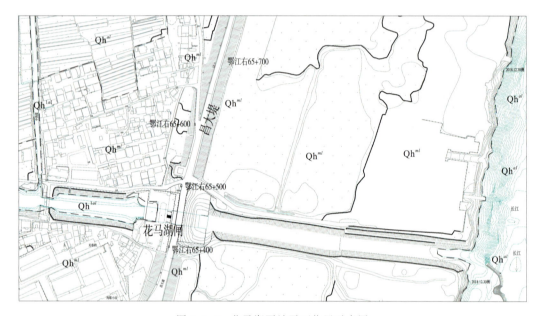

图5.3.4　花马湖泵站平面位置示意图

5.3.3.2　地形地质

花马湖泵站区，堤身填土为壤土、砂壤土、含碎石、砾石，堤基为冲积、洪积堆积的壤土、砂壤土，底部为粉砂、细砂、砂砾石层，如图5.3.5所示。基岩埋深大于45m，砂层顶板埋深11.5~14.3m。

5.3.3.3　地质评述

从图5.3.5可以看出，花马湖闸基持力层为粉细砂层，厚度超过40m，由于闸基没有很好地做防渗处理，建闸以来一直存在渗透稳定问题，险情不断。

花马湖泵站自建成以来，4条流道逐渐出现30处裂缝，包括环向断裂缝和伸缩缝，泵站运行时流道内水流透过裂缝向管外呈射流状渗漏。在泵站非运行状态下，管外地下水携带

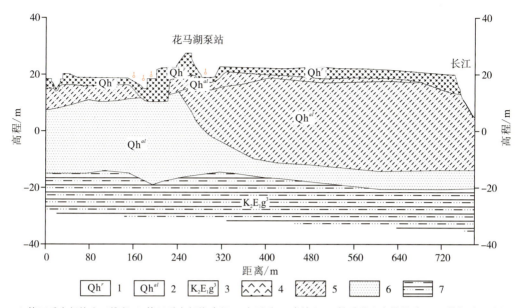

1.第四系全新统人工堆积；2.第四系全新统冲积；3.白垩系；4.素填土；5.粉质黏土夹淤泥质土；6.粉细砂；7.泥质粉砂岩

图 5.3.5　昌大堤花马湖泵站工程地质剖面示意图

泥沙透过裂缝向流道内渗漏，严重危及长江干堤安全。2001年、2005年、2009年，当地政府先后对流道进行修补加固，但由于花马湖流道裂缝复杂，3次修补均未见效，流道裂缝仍然发展，渗漏险情持续加剧。1998年特大洪水过后，对花马湖泵站进行了重建，对该段长江堤防进行了加高培厚，但因堤基粉细砂层过于深厚，没有进行防渗处理，只是在泵站前的排涝河中建造了反压闸，平衡堤防内外水头差，以减缓汛期管涌险情。

5.3.4　黄广大堤武穴龙坪闸

5.3.4.1　险情概况

龙坪闸位于黄广大堤桩号64+161处，建于1966年，为钢筋混凝土箱涵结构。闸两侧堤顶高程23.90～24.20m，堤外地面高程17.5～18.5m，堤内地面高程15.0～16.0m。

据记载，闸身进口伸缩缝曾产生沉陷断裂缝，缝内渗水，虽经多次整修，仍未根本改善。2016年入梅雨季节以来，武穴市遭遇4轮强降雨过程，累计降雨1 488.7mm，7月2日8时长江武穴站进入设防水位20.55m（超0.05m），7月4日20时进入警戒水位21.52m（超0.02m），7月5日23:35分，长江水位21.72m，7月9日14时达到当年最高水位22.58m。巡查人员发现黄广大堤桩号64+300内平台坡脚与地面交界处高程18.5m出现3个直径分别为3cm、2cm、3cm管涌，流出清水，带少量泥沙，见图5.3.6。

表 5.3.2　羊闸站地基土层物理力学性质及渗透性参数建议值

土层名称	天然含水率/%	天然密度/(g·cm^{-3})	孔隙比	塑性指数	液性系数	压缩系数/MPa^{-1}	压缩模量/MPa	黏聚力/kPa	内摩擦角/(°)	垂直渗透系数/(cm·s^{-1})
中—重粉质壤土	26.4~49.5	1.68~1.95	0.80~1.62	6.2~23.5	0.21~1.69	0.24~0.65	3.04~7.28	12.8~42.4	1.9~13.8	5.7×10^{-8}~5.82×10^{-4}
轻粉质壤土	30.4~40.8	1.75~1.93	0.85~1.19	7.3~9.1	0.93~1.64	0.35~0.41	4.30~5.29	10.3	25.9	7.99×10^{-7}~4.5×10^{-4}
砂层,局部砂壤土	36.1	1.81	1.053	—	—	—	—	7.1	29.1	7.6×10^{-5}~3.2×10^{-3}

5.3.5.3　地质评述

羊闸站管涌原因主要为堤基下部分布砂壤土与砂土层,涵箱沉陷、伸缩缝漏水,皆与此有关。1998年特大洪水过后对该闸予以拆除重建。

5.3.6　枞阳江堤扫帚沟闸管涌

5.3.6.1　险情概况

扫帚沟闸位于枞阳江堤永赖圩桩号19+725处,为钢筋混凝土涵箱结构排水闸,闸底板高程4.96m,地理位置如图5.3.8所示。1998年7月17日,当长江水位上涨到13.25m时,扫帚沟闸门内渗水,汇水箱后墙冒砂,进水渠内管涌。

5.3.6.2　地形地质

扫帚沟闸两侧堤顶高程约17.4m,堤顶宽16.5m,堤身高约6.7m,内外坡比1∶4。堤外地面高程约10.7m。该段河势为平顺冲刷段,外滩宽度130m。

闸基分布第四系全新统地层,岩性由上至下依次为:砂壤土,厚度1.5m;粉质壤土(局部为淤泥质),厚度3.7m;粉质壤土夹薄层细砂,厚度4.0m;细砂夹砂壤土,厚度2.0m;粉质壤土夹细砂,厚度5.7m;下伏砂层。

闸基持力层为粉质壤土层,各土层物理力学性质及渗透性参数建议值见表5.3.3,工程地质剖面见图5.3.9。

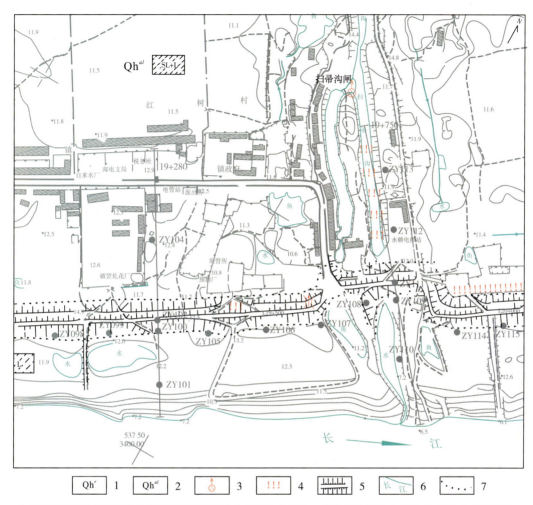

| Qh' | 1 | Qh^al | 2 | | 3 | !!! | 4 | | 5 | 长江 | 6 | .... | 7 |

1.第四系全新统人工堆积;2.第四系全新统冲积;3.管涌位置示意;4.散浸位置示意;5.堤防;6.长江;7.岩性界线

图5.3.8 枞阳江堤扫帚沟闸平面位置示意图

表5.3.3 枞阳江堤扫帚沟闸土层主要物理力学性质及渗透性参数建议值

土层名称	天然含水率/%	干密度/(g·cm^{-3})	孔隙比	固结快剪		压缩系数/MPa^{-1}	渗透系数/(cm·s^{-1})
				黏聚力/kPa	内摩擦角/(°)		
壤土	22.0~24.9	1.57~1.58	0.72~0.80	5~10	16~19	0.19~0.21	1×10^{-5}
粉质壤土	26.5~28.6	1.46~1.54	0.75~0.85	5~10	15~18	0.33~0.57	1×10^{-5}
砂壤土	26.1~28.7	1.47~1.53	0.76~0.90	0	20~25	0.2~0.35	1×10^{-4}

5.3.6.3 地质评述

扫帚沟闸站的渗透破坏有两个途径:一是表层分布的砂壤土,虽然在建闸时将该层挖

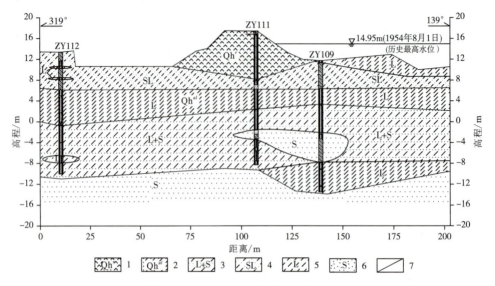

1.第四系全新统人工填土；2.第四系全新统冲积层；3.粉质壤土夹粉细砂（千层饼状）；4.砂壤土；5.粉质壤土；6.粉细砂；7.岩性界线

图 5.3.9　枞阳江堤扫帚沟闸地质横剖面示意图

除，将闸基坐落在粉质壤土层上，但在闸两侧的堤防，并没有进行堤基防渗处理，长江水位上涨时，江水可通过表层砂壤土从闸两侧绕渗；二是闸基持力层粉质壤土厚度不足 4m，其下为粉质壤土夹砂层，长江在高洪水位时，夹砂层中的地下水可以顶穿粉质壤土层。出险时长江水位比闸底板高约 8.3m，进水渠内的管涌可能就是通过粉质壤土中的夹砂层发生的。

5.3.7　粑铺大堤樊口大闸

5.3.7.1　险情概况

樊口大闸位于长江中游南岸，湖北省鄂州市雷山西坡脚下，是湖北省九大涵闸之一。樊口大闸于 1970 年 7 月动工兴建，1972 年冬基本建成，1973 年投入运行，属边设计、边施工、边修改的"三边工程"。

首次发现险情是在 1998 年 9 月 2 日 17 时 30 分，当时船闸 1 闸室与 2 闸室之间的伸缩缝处，以伸缩缝为起点，垂直于闸室左侧墙向内湖侧连续排列 6 个浑水圈，直径 2m 左右，排列长达 40m。浑水圈散后浑水流向不清楚。潜水员在浑水圈内未感觉到水流的冲力，仅用手触摸闸室边墙脚附近伸缩缝时感觉有水流出，其后当地政府通过内湖蓄水反压才使险情得到控制。

出险时，外江水位 26.68m，船闸水位 22.00m，内湖水位 18.86m，外江与内湖水位差为 7.82m，外江与船闸水位差为 4.68m，船闸与内湖水位差为 3.14m。

5.3.7.2 地形地质

樊口大闸横跨于人工河道之上。该河道流向北东,枯水期宽145～200m。左岸为平缓的台地,一般高出枯水位10～15m,地形坡度15°～20°;右岸为雷山,临闸边坡系建闸时开挖雷山西坡形成的人工边坡,坡顶高程120m,坡角45°。

闸区出露的最老地层为中志留统纱帽组页岩与粉砂质页岩,出露厚度大于12.64m,该页岩抗风化能力弱,发生从强到弱及微不同程度的风化作用(图5.3.10)。该地层上为上泥盆统五通组灰白色石英砂岩夹紫红色粉砂岩、泥岩,出露厚度84.10m,石英砂岩呈厚—巨厚层状,质纯,石英含量在90%以上,呈砂糖粒状结构,抗风化能力强,多为微新岩石;第四系松散堆积物主要为河流冲积物,其次为坡积物。

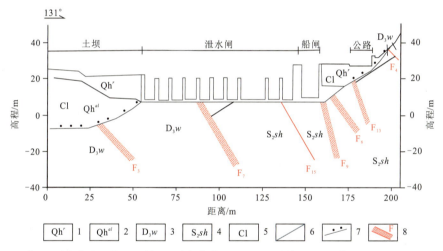

1.第四系全新统人工堆积;2.第四系全新统冲积层;3.上泥盆统五通组石英砂岩;4.中志留统纱帽组页岩与粉砂质页岩;5.黏土;6.地层界线;7.第四系与基岩界线;8.断层及编号

图5.3.10 樊口大闸轴线地质剖面图

志留系和泥盆系总体倾向10°～20°,倾角45°～60°不等,形成一向北以中等角度倾斜的单斜构造。区内主要发育16条断层,其中闸基岩体中发育8条。节理发育受断层控制明显。这些结构面均为中、陡倾角,走向与大闸轴线呈大角度相交,且未见缓倾角结构面。

水文地质试验成果表明,水闸和船闸闸基岩体受断层和裂隙及风化作用的影响,存在有较强—中等透水岩体,其中较强透水岩体厚1.50～11.30m,微—极微透水岩体上限埋深22.80～30.00m,水闸闸基岩体埋深较小,其两侧埋深较大,分布高程为−8.18～5.12m。此外,据船闸右侧ZK5钻孔揭露,上限埋深大于48.25m,分布在高程−20.57m以下。

5.3.7.3 地质评述

较强—中等透水岩体的存在可能是造成1998年汛期重大险情的重要原因。此外,根据险情出现部位及其特征,亦不能完全排除建筑物本身渗漏的可能性。

为了防止闸基渗漏变形,同时改善闸基抗滑稳定条件,对樊口大闸闸基全线设置了防渗帷幕,左侧接土坝坝基达左岸边,右岸跨过公路路基接右岸山体,对软岩段进行了重点处理。帷幕深入微—极微透水岩体 5m,对断裂发育的船闸右侧等部位,适当加深。

1999 年,长江流域再次发生大洪水,樊口大闸又遭受了高水位与高水头的考验,最高水位发生在 7 月 23 日,当时外江、船闸及内湖水位分别为 26.83m、22.00m 和 19.03m,外江与内湖水位差为 7.80m,外江与船闸水位差为 4.83m,船闸与内湖水位差为 2.97m。这与 1998 年发生重大险情的水位与水头非常相似,但是经过防渗处理后的樊口大闸没有再发生渗漏险情,说明上述有针对性的处理方案是正确的。

5.4 闸基沉降险情

5.4.1 荆南长江干堤桃花涵闸

5.4.1.1 险情概况

桃花涵闸位于石首桃花镇,荆南长江干堤桩号 528+838 处(图 5.4.1),建于 1960 年,设计引水流量 $5m^3/s$,灌溉面积 4 万亩。

截至 1998 年,该闸底板沉陷量达 75.9cm,相对沉陷量达 46.7cm;洞身裂缝达 13 条,有稀泥从裂缝流出,多处可用棍向侧墙缝伸进,深度达 1.2m 之多。1998 年汛期闸孔出口处鼓浑水(带气泡)。

5.4.1.2 地形地质

闸基土体为全新统冲湖积层,闸基持力层为粉质黏土,层厚 18.9m。天然含水量 37.9%,孔隙比 1.084,压缩系数 $0.664MPa^{-1}$,压缩模量 3.14MPa,具高压缩性,直剪参数 $C=22.5kPa$,$\varphi=25.7°$,标贯击数 4~8 击,承载力标准值 127kPa。

5.4.1.3 地质评述

闸基粉质黏土的物理力学性质较差,部分相变为淤泥质土,是造成闸基沉陷、洞身裂缝的最主要原因。

1998 年后,重建了桃花闸,为增加闸基土的承载能力,在闸室底部四周及底部中间设置搅拌桩,桩深 15m;在涵洞底部铺设 10cm 厚的混凝土垫层,消力池与海漫底下设反滤层和过滤层。

5 穿堤建筑物险情

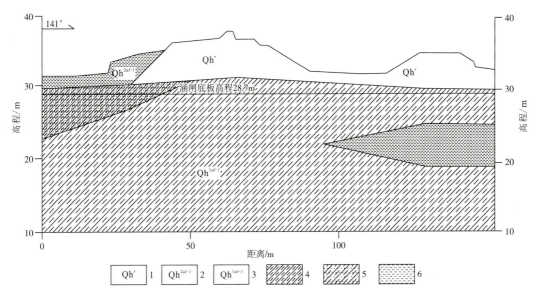

1. 第四系全新统人工回填；2. 第四系全新统上段冲湖积；3. 第四系全新统下段冲湖积；4. 粉质黏土；5. 粉质壤土；6. 粉细砂

图 5.4.1　桃花闸工程地质横剖面示意图

5.4.2　荆南漳河鄢家渡闸漏水

5.4.2.1　险情概况

鄢家渡闸位于湖北省公安县北闸西引堤末端、虎东干堤 0～100 桩号处，为一灌溉闸。建于 1973 年，系单孔半圆拱钢筋混凝土涵，孔口尺寸 3m×3.2m（宽×高），设计流量 10.46m³/s，灌溉面积 3.3 万亩。闸底板高程 34.5m，堤顶高程 46.5m，堤顶宽 6m。外河设计引水水位为 36.2m，同期灌溉渠首水位为 35.75m。

1998 年汛期，涵闸内渠道浑水不断；涵闸 4 条伸缩缝止水老化，漏水严重；拱顶裂缝 10 余条，外江进出口段裂缝 4 条，且呈发展趋势；消力池两侧挡土墙多处漏水，消力坎气蚀现象严重；闸室入口河床淤积严重（约高出闸底板 2m），使该闸引水困难，灌溉效益锐减；闸门锈蚀，止水脱落，设备老化。

5.4.2.2　地形地质

闸基地层为第四系全新统下段：上部为粉质壤土，偶夹厚 0.1～0.2m 的薄层粉细砂，厚度 3.5～4.0m；中部为粉细砂，局部夹薄层含淤泥质黏土透镜体，厚度 1.5～2.0m；下部为粉质黏土、黏土，厚度大于 10m；盖层顶部局部有含淤泥质黏土分布。

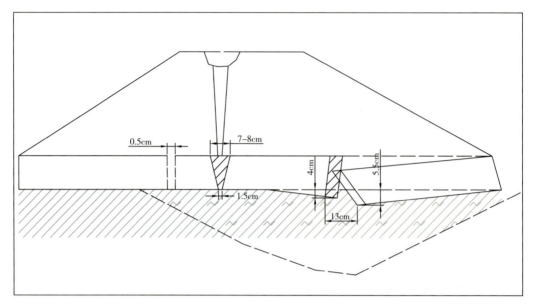

图 5.4.3　长丰低闸涵洞洞身破坏示意图

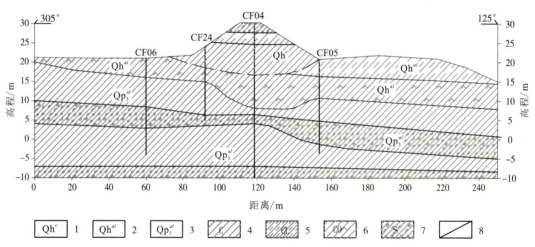

1.第四系全新统人工堆积；2.第四系全新统冲积层；3.第四系上更新统冲积层；4.黏土；5.粉质黏土、粉质壤土；6.淤泥质粉质黏土；7.碎石夹黏土；8.地层分界线

图 5.4.4　长丰闸地层结构示意图

表 5.4.1 长丰闸基各土层物理力学性质及渗透性参数建议值

土层名称	凝聚力/kPa	内摩擦角/(°)	压缩系数/MPa^{-1}	压缩模量/MPa	承载力标准值/kPa
淤泥质粉质黏土	10～12	10～12	1.1	2.5～3.0	90～100
粉质壤土、粉质黏土	20～25	14～16	0.4～0.6	5.0～5.5	130～140
黏土	30～40	16～18	0.3～0.5	5.5～6.0	140～150

5.4.4.3 地质评述

经分析判断，长丰闸塌陷险情是闸基下分布淤泥质粉质黏土产生不均匀沉陷所致。淤泥质土分布在闸首至第 3 段涵洞之间，厚度变化大，闸首厚度约为 8m，在第 3 段涵洞内河侧渐灭，第 4 段至第 7 段涵洞地基为上更新统老黏土（图 5.4.5），闸基的不均匀沉陷导致出口侧底板断裂，洞体结构破坏，拱顶出现拉裂缝，洞顶土体经水浸泡后，从裂缝中流失，引起塌陷。

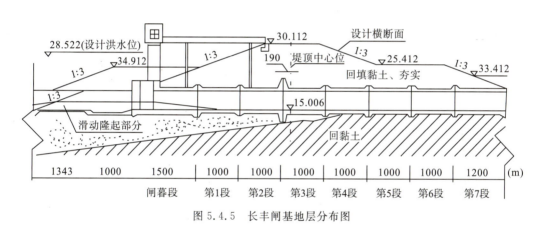

图 5.4.5 长丰闸基地层分布图

2000 年 2 月 8 日至 4 月 30 日，重建了长丰闸。闸基淤泥质土采用深层搅拌桩处理，桩径 600mm，置换率达 0.4 以上。涵闸与周围土体之间采取了防渗措施，在第 2 段和第 3 段涵洞交界处设置了止水环，伸入周边土体达 1.8～2.0m；闸首和涵洞分段之间设置了止水牛鼻子紫铜片，防止涵洞因不均匀沉降产生裂缝而漏水；涵洞周边填土前，用浓泥浆涂刷混凝土表面，使其与土有更好的接触。

施工后至 2001 年 4 月，涵洞底板第 1 段与第 2 段的结构缝开度最大，超过 18mm；顶板结构缝开度最大也出现在这两段之间，其值达 13.7mm。第 2 段与第 3 段底板与顶板的结构缝开度分别为 1.77mm 和 1.30mm；第 3 段与第 4 段底板与顶板结构缝开度分别为 7.02mm 和 11.45mm。结构缝的开度仍未终止，但速率已在减小。从相邻涵洞段的差异沉降量来看，从第 1 段至第 5 段分别为 2.65mm、0.37mm、2.35mm、2.96mm，已基本稳定，说明淤泥质黏土采用搅拌桩处理后，其承载力和变形模量有了提高，达到了处理的目的。

5.4.5　阳新干堤富池闸

5.4.5.1　险情概况

富池口排水闸位于富水下游出口与长江交汇处，即富池江堤桩号1+650～1+760处，是富水下游防洪、排涝及航运的骨干工程，控制流域面积5310km²。该闸建于1967年，由排水闸与船闸两部分组成，其中排水闸由闸室及上下游连接段组成，闸室底板长20m、宽76.6m，排水闸由9个中墩加2个边墩分隔成10孔；交通闸位于闸墩上游侧，桥面高程25m，工作桥位于闸墩中部，桥面高程36.9m，桥宽2.75m，为排架式结构。船闸位于水闸左侧，由上下闸首、闸室及进出水港组成；水闸和船闸连接用大刺墙结构。

富池排水闸建于基岩上，但是基岩面起伏不平，溶沟或溶槽发育，且充填有黏土，1998年洪水之后，水闸进出口冲刷淤积严重，水闸刺墙外江侧出现多处裂缝，部分连系梁断裂。水闸、船闸下游没有消能防冲设施，冲刷严重。上、下游引渠冲刷、淤积、崩坡严重，影响排水能力。

5.4.5.2　地形地质

富池闸位于长江Ⅱ级阶地上，出露地层为第四系全新统冲积和中更新统冲积、冲洪积层，下伏基岩为古近系和新近系灰质砾岩。水闸基础岩性为古近系和新近系灰质砾岩，砾石成分主要为灰岩，次为燧石和石英，裂隙发育，呈强-弱风化，溶沟或溶槽发育且充填黏土。船闸下闸首和刺墙基础为网纹状红土，该层土上部为黄色、橙黄色，下部呈深红色，硬塑状态，黏性强，含碎石及灰白色高岭土团块，碎石成分为灰岩，粒径0.5～4cm，含量5%～25%，层厚9.8～12.9m，此层分布稳定，内摩擦角19°。

5.4.5.3　地质评述

为满足闸室稳定，对富池闸水闸底板加厚2m，内河侧闸墩缩窄部分用混凝土填至闸顶，闸顶向外江侧延长3.8m，并在水闸上游设混凝土防冲铺盖。

船闸下闸首向外江侧增长4m，内河侧增长3m，闸顶公路桥面高程升高以满足通航需要。为满足交通桥加宽加高要求，下游刺墙向外江侧加长2.8m，增加一块下游挡水面板，面板顶部高程27.09m，底板高程同原面板底高，刺墙隔板延长与新增加的面板相联接。刺墙裂缝处理采用LW型弹性聚氨酯进行灌浆，对排架柱连系梁端部裂缝处理，拆去梁端底部现浇钢筋混凝土倒液，在缝内充填弹性聚氨酯（LW型）材料。

水闸下游新增消能防冲消力池、海漫和防冲槽，对上、下游引渠进行清淤及崩坡处理。

5.4.6　黄广大堤蔡山闸

5.4.6.1　险情概况

蔡山闸位于黄广大堤桩号57+444处，建于1960年，为钢筋混凝土箱涵结构。闸两侧堤顶高程 23.50~23.60m,堤外地面高程 15.0~16.5m,堤内地面高程 15.5~16.5m,见图 5.4.6。

1973 年汛期,蔡山闸距八字墙 270~360m 处,有 13 处翻砂鼓水,口径 0.3m,当时用砂石填压;1983 年汛期,在距八字墙 200~480m 之间发生了 36 处翻砂鼓水洞,其中 30 个洞径为 0.2~0.3m,有 6 个洞径为 0.4~0.6m;1998 年 3 月 12 日,在距箱涵 24m 中心偏东 2m,高程 11.50m 处,出现 8cm 清砂管涌,后发展到 20cm,涌砂量达 30m³ 左右;1999 年汛期,内港消力池及海漫处发现严重的气泡。

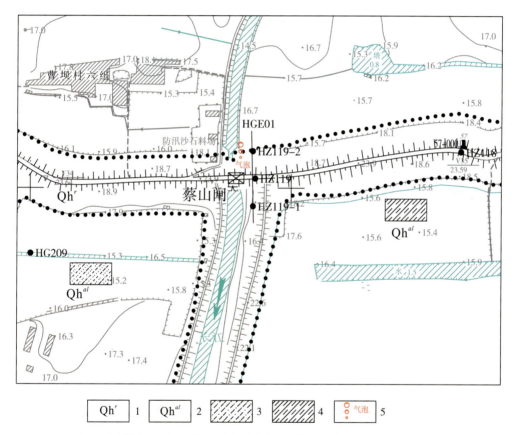

1.第四系全新统人工堆积;2.第四系全新统冲积;3.砂壤土;4.粉质黏土;5.气泡位置示意

图 5.4.6 黄广大堤蔡山闸堤段平面位置示意图

5.4.6.2 地形地质

闸基土层为全新统冲积层,土层结构复杂,上部为砂壤土夹淤泥质粉质黏土,厚 7m,其中淤泥质粉质黏土顶板高程为 11.5~12.0m,厚 1.2~3.6m;中部为厚 1.2~7.0m 的粉质壤土;下部为厚层粉细砂。堤内地表出露砂壤土,堤外地表出露粉质壤土、壤土,见图 5.4.7。

闸基土层物理力学性质及渗透性参数建议值见表 5.4.2。

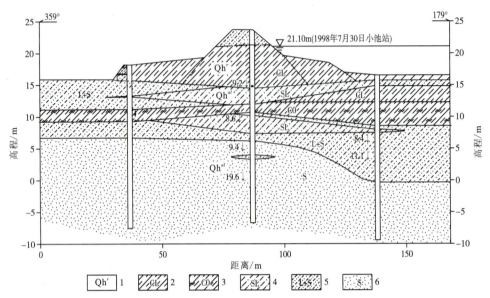

1. 第四系全新统人工堆积；2. 粉质黏土；3. 淤泥质粉质黏土；4. 砂壤土；5. 粉质壤土夹粉细砂；6. 粉细砂

图 5.4.7 蔡山闸地质横剖面示意图

表 5.4.2 蔡山闸基土主要物理力学性质及渗透性参数建议值

土层名称	天然含水率/%	干密度/(g·cm^{-3})	孔隙比	固结快剪 黏聚力/kPa	固结快剪 内摩擦角/(°)	压缩模量/MPa	承载力标准值/kPa	渗透系数/(cm·s^{-1})
粉质壤土	32.0	1.44	0.90	18.0~21.0	18.0~20.0	3.0~5.8	130~150	5.0×10^{-5}~1.0×10^{-4}
砂壤土	22.8	1.62	0.65	5.0~8.0	25.0~30.0	4.0~11.0	130~150	5.0×10^{-4}~1.0×10^{-3}
粉质黏土	35.7	1.38	0.99	20.0~220	14.0~18.0	2.8~4.2	120~140	5.0×10^{-6}~9.0×10^{-6}
淤泥质粉质黏土	47.1	1.19	1.28	19.0	13.0	2.1	80~90	8.0×10^{-6}~2.0×10^{-5}
粉细砂	29.0	1.46	0.84	0	28~30	7.0~14.0	150~170	1.0×10^{-3}~5.0×10^{-3}

5.4.6.3 地质评述

蔡山闸基持力层为砂壤土，汛期易产生渗透破坏。砂壤土之下为淤泥质粉质黏土层，属高压缩性土，闸基易产生压缩变形、不均匀沉降问题。

5.4.7 广济圩堤窑沟泵站

5.4.7.1 险情概况

窑沟泵站位于广济圩江堤桩号 27+259 处,主涵孔宽(m)×高(m)×孔数为 2.1m×2.5m×2,1959 年建成,钢筋混凝土结构,基础底板高程 8.25m。泵站位置见图 5.4.8。

1998 年汛期,高排站圬工进水涵渗水,压力水箱为钢盘混凝土盖板漏水。

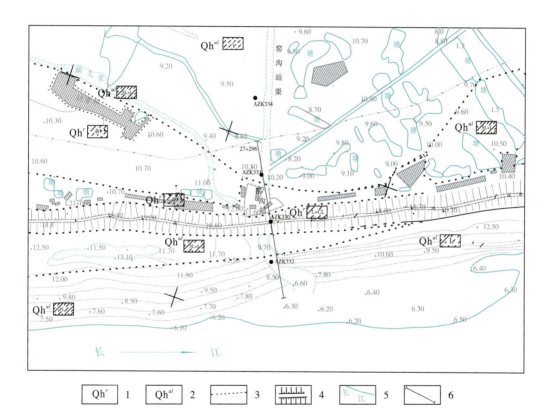

1.第四系全新统人工填土;2.第四系全新统冲积层;3.地层界线;4.堤防;5.水系;6.典型剖面线

图 5.4.8 窑沟泵站平面位置示意图

5.4.7.2 地形地质

窑沟泵站处,堤顶高程 18.3~18.5m,堤顶宽度 7.0~9.0m,地面高程 9.5~10.5m,堤身高度 8~9m,内外坡比 1:3。破罡湖闸进出水渠宽 50~60m,渠底高程 3.4~4.2m。

该段江堤堤身填土主要由含砾粉质黏土、粉质黏土组成,一般具弱微透水性。堤基为多层结构,上部 4m 为淤泥质黏性土夹粉细砂薄层,中部 3m 为粉质壤土、壤土,以下为厚度较大的粉细砂,地层结构见图 5.4.9。主要土层物理力学性质及渗透性参数建议值列于表 5.4.3。

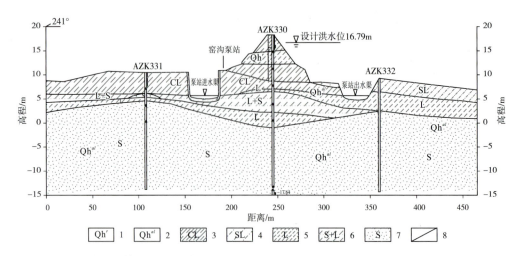

1. 第四系全新统人工填土；2. 第四系全新统冲积；3. 粉质黏土；4. 砂壤土；5. 壤土；6. 壤土粉细砂互层；7. 粉细砂；8. 岩性界线

图 5.4.9　窑沟泵站典型地质剖面示意图

表 5.4.3　窑沟泵站地基土物理力学性质及渗透性参数建议值

层位	土层名称	天然含水率/%	干密度/(g·cm^{-3})	湿密度/(g·cm^{-3})	压缩系数/MPa^{-1}	压缩模量/MPa	黏聚力/kPa	内摩擦角/(°)	承载力标准值/kPa	渗透系数/(cm·s^{-1})
Qh^r	黏土	31	1.43	1.90	0.53	3.8	10.0	14	140	1×10^{-6}
	粉质黏土	30	1.47	1.92	0.57	3.1	10.0	14.5	140	
	粉质壤土	30	1.46	1.91	0.45	2.36	5.0	16	140	1×10^{-5}
Qh^{al}	粉质黏土	31.0	1.47	1.92	0.62	2.94	10.0	14.5	140	1×10^{-6}
	淤泥质黏土	44.0	1.24	1.78	1.2	1.63	10.0	10	100	
	粉质壤土	32.3	1.44	1.92	0.49	3.44	5.0	16	140	1×10^{-5}
	壤土	25.0	1.62	2.04		5.85	5.0	18	150	
	粉细砂	24.4	1.52	1.90		5.60	0	25	200	1×10^{-3}

5.4.7.3　地质评述

窑沟泵站地基为淤泥质黏土，具有高压缩性，发生沉降变形，致使高排站圬工进水涵和压力水箱与周围土体接触带产生裂缝，导致二者渗（漏）水。

2018 年，对窑沟泵站拆除重建，新建的窑沟站 6 台机组，泵站抽排流量为 32m³/s，自排流量为 39m³/s，穿堤箱涵及出口段、汇水箱及汊管段、进水闸、前池等部位基础采取搅拌桩加固处理。

5.4.8 广济圩堤破罡湖闸站

5.4.8.1 险情概况

破罡湖闸位于广济圩江堤桩号33+301处（图5.4.10），1978年建成，孔宽×高×孔数为4m×5.5m×5。该闸为钢筋混凝土结构，闸基底板高程7m。破罡湖排涝站位于破罡湖闸上游桩号33+201处，闸孔宽×高×孔数为3.0m×3.0m×1，1985年建成，钢筋混凝土结构，基础高程10.55m。

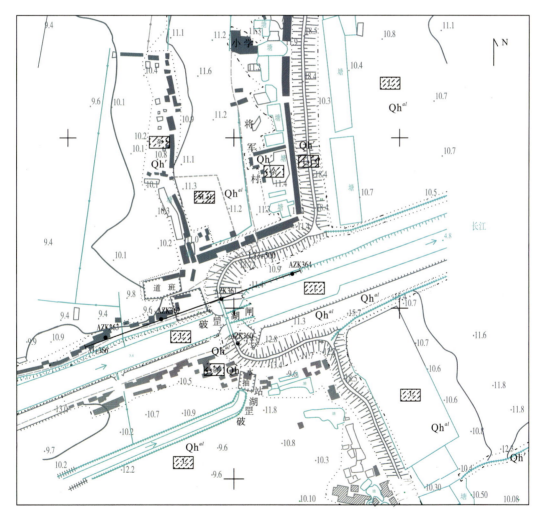

1.第四系全新统人工堆积；2.第四系全新统冲积层；3.杂填土；4.壤土；5.壤土、粉质黏土；6.地层分界线；7.堤防；8.典型剖面线

图5.4.10 破罡湖站平面位置示意图

破罡湖闸为破罡湖水系与长江之间控制性建筑物,担负着安庆城郊防洪除涝的重任。1998 年汛期,破罡湖闸室两侧引桥刺墙分缝止水损坏,空箱内漏水,迎湖侧 1#~5# 闸孔胸墙与闸墩结合部有渗水现象。破罡湖泵站汇水箱与穿堤涵箱第一道沉陷缝冒清水,破罡湖泵站泵室汇水箱下 12 根立柱上端均有水平或斜向裂缝,缝宽最大 15mm,水泵层框架梁两端在电机层浇筑加载后出现螺旋形裂缝,缝宽 0.2~0.5mm,整个泵房朝出水侧倾斜,底板两端高差约 5cm。

5.4.8.2 地形地质

堤顶高程 18.3~18.5m,堤顶宽度 7.0~9.0m,地面高程 9.5~10.5m,堤身高度 8~9m,内外坡比 1:3。破罡湖闸进出水渠宽 50~60m,渠底高程 3.4~4.2m。

该段江堤堤身填土主要由含砾粉质黏土、粉质黏土组成,一般具弱微透水性。堤基为多层结构(图 5.4.11):上部为软塑—可塑状粉质黏土、淤泥质黏土,厚度 3m;中部为壤土、粉质壤土夹粉细砂,厚度 1~2m;下部为粉细砂层,厚度大于 20m。主要地层物理力学性质及渗透性参数建议值列于表 5.4.4。

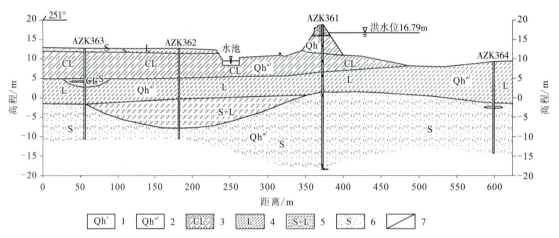

1.第四系全新统人工堆积;2.第四系全新统冲积层;3.粉质黏土;4.壤土;5.壤土粉细砂互层;6.粉细砂;7.岩性界线

图 5.4.11 破罡湖站典型地质剖面示意图

5.4.8.3 地质评述

(1)破罡湖闸站基础为淤泥质黏土,基础产生沉降及不均匀沉降是导致水闸渗水和机房地坪发生整体倾斜的主要原因。地基压缩层计算深度是层面处土的附加应力为土自重应力值 0.2 的深度,并考虑底板进水侧堤身填土边荷作用,按分层总和法计算出在检修期泵房底板中央顺水流方向各点沉降量,泵站底板最大沉降量计算值为 19.2cm,进水侧与出水侧最大沉降差为 3.5cm,与实测值相吻合。

(2)汇水箱下立柱裂缝很有规律性,均为迎水面开裂,主要原因是由地基不均匀沉降以及立柱偏小,承载力不足,不能承受运行期汇水箱封闭端巨大的水推力引起,直接危及本站安全。

表 5.4.4　破罡湖闸主要地层物理力学性质及渗透性参数建议值

层位	土层名称	天然含水率/%	干密度/$(g \cdot cm^{-3})$	湿密度/$(g \cdot cm^{-3})$	压缩系数/MPa^{-1}	压缩模量/MPa	黏聚力/kPa	内摩擦角/(°)	承载力标准值/kPa	渗透系数/$(cm \cdot s^{-1})$
Qh^r	黏土	31	1.43	1.90	0.53	3.8	10.0	14	140	1×10^{-6}
	粉质黏土	30	1.47	1.92	0.57	3.1	10.0	14.5	140	
	粉质壤土	30	1.46	1.91	0.45	2.36	5.0	16	140	1×10^{-5}
Qh^{al}	粉质黏土	31.0	1.47	1.92	0.62	2.94	10.0	14.5	140	1×10^{-6}
	淤泥质黏土	44.0	1.24	1.78	1.2	1.63	10.0	10	100	
	粉质壤土	32.3	1.44	1.92	0.49	3.44	5.0	16	140	1×10^{-5}
	壤土	25.0	1.62	2.04		5.85	5.0	18	150	
	粉细砂	24.4	1.52	1.90		5.60	0	25	200	1×10^{-3}

(3)水泵层框架梁裂缝产生的原因是竖向荷载作用下地基不均匀沉降,后在运行中该裂缝发展至梁内外两侧,呈螺旋形,可能使泵站运行中该梁受扭。

破罡湖闸主要存在渗水问题,通过常规的除险加固措施后仍可排水。泵站主体结构强度、刚度和稳定性等方面均存在严重不足,不能满足现行规范要求,常规加固处理方法也难以消除其安全隐患,无法保证运行期结构安全。2015 年对破罡湖闸进行除险加固处理,主要对闸室底板进行加固,拆除临湖侧部分闸墩、改建为箱涵,同时新建了破罡湖东站,闸站设计自排流量 14 543m³/s,泵站机排流量 9843m³/s。

主要参考文献

安徽省水利水电勘测设计院,2002年.安徽省枞阳江堤加固工程初步设计工程地质勘察报告[R].

柏道远,刘波,李长安,等,2010.第四纪洞庭盆地临澧凹陷构造-沉积特征与环境演化[J].山地学报,28(6):641-652.

别必雄,徐卫亚,谢守益,等,2000.长江宜都河段茶店崩岸机理与防治研究[J].工程地质学报(3):272-276.

长江勘测规划设计研究院,1999.长江重要堤防隐蔽工程岳阳长江干堤1999—2000年度实施项目初步设计报告[R].

长江勘测规划设计研究院,2001.长江重要堤防隐蔽工程粑铺大堤卫家矶、三江口滑坡整治设计专题报告[R].

长江勘测规划设计研究院,2001.无为大堤加固工程补充初步设计报告[R].

长江勘测规划设计研究院,2007.长江重要堤防隐蔽工程粑铺大堤防渗护岸工程单项初步设计报告[R].

长江水利委员会,2010.长江治理开发保护60年[M].武汉:长江出版社.

长江水利委员会综合勘测局,1999.长江中下游重要堤防工程地质勘察技术要求[R].

长江水利委员会综合勘测局,2000.安徽省安庆江堤加固工程初步设计阶段工程地质勘察报告[R].

长江水利委员会综合勘测局,2000.安徽省广济圩江堤加固工程初步设计阶段工程地质勘察报告[R].

长江水利委员会综合勘测局,2000.粑铺大堤整险加固初步设计工程地质勘察报告[R].

长江水利委员会综合勘测局,2000.长江中下游重要堤防工程松滋江堤工程地质勘察报告[R].

长江水利委员会综合勘测局,2000.黄冈长江干堤整险加固工程初步设计阶段工程地质勘察报告[R].

长江水利委员会综合勘测局,2000.荆南长江干堤加固工程初步设计工程地质勘察报告[R].

长江水利委员会综合勘测局,2000.南线大堤防渗护岸工程单项初步设计工程地质勘察报告[R].

长江水利委员会综合勘测局,2000.同马大堤加固工程补充初步设计工程地质勘察报告[R].

长江水利委员会综合勘测局,2000.无为大堤加固工程补充工程地质勘察报告[R].

长江水利委员会综合勘测局,2001.九江长江干堤补充初步设计阶段工程地质勘察报告[R].

主要参考文献

长江水利委员会综合勘测局,2001.马鞍山江堤加固工程初步设计阶段工程地质勘察报告[R].

长江水利委员会综合勘测局,2001.铜陵江堤加固工程初步设计工程地质勘察报告[R].

长江水利委员会综合勘测局,2001.芜湖江堤加固工程补充初步设计阶段工程地质勘察报告[R].

长江水利委员会综合勘测局,2001.武汉江堤加固工程初步设计工程地质勘察报告[R].

长江水利委员会综合勘测局,2001.咸宁长江干堤邱家湾险段 K314+960~K317+760 岸坡滑塌体及变形体工程地质勘察报告[R].

长江水利委员会综合勘测局,2001.阳新长江干堤加固工程初步设计阶段工程地质勘察报告[R].

长江水利委员会综合勘测局,2002.咸宁长江干堤补充初步设计阶段工程地质勘察报告[R].

长江委长江勘测规划设计研究院,1999.黄冈长江干堤整险加固工程可行性研究报告[R].

长江岩土工程总公司,长江三峡勘测研究院,2012.长江流域水利水电工程地质[M].北京:中国水利水电出版社.

陈尚林,李金瑞,2021.新水沙条件下长江大通河段河势演变及崩岸治理效果[J].江淮水利科技(2):15,19.

陈正来,1999.九江长江大堤永安段 3 处崩岸原因分析及抢护措施[J].江西水利科技(S1):41-44.

冯兵,郑亚慧,1995.长江干流中游九江河段河床演变分析[J].人民长江(1):31-36.

谷霄鹏,2019.长江芜湖河段大拐崩岸段河道演变分析[J].水利规划与设计(11):4-8.

谷霄鹏,2019.长江芜湖河段新大圩崩岸段河势演变分析[J].江淮水利科技(6):36-37.

顾轩,2021.长江南京-江阴段崩岸的发育特征及其形成机制[D].北京:中国地质科学院.

顾轩,姜月华,杨国强,等,2021.水位变动条件下二元结构岸坡稳定性分析:以扬中市指南村崩岸段岸坡为例[J].华东地质,42(1):76-84.

郭红亮,丰定,吕国梁,2002.长江干堤咸宁邱家湾段护岸滑塌应急处理设计[J].人民长江(1):34-35,37.

韩洋,罗嗣海,王观石,等,2017.边坡渗流中渗出层的水力梯度变化规律研究[J].江西理工大学学报,38(3):8-13.

杭建国,张增发,汪桂钦,2011.长江下游和畅洲汊道整治工程研究[J].长江科学院院报,27(9):6-9,13.

胡秀艳,姚炳魁,朱常坤,2016.长江江都嘶马段岸崩灾害的形成机理与防治对策[J].地质学刊,40(2):357-362.

湖北省水利水电勘测设计院,2001.荆江大堤加固工程补充初步设计阶段地质勘察报告[R].

湖北省水利水电勘测设计院,2002.昌大堤整险加固工程初步设计工程地质勘察报告[R].

黄建和,方健,李晓华,2000.九江长江干堤溃口复堤工程设计[J].人民长江(1):12-13,25,57.

黄丽红,2020.三峡工程对长江中下游影响处理湖南段河道演变分析[J].陕西水利(7):219-221.

江苏省水利勘测设计研究院有限公司,长江勘测规划设计研究有限责任公司,2016.长江干流江苏段崩岸应急治理工程可行性研究报告[R].

金腊华,王南海,傅琼华,1998.长江马湖堤崩岸形态及影响因素的初步分析[J].泥沙研究(2):69-73.

冷魁,费渊,1993.长江九江河段河势演变及治理探讨[J].江西水利科技(3):212-219.

李金瑞,丁兵,2020.安徽省长江崩岸应急治理工程效果分析及建议[J].人民长江,51(8):1-7.

李小平,卢德军,冯中强,2000.九江长江干堤溃口复堤段堤基渗流监测成果分析[J].长江科学院院报(S1):21-24.

林木松,卢金友,张岱峰,等,2006.长江镇扬河段和畅洲汊道演变和治理工程[J].长江科学院院报(5):10-13.

刘心愿,渠庚,姚仕明,等,2020.三峡工程运用后石首弯道段整治工程累积影响和演变趋势研究[J].水利水电快报,41(1):22-27.

陆齐,郝婕妤,丁兵,2021.长江下游安庆河段河道治理初步研究[J].水利建设与管理,41(7):5-11.

路彩霞,罗恒凯,沈惠漱,1998.长江中游石首河段整治方案研究[J].人民长江(9):48-50.

栾华龙,刘同宦,高华峰,等,2019.新水沙情势下长江中下游干流岸线保护研究:以扬中市2017年江堤崩岸治理为例[J].人民长江,50(8):14-19.

罗龙洪,苏长城,应强,等,2020.长江扬中河段指南村窝崩应急治理及效果分析[J].江苏水利(2):25-28.

马贵生,2001.长江中下游堤防主要工程地质问题[J].人民长江,32(9):3-5.

梅金焕,2008.湖北省长江堤防1998年溃口性险情整治及其效果后评估[C]//纪念1998年抗洪十周年学术研讨会优秀文集:72-78.

潘庆燊,史绍权,段文忠,1978.长江中游河段人工裁弯河道演变的研究[J].中国科学(2):212-225.

水利部长江水利委员会,1999.长江中下游干流堤防建设计划实施方案[R].

水利部长江水利委员会,2003.长江流域防洪规划报告长江中下游主要堤防工程规划[R].

水利部长江水利委员会,2019.长江中下游干流河道演变报告2018[M].武汉:长江出版社.

水利部长江水利委员会《长江志》编纂委员会,2005.长江志:自然灾害[M].北京:中国大百科全书出版社.

水利部湖南省水利水电勘测设计研究院,2000.岳阳长江干堤初步设计阶段工程地质勘察报告[R].

水利部湖南水利水电勘测设计院,2000.湖南岳阳长江干堤初步设计阶段工程地质勘察报告[R].

孙敏,张勇,2005.长江江苏河段嘶马弯道窝崩与护岸研究[J].岩土工程界(2):70-73.

汪明娜,汪达,王凤,2011.长江中游干流陆溪口河段河床演变分析[C]//第八届全国泥沙基本理论研究学术会论文集.

王利,蔡汉生,程少荣,2002.耙铺大堤卫家矶滑坡成因分析及治理措施研究[J].水利水电快报(15):14-15,19.

魏延文,李百连,2002.长江江苏河段嘶马弯道崩岸与护岸研究[J].河海大学学报(自然科学版)(1):93-97.

吴昌瑜,丁金华,2001.九江长江干堤溃口段破坏机理及处理措施[J].岩土工程学报(5):557-562.

吴文胜,2013.湖南省长江崩岸治理回顾与现状问题分析[C]//三峡工程运用10年长江中游江湖演变与治理学术研讨会论文集:174-180.

吴文胜,何广水,2005.下荆江河道演变特性研究[J].湖南水利水电(6):33-36.

仵宇凡,2021.水沙变化条件下安庆河段演变规律及治理方案研究[D].武汉:长江科学院.

仵宇凡,姚仕明,栾华龙,等,2021.长江下游官洲段演变规律与治理思路研究[J].中国水运(12):117-120.

肖诗荣,刘德富,胡志宇,2009.宜都市长江洋溪段河岸塌岸(滑坡)机理研究[J].人民长江,40(1):65-66.

谢月秋,2007.长江中下游河道崩岸机理初析及崩岸治理[D].南京:河海大学.

闫立艳,李敏,2020.洪湖长江干堤虾子沟崩岸整治及水下监测分析[J].长江技术经济,4(2):20-23.

闫霞,陈立,姚仕明,等,2016.陆溪口鹅头分汊河段冲淤调整分析[J].长江科学院院报,33(3):1-4,47.

杨芳丽,付中敏,朱立俊,等,2012.和畅洲汊道近期演变及航道整治方案设想[J].泥沙研究(4):63-68.

杨青雄,田望学,李启文,等,2016.江汉盆地新构造运动对第四纪沉积环境演化的制约[J].地质力学学报,22(3):631-641.

姚文花,高加成,甘新民,等,2010.蚁害险情的现场模拟及破坏特征分析[J].人民黄河,32(8):16-17,19.

姚志煌,陈文斌,余世华,2018.长江四房湾险段综合治理成效分析[J].水利水电快报,39(1):25-29.

殷瑞兰,车子刚,张细兵,2002.簰洲湾演变机理及预测[J].长江科学院院报(5):13-16.

袁中夏,沙浩,朱彦鹏,等,2019.压实黄土渗透性特征的试验研究[J].工程勘察,47(6):1-7,35.

岳红艳,姚仕明,黎礼刚,等,2011.冲刷条件下石首弯道演变特性及其对已有护岸工程稳定性的影响研究[C]//第八届全国泥沙基本理论研究学术讨论会论文集:376-381.

曾剑华,2002.邱家湾险段岸坡滑塌体的形成机制[J].长江职工大学学报(4):21-22.

张存根,张怀静,2011.粉质黏土含水量与抗剪强度参数关系的试验研究[J].华北科技学院学报,8(2):27-29.

张赣萍,谢振东,2008.长江江西九江永安堤段环境地质问题分析[J].地质调查与研究(1):24-27.

张慧,李会云,林木松,等,2017.长江韦源口河段团林崩岸险情抢护及治理措施[J].人民长江,48(18):16-19.

章志强,臧英平,仲琳,等,2011.三江口窝崩及抢护[J].水利水运工程学报(2):71-76.

赵凌云,梅金焕,2009.湖北省长江堤防1998年溃口性险情整治及其效果后评估[J].中国防汛抗旱,19(1):49-53.

周美蓉,夏军强,邓珊珊,2017.荆江石首河段近50年河床演变分析[J].泥沙研究,42(1):40-46.

周祥恕,刘怀汉,黄成涛,等,2013.下荆江莱家铺弯道河床演变及航道条件变化分析[J].人民长江,44(1):26-29,68.